2158. *Setartr*

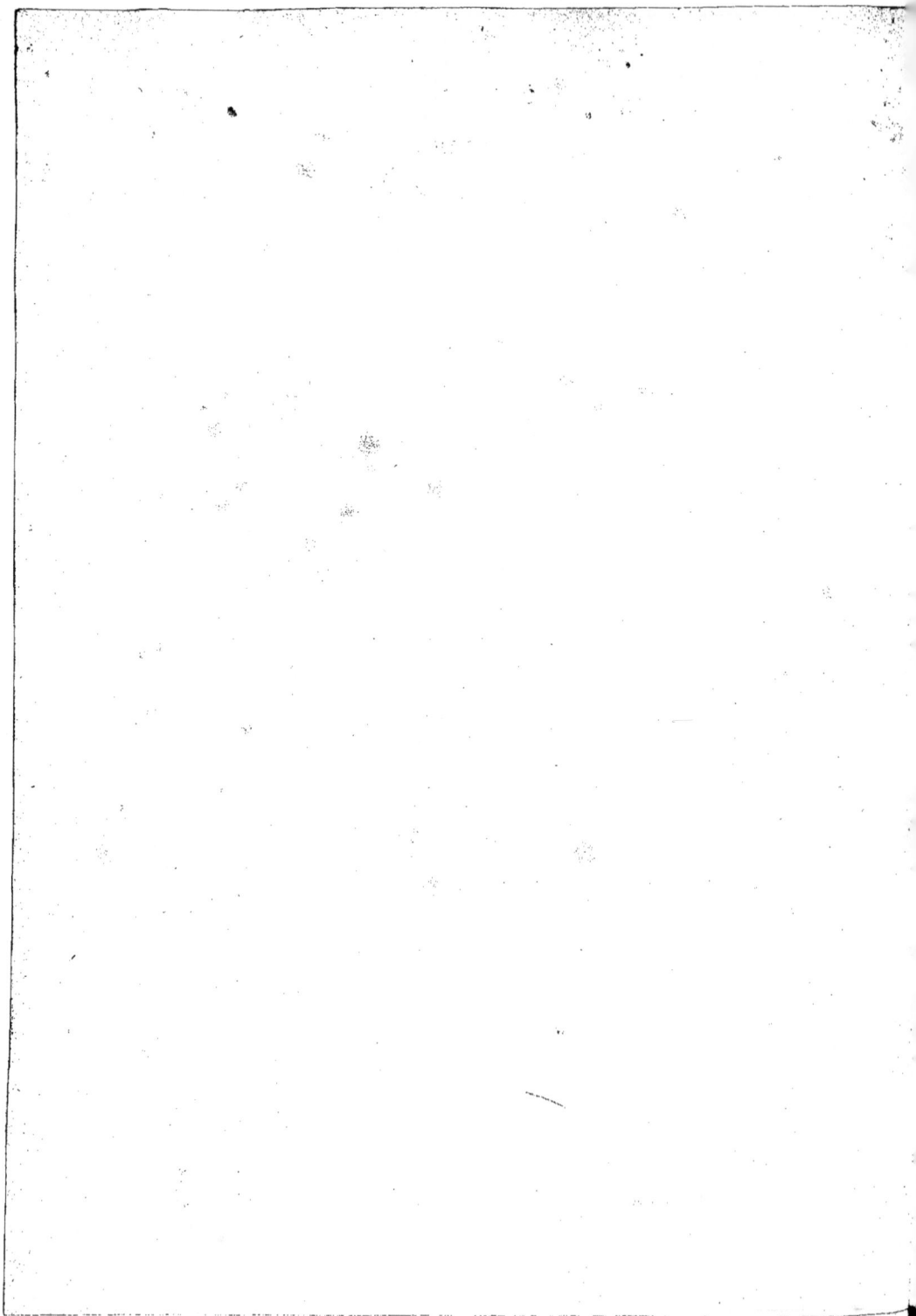

TRAITÉ
DES ARBRES
FRUITIERS.

TOMÉ SECOND.

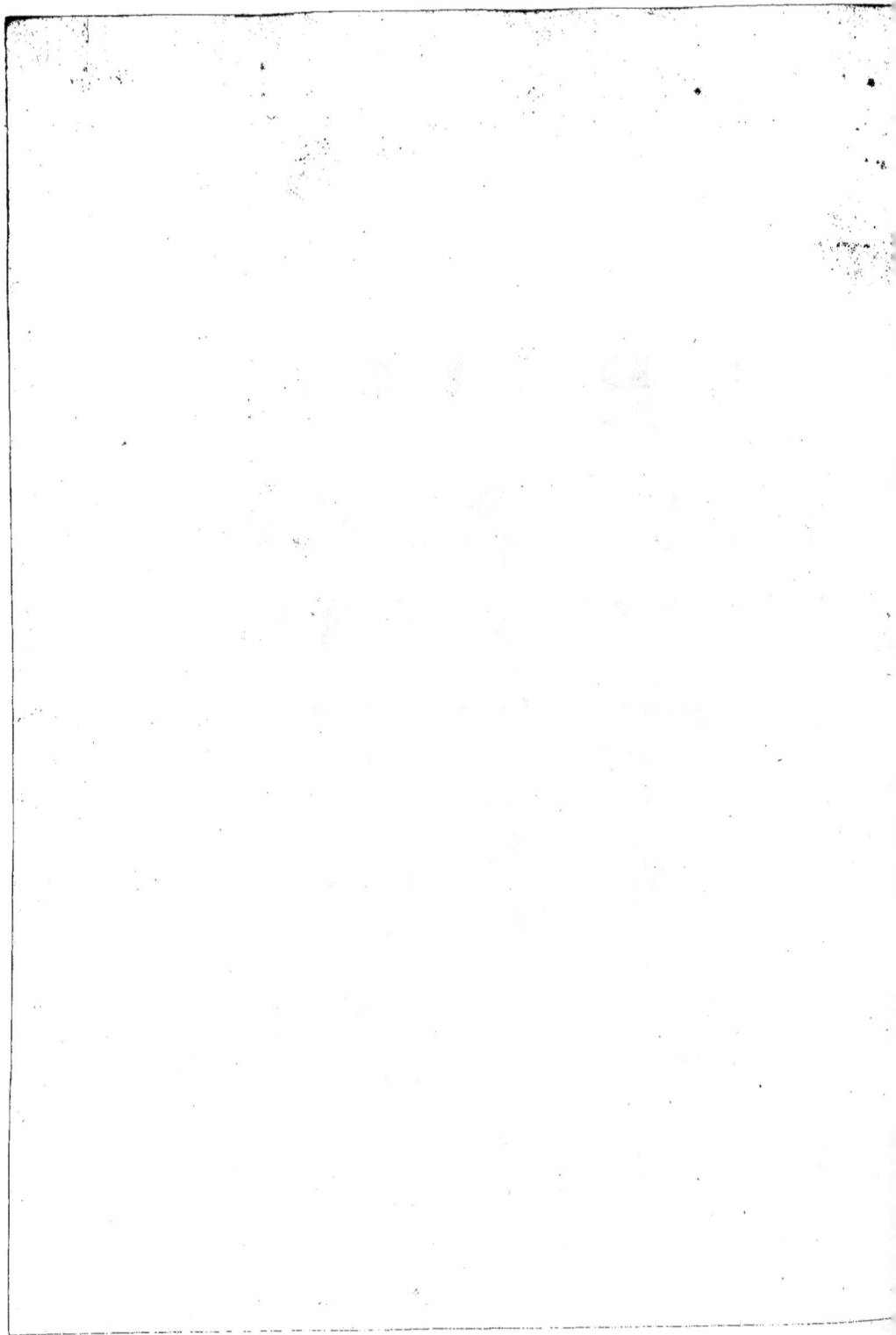

TRAITÉ
DES ARBRES
FRUITIERS;
CONTENANT
LEUR FIGURE, LEUR DESCRIPTION, LEUR CULTURE, &c.

Par M. DUHAMEL DU MONCEAU, de l'Académie Royale des Sciences ; de la Société Royale de Londres ; des Académies de Petersbourg, de Palerme, & de l'Institut de Bologne ; Honoraire de la Société d'Edimbourg, & de l'Académie de Marine ; Associé à plusieurs Sociétés d'Agriculture ; Inspecteur Général de la Marine.

TOME SECOND.

A PARIS,

Chez { SAILLANT, Libraire, rue Saint Jean de Beauvais.
{ DESAINT, Libraire, rue du Foin.

M. DCC. LXVIII.
AVEC APPROBATION ET PRIVILEGE DU ROI.

TRAITÉ

DES

ARBRES FRUITIERS.

PERSICA,
PÊCHER.

DESCRIPTION GÉNÉRIQUE.

JE n'entreprendrai point de débrouiller ce que les Anciens ont écrit du *Persœa*, *Persica*, *Persicus*; de décider s'ils ont connu l'Arbre que nous nommons *Pêcher*; de le suivre avec eux d'E- thiopie en Perse, de Perse en Egypte, d'Egypte à Mycenes, &c. & de faire son histoire d'après des textes aussi obscurs, ou une tradition qui n'est fondée que sur ces textes.

Si le Pêcher n'est pas originaire de notre pays., il a bien adopté pour sa patrie une terre où la seule qualité d'étranger a toujours assuré un asyle, mérité un accueil favorable, & procuré les meil- leurs traitements; & il y est si parfaitement naturalisé, qu'il ne

Tome II.   A

conferve d'exotique que le nom *Perfica*. Sa famille multi-
pliée, diverfifiée, répandue & établie par-tout reffemble
moins à une colonie, qu'à un peuple nombreux, ancien poffeffeur de ce climat. Cultivé avec plus d'art, d'attention & de dé-
penfe, que les autres Arbres fruitiers, il eft devenu fans contredit le plus digne de notre confidération & de nos foins; aucun
autre ne pouvant lui difputer l'abondance, la beauté, la couleur,
la délicateffe, la douceur, le parfum, la fraîcheur, & les autres
qualités que réunit fon fruit, dont on ufe fainement, & dont on
abuferoit prefqu'impunément.

A juger de la grandeur naturelle d'un arbre par celle qu'il
acquiert dans un efpalier de bonne terre & bien cultivé, on pourroit regarder le Pêcher comme un des plus grands Arbres fruitiers; puifqu'il n'y en a prefqu'aucun qui s'étende autant que lui
fur un mur. Mais les Pêchers qu'on élève dans les vignes des environs de Paris ne parviennent qu'à une médiocre grandeur. Dans
le Dauphiné, l'Angoumois & les autres Provinces plus tempérées
que Paris, ils deviennent plus grands. Ainfi la taille du Pêcher
varie fuivant le climat, le terrein & la culture; mais jamais elle
n'approche de celle d'un Poirier, ou d'un Merifier, ni même
d'un Amandier.

Cet arbre n'eft point touffu, quoiqu'il produife beaucoup de
bourgeons, fouvent plus qu'il n'en peut nourrir. Ils font droits,
d'autant plus forts qu'on en retranche plus, ou que le Pêcher
eft plus jeune ou plus vigoureux. Leur écorce eft liffe; à quelques efpeces teinte de rouge du côté du foleil; toute verte à
d'autres.

Les feuilles (*Pl. I. Fig. 9.*) font liffes, longues, entieres,
alternes, dentelées par les bords plus ou moins finement & plus
ou moins profondément fuivant l'efpece. Par les deux bouts elles
fe terminent en pointe beaucoup moins aiguë à la queue, qu'à
l'autre extrémité. Elles font attachées à la branche par des pédicules

gros & courts, qui en fe prolongeant fur toute la longueur de
la feuille, forment en deffous une nervure faillante, & en dedans
un fillon très-peu profond. Chaque côté de cette groffe arrête
eft garni de très-petites nervures qui ont peu d'étendue, & de
moyennes qui s'étendent jufqu'aux bords, & fe ramifient en un
grand nombre de moindres; elles font pofées alternativement,
& la plupart répondent auffi dans un ordre alterne à celles de
l'autre côté de l'arrête. Les feuilles de la plupart des Pêchers font
d'un vert-pré, ou tirant un peu fur le jaune. Elles fortent des
boutons pliées en deux. Leur odeur & leur faveur approchent de
celles des Amandes ameres. Chaque nœud des bourgeons porte
une, deux ou trois feuilles, rarement davantage. Lorfqu'il en
porte plufieurs, celle qui eft placée fur le milieu du fupport eft
grande; les autres, qui fortent des côtés, font beaucoup moindres.

Dans l'aiffelle de chaque feuille, il fe forme un bouton; de
forte que le nombre des boutons eft ordinairement égal au nombre des feuilles qui naiffent fur chaque nœud; & par conféquent
il y a des yeux fimples (*a*), des yeux doubles (*b*) & des yeux
triples (*c, Fig. 6.*)

La fleur du Pêcher eft hermaphrodite, compofée 1°. d'un
calyce (*Fig. 7.*) en forme de godet, percé par le fond, ordinairement teint de rouge-foncé du côté du foleil, & vert du
côté oppofé; divifé en cinq découpures, ou fegments obtus qui
s'étendent jufqu'à la moitié du calyce, fe renverfent fur le godet,
& font creufés en cuilleron: 2°. de cinq pétales (*Fig.* 4, 2, 1.)
difpofés en rofe, attachés par un onglet délié aux angles ren-
trants des découpures du calyce. On trouve quelques fleurs à
fix pétales; les fleurs doubles en ont un grand nombre. Ces pétales font un peu creufés en cuilleron; plus ou moins arrondis;
teints de rouge plus ou moins foncé; grands, petits, ou moyens.
La différence de forme, de couleur, & de grandeur des pétales

A ij

eft un des principaux caracteres qui diftinguent les efpeces, ou les variétés de Pêcher : 3°. de vingt à trente étamines attachées aux parois intérieures du calyce (*Fig. 5.*), qui en cet endroit font tapiffées d'une fubftance grenue , & ordinairement colorée. Elles font difpofées par nombre de quatre à fix entre chaque divifion (*Fig. 4*). Quoique leurs filets foient plus courts que les pétales , cependant elles paroiffent affez élevées au-deffus du difque de la fleur, lorfqu'elle s'ouvre bien ; car les fleurs s'ouvrent plus ou moins, fuivant l'efpece. Elles font terminées par des fommets de forme d'olive qui renferment une pouffiere féminale très-fine. 4°. Dans l'axe de la fleur s'éleve un piftil formé d'un embryon arrondi , liffe , ou velu, felon l'efpece (*Fig. 7.*) placé au centre du fond du calyce (*Fig. 8*), & d'un ftyle de la longueur des étamines , furmonté d'un ftygmate obtus.

L'embryon devient un fruit charnu & fucculent (*Fig.* 15.) dont les caractères intérieurs & extérieurs diftinguent les efpeces de Pêches. On peut les comprendre dans quatre claffes. 1°. Celles dont la peau eft velue ou couverte de duvet , & dont la chair fondante fe détache facilement de la peau & du noyau : elles s'appellent proprement *Pêches*. 2°. Celles dont la peau eft velue ; mais dont la chair ferme ne quitte ni la peau ni le noyau : on les nomme *Pavies*. 3°. Celles dont la peau eft violette , liffe & fans duvet , & dont la chair fondante quitte le noyau : ce font les *Pêches violettes*. 4°. Celles dont la peau eft violette , liffe & fans duvet , & dont le noyau eft adhérent à la chair : elles fe nomment *Brugnons*. Les variétés de chaque efpece fe diftinguent par leur groffeur , leur forme, les couleurs de la peau, & de la chair, leur faveur, le temps de leur maturité, la profondeur de la rainure ou gouttiere qui les divife fuivant leur longueur, &c.

Ce fruit eft foutenu par une queue très-courte qui s'implante au fommet d'une cavité (*Fig. 16.*) plus ou moins profonde, fuivant l'efpece ; & eft attachée à la branche au-deffus d'un fupport ou renflement affez faillant.

Le centre du fruit eſt occupé par un gros noyau (*Fig.* 10.) ligneux & fort dur ; un peu applati ſur les côtés ; bordé ſuivant ſa hauteur, d'un côté (*Fig.* 12.) par une arrête ſaillante, & de l'autre (*Fig.* 11.) par une rainure aſſez profonde par laquelle on ouvre facilement le noyau avec la lame d'un couteau ; le de-hors, ſuivant l'eſpece de Pêcher, eſt brun, ou gris-clair, ou rou-ge-foncé, comme ruſtiqué ou creuſé de ſillons irréguliers plus ou moins profonds ; terminé à une des extrémités par une pointe plus ou moins aiguë & longue, & à l'autre par un enfoncement(*Fig.* 10.) où s'inféroient les vaiſſeaux de la queue. Le dedans (*Fig.* 13.) eſt creuſé & très-poli ; il renferme une amande(*Fig.* 14.) amere, de forme ovale terminée en pointe par un bout, un peu applatie, compoſée de deux lobes, & couverte d'une enveloppe brune.

Tels ſont les caracteres génériques du Pêcher. Ils ont tant de rapports avec ceux de l'Amandier, que M. Linnæus a renfermé ces deux Arbres ſous le même genre & le même nom *Amyg-dalus*. Cependant il y a des différences aſſez conſidérables pour diſtinguer le Pêcher de l'Amandier, & ne point changer les dé-nominations reçues. Quant aux caracteres particuliers des eſpeces & variétés du Pêcher, ils ſeront détaillés dans les deſcriptions ſuivantes. Nous nous bornerons aux eſpeces bien décidées, & à leurs variétés les plus notables.

ESPECES ET VARIÉTÉS.

I. *PERSICA flore magno, præcoci fructu, albo, minori.*

Avant-Pesche blanche. (*Pl. II.*)

Ce Pêcher qui devient grand dans certaines terres où il ſe plaît ſinguliérement, n'eſt qu'un arbre moyen dans les terreins ordinaires. Il pouſſe peu de bois ; mais il eſt aſſez fertile en fruits.

Ses bourgeons ſont menus, & verts comme les feuilles.

Ses boutons font petits, alongés & pointus.

Ses feuilles d'une grandeur médiocre font longuettes, relevées de boffes, pliées en gouttiere, recourbées en différents fens, d'un beau vert, dentelées & furdentelées finement par les bords.

Ses fleurs font affez grandes, prefque blanches, ou de couleur de rofe très-pâle.

Ses fruits font petits, n'excédant pas la groffeur d'une noix. Quelques-uns font ronds, la plupart font alongés. Ils font terminés par un petit mamelon pointu, quelquefois très-long. Une gouttiere très-marquée s'étend fur un côté des fruits depuis la queue jufqu'au mamelon. Dans quelques-uns elle s'étend encore fur une partie de l'autre côté ; & dans d'autres fur tout l'autre côté ; mais elle y eft beaucoup moins profonde, & à peine fenfible.

Sa peau eft fine, velue, & blanche, même du côté du foleil, où cependant on apperçoit une teinte de rouge fort légere, lorfqu'à la fin de Juin, ou au commencement de Juillet, il fait des jours très-chauds.

Sa chair eft blanche, même auprès du noyau, fine & fucculente. Les terres & les années feches la rendent un peu pâteufe ; & alors elle n'eft bonne qu'en compotes.

Son eau eft très-fucrée ; elle a un parfum mufqué qui la rend très-agrèable. On croit que c'eft ce parfum qui attire les fourmis qui font très-friandes de ce fruit.

Son noyau eft petit, prefque blanc, ordinairement adhérent à la chair par quelques endroits.

Cette Pêche eft la plus hâtive de toutes, mûriffant quelquefois dès le commencement de Juillet. Il eft bon d'en avoir à différentes expofitions, afin que celles qui mûriffent plus tard rempliffent l'intervalle qu'il y auroit entre celle-ci & la fuivante.

II. *PERSICA flore magno, fruͨu æſtivo, rubro, minori.*

Avant-Pesche rouge. Avant-Pesche de Troyes (*Pl. III.*)

Ce Pêcher eſt rarement un grand arbre ; il donne peu de bois, & beaucoup de fruit.

Ses bourgeons ſont rouges & menus.

Ses feuilles ſont d'un vert-jaunâtre, gaudronnées ou froncées auprès de la nervure du milieu, aſſez larges, terminées par une pointe aiguë, recourbées en deſſous, & dentelées très-peu profondément.

Ses fleurs ſont grandes, de couleur de roſe.

Son fruit eſt plus gros que l'Avant-Pêche blanche, étant de treize à quatorze lignes de longueur, & de quinze à ſeize lignes de diametre. Il eſt rond, diviſé d'un côté ſuivant ſa longueur par une gouttiere très-peu profonde. Il eſt fort rare qu'il ſoit terminé par un mamelon. Aux deux côtés de l'endroit où le mamelon ſeroit placé, on apperçoit deux petits enfoncements, dont l'un eſt l'extrémité de la gouttiere.

Sa peau eſt fine, velue, colorée d'un vermillon fort vif du côté du ſoleil, qui s'éclaircit en approchant du côté de l'ombre où la peau eſt d'un jaune-clair.

Sa chair eſt blanche, fine, fondante, un peu teinte de rouge ſous la peau du côté ſoleil ; mais ſans aucuns filets rouges auprès du noyau.

Son eau eſt ſucrée & muſquée, ordinairement d'un goût moins relevé que celle de l'Avant-Pêche blanche ; mais plus relevé dans certains terreins.

Son noyau eſt petit, long de ſept lignes, large de ſix lignes, épais de cinq lignes, gris-clair : il quitte bien la chair pour l'ordinaire ; mais quelquefois il s'en détache ſi peu qu'on prendroit cette Pêche pour un petit Pavie.

Les fourmis & les perce-oreilles ſont très-avides de cette

Pêche, qui ne mûrit aux meilleures expofitions qu'à la fin de Juillet, ou au commencement d'Août.

III. *PERSICA æftiva; flore parvo; fructu mediocris craffitiei; Trecaf-fina dicta.*

DOUBLE de Troyes. PESCHE de Troyes. Petite Mignone. (*Pl. IV.*)

Il y a beaucoup de reffemblance entre ce Pêcher & le précé-dent. Celui-ci eft un arbre plus vigoureux, également abondant en fruit, & produifant plus de bois.

Ses bourgeons font rouges du côté du foleil, & verts du côté de l'ombre.

Ses feuilles liffes ou unies, quelquefois un peu froncées au-près de l'arrête, font longues d'environ quatre pouces, larges de quatorze lignes; plus larges près du pédicule que vers l'autre extrémité, qui fe termine en pointe très-aiguë; dentelées par les bords très-finement & légérement.

Ses fleurs, très-petites, le diftinguent bien de l'Avant-Pêche rouge.

Son fruit eft une fois plus gros que celui de l'Avant-Pêche rouge; d'une forme peu conftante, tantôt rond, fa longueur & fon diametre étant égaux (dix-fept lignes); tantôt un peu alon-gé de la tête à la queue; quelquefois au contraire, ayant de dix-fept à dix-huit lignes de longueur, & de vingt à vingt & une lignes de diametre: il eft divifé fuivant fa longueur par une gout-tiere peu profonde, quelquefois bordée d'une petite levre. La queue eft placée dans une cavité profonde & affez large; la tête eft terminée par un petit mamelon, ou un appendix pointu.

La peau eft fine, chargée d'un duvet délié, teinte d'un beau rouge très-foncé du côté qui eft frappé du foleil; & du côté de l'ombre, elle eft d'un blanc-jaunâtre un peu tiqueté de rouge.

La chair eft ferme, fine, blanche même auprès du noyau

où

où l'on apperçoit rarement quelques veines rouges.

L'eau abondante, un peu fucrée, vineufe de cette petite Pêche, lui donne rang entre les bonnes Pêches.

Le noyau eft petit, ayant neuf lignes de longueur, fept lignes de largeur & fix lignes d'épaiffeur. Il fe détache difficilement de la chair.

Le fruit refte long-temps fur l'arbre. Sa maturité qui arrive vers la fin d'Août, concourt avec celle des dernieres Avant-Pêches rouges.

IV. *PERSICA æftiva flore parvo, fructu minori; carne flavefcente.*

AVANT-PESCHE jaune.

L'ARBRE reffemble au fuivant par fon port, fes fleurs, fes bourgeons, fes feuilles.

Le fruit eft moins gros que la Double de Troyes, & mûrit en même temps. Son diametre eft un peu moindre que fa longueur. Sa queue eft plantée dans une cavité profonde & fort large. Il eft divifé fuivant fa longueur par une gouttiere peu profonde; & quelquefois il y a en cet endroit une éminence en forme de côte. Un gros mamelon pointu & recourbé en forme de capuchon le termine par la tête.

Du côté du foleil la peau eft teinte de rouge-brun-foncé; & du côté de l'ombre, elle eft de couleur jaune doré; par-tout couverte d'un duvet fauve & épais.

La chair eft de couleur jaune doré, excepté auprès du noyau & quelquefois fous la peau où elle eft teinte de rouge-carmin. Elle eft fine & fondante.

L'eau eft douce & fucrée.

Le noyau eft rouge, de groffeur proportionnée à celle du fruit, terminé par une pointe obtufe.

V. *PERSICA flore parvo, fructu mediocris crassitiei, carne flavescente.*

ALBERGE jaune. PESCHE jaune. (*Pl. V.*)

CE Pêcher est médiocrement vigoureux. Il noue fort bien son fruit.

Les bourgeons sont d'un rouge-foncé du côté du soleil, & tirent sur le jaune du côté du mur.

Les feuilles sont d'un vert approchant de la feuille-morte, elles rougissent en automne.

Les fleurs sont petites, de couleur rouge-foncé. Quelquefois on trouve ce Pêcher à grandes fleurs.

Les fruits, un peu plus gros que la Petite Mignonne, sont quelquefois de longueur & de diametre égaux ; quelquefois ils ont environ vingt lignes de longueur, sur environ vingt-trois lignes de diametre. Le plus souvent ils sont alongés, un peu applatis sur un des côtés, & sur-tout du côté de la queue qui est implantée au fond d'une grande cavité. Ils sont divisés suivant leur longueur par une gouttiere fort sensible, bordée par deux levres assez saillantes.

La peau est fine ; se détachant avec peine du fruit, s'il n'est pas parfaitement mûr ; d'un rouge-foncé aux endroits frappés du soleil ; jaune sous les feuilles & du côté de l'espalier ; très-chargée d'un duvet fauve.

La chair est de couleur jaune-vif ; de rouge très-foncé près le noyau ; teinte d'un rouge plus clair sous la peau ; fine & très-fondante lorsque le fruit est bien mûr ; pâteuse dans les terres seches, sur les arbres languissants, & quand le fruit cueilli vert n'a mûri que dans la fruiterie.

L'eau est sucrée & vineuse, lorsque le terrein n'est pas trop humide, & que le fruit a acquis toute sa maturité sur l'arbre.

Le noyau est petit, brun ou rouge-foncé, terminé par une

très-petite pointe, long de onze lignes, large de dix lignes &
épais de neuf lignes.

Elle mûrit vers la fin d'Août, après la Double de Troyes, &
l'Avant-Pêche jaune.

VI. *PERSICA flore parvo, fructu magno, carne flavescente.*

Rossanne.

Le Pêcher de Rossanne ou Rosanne est évidemment une variété de l'Alberge jaune. Ses feuilles sont un peu plus larges &
souvent froncées auprès de la grande nervure. Ses fruits sont un
peu plus gros, ordinairement plus arrondis & moins hâtifs. Ils
sont de même divisés par une gouttiere très-marquée sur un côté,
& même assez sensible sur une partie de l'autre côté au-delà du
mamelon. A la tête, on remarque un petit enfoncement ou applatissement du milieu duquel s'éleve un mamelon dont la base
a près d'une ligne de diametre, & la hauteur autant; il se termine en pointe très-aiguë.

VII. *PERSICA fructu globoso, carne buxeâ, nucleo adhærente, cortice
obscurè-rubente.*

Pavie-Alberge. Persais d'Angoumois.

J'ai rapporté ce Pavie de l'Angoumois. Sa chair est un peu
jaune, très-fondante, rouge auprès du noyau. Sa peau est d'un
rouge très-foncé du côté du soleil. Le rouge a moins d'intensité
du côté de l'ombre. Ce fruit qui mûrit vers la fin de Septembre,
est excellent en Angoumois.

VIII. *PERSICA flore magno, fructu globoso, compresso; albis carne
& cortice.*

Madeleineblanche. (*Pl. VI.*)

Quoique cet arbre paroisse assez vigoureux, & qu'il pousse

bien ; cependant il eſt très-ſenſible aux gelées du printemps qui ſouvent endommagent ſes fleurs , & empêchent ſon fruit de nouer, ou le font tomber après qu'il eſt noué.

Ses bourgeons ſont d'un vert-pâle; quelquefois un peu rougeâtres du côté du ſoleil ; leur moëlle eſt preſque noire.

Ses feuilles ſont grandes, luiſantes, d'un vert-pâle, dentelées profondément ſur les bords. Il y en a qui ont ſix pouces de longueur, & vingt & une lignes de largeur.

Ses fleurs grandes, de couleur rouge-pâle, paroiſſent de bonne heure.

Son fruit eſt d'une belle groſſeur, bien au-deſſus de l'Alberge jaune, ayant deux pouces de longueur, & deux pouces deux lignes de diametre. Il eſt rond, un peu applati vers la queue, & arrondi du côté de la tête, diviſé ſuivant ſa longueur par une gouttiere peu ſenſible ſur la partie renflée ; mais aſſez profonde vers la queue qui eſt placée au fond d'une cavité large & évaſée, & vers la tête qui eſt terminée par un très-petit mamelon qu'à peine on apperçoit.

La peau eſt fine, quitte aiſément la chair. Elle eſt preſque par-tout d'un blanc tirant ſur le jaune; du côté du ſoleil, fouettée d'un peu de rouge tendre & vif ; & par-tout couverte d'un duvet très-fin.

Sa chair eſt délicate, fine, fondante, ſucculente, blanche mêlée de quelques traits jaunâtres. Quelquefois auprès du noyau il y en a de couleur de roſe.

Son eau eſt abondante, ſucrée, muſquée, d'un goût fin, quelquefois très-relevé, quelquefois peu, ſuivant l'expoſition & le terrein, qui décident beaucoup de la bonté de cette Pêche délicate, & qui, lorſqu'ils ne lui conviennent pas, la rendent pâteuſe.

Son noyau eſt petit, rond, gris-clair, long d'un pouce, large de neuf lignes, épais de ſix lignes.

Le commencement de ſa maturité eſt vers la mi-Août avec

celle des dernieres Alberges, & la fin avec celle des Mignonnes
& des Chevreufes hâtives.

La Madeleine blanche étant mufquée, les fourmis en font
très-friandes.

Il y a une variété de ce Pêcher qui n'en differe que par fon
fruit qui eft moins gros, fouvent moins mufqué, mais beaucoup
plus abondant. On pourroit la nommer *petite Madeleine blanche*.

IX. *PERSICA flore magno, fructu albo, carne durâ, nucleo adhærente.*
PAVIE blanc. PAVIE MADELEINE.

CE Pavie a tant de reffemblance avec la Madeleine blanche,
que je ne doute point qu'il n'en foit une variété.

Ses bourgeons font verdâtres, un peu rouges du côté du foleil. Leur moëlle eft blanche; au lieu que celle des bourgeons
de la Madeleine blanche eft rouffe, tirant fur le noir.

Ses feuilles font d'un vert-pâle, dentelées profondément, prefque toutes un peu froncées fur l'arrête, fans cependant être dé-
figurées. Il y en a qui font longues de fix pouces, & larges de
dix-neuf lignes.

Ses fleurs font grandes, de couleur de chair très-légere, prefque blanche.

Son fruit eft à peu-près de même groffeur & figure que la Madeleine blanche; il a vingt-fix lignes de longueur & vingt-huit
lignes de largeur. La gouttiere eft peu fenfible fur la partie renflée; mais profonde vers la queue qui eft plantée dans une cavité
moins ouverte que dans la Madeleine blanche; & vers la tête,
où il y a quelquefois un très-petit mamelon.

Sa peau eft toute blanche, excepté du côté du foleil où elle eft
marbrée de très-peu de rouge-vif.

Sa chair eft ferme, comme celle de tous les Pavies, blanche,
fucculente, adhérente au noyau, auprès duquel elle a quelques
traits rouges.

Son eau eſt aſſez abondante, & très-vineuſe lorſque ce fruit eſt bien mûr, ce qui le fait eſtimer de ceux qui ne haïſſent pas les fruits fermes.

Son noyau n'eſt pas gros.

Ce Pavie mûrit au commencement de Septembre. Il eſt très-bon confit tant au ſucre qu'au vinaigre.

X. *PERSICA flore magno, fructu paululùm compreſſo, cortice rubro, carne venis rubris muricatâ.*

MADELEINE rouge. MADELEINE de Courſon. (*Pl. VII.*)

LA Pêche que Riviere & Dumoulin appellent *Madeleine rou-ge*, eſt très-différente de celle-ci. Il ne paroît pas que la Quin-tinye l'ait connue. Merlet la confond avec la Payſanne, qui eſt petite, ſouvent jumelle, & peu eſtimable.

Ce Pêcher eſt fort ſemblable à celui de Madeleine blanche.

Les bourgeons ſont un peu plus colorés & plus vigoureux.

Les feuilles ſont d'un vert plus foncé, dentelées plus profon-dément, & ſurdentelées. Les grandes ont cinq pouces de lon-gueur & vingt lignes de largeur. Les moyennes ſont longues de quatre pouces, & larges de dix-huit lignes.

Les fleurs ſont grandes, & un peu plus rouges.

Le fruit eſt rond, ſouvent un peu applati du côté de la queue, au contraire de la Madeleine blanche; plus gros, lorſque l'ar-bre eſt médiocrement chargé; & moindre, lorſque l'arbre en porte beaucoup.

La peau eſt d'un beau rouge du côté du ſoleil.

La chair eſt blanche, excepté auprès du noyau où elle a des veines rouges.

L'eau eſt ſucrée, & d'un goût relevé qui fait mettre cette Pê-che au nombre des meilleures.

Le noyau eſt rouge & aſſez petit.

Le fruit mûrit à la mi-Septembre avec la groſſe Mignonne; ſouvent plutôt.

Ce Pêcher donne beaucoup de bois; ainſi il faut le charger à la taille. Il donne peu de fruit, quoiqu'il ne ſoit pas ſujet à cou-ler comme la Madeleine blanche.

La Madeleine tardive, ou Madeleine rouge tardive à petite fleur, paroît être une variété de la Madeleine de Courſon. Ses fleurs ſont petites. Son fruit eſt de médiocre groſſeur, & très-coloré. La cavité au fond de laquelle la queue s'implante eſt ſou-vent bordée de quelques plis aſſez ſenſibles. Si ce Pêcher, dont le fruit eſt de très-bon goût & ne mûrit qu'avec les Perſiques, n'avoit pas les feuilles dentelées profondément, le port & la plupart des caractères de la Madeleine, je ſerois tenté de le re-garder comme une Pourprée tardive.

XI. *PERSICA flore magno; fructu amplo, ſerotino, compreſſo; cortice paululùm rubente; carne albâ.*

Pesche Malte.

Ce Pêcher peut encore être regardé comme une variété de la Madeleine blanche.

Il eſt aſſez vigoureux & fécond. Ses bourgeons ont un peu de rouge du côté du ſoleil, & leur moëlle eſt un peu brune.

Ses feuilles ſont dentelées plus profondément que celles de la Madeleine blanche, & moins que celles de la Madeleine rouge.

Ses fleurs ſont grandes, de couleur de roſe-pâle.

Son fruit eſt aſſez rond, un peu applati de la tête à la queue, quelquefois plus gros que la Madeleine blanche, ſouvent moin-dre & plus court. Sa gouttiere s'étend preſqu'également ſur les deux côtés; elle n'eſt profonde qu'à la tête, où il n'y a point de mamelon. La queue eſt placée dans une cavité étroite. Ses proportions les plus ordinaires font vingt-deux lignes de hauteur fur deux pouces de diametre.

Sa peau prend du rouge du côté du foleil, & fe marbre ordinairement de rouge plus foncé. L'autre côté demeure vert-clair; elle s'enleve facilement.

Sa chair eft blanche & fine.

Son eau un peu mufquée & très-agréable.

Son noyau eft très-renflé du côté de la pointe, long d'un pouce, large de onze lignes, épais de neuf lignes.

Le temps de fa maturité eft un peu après la Madeleine rouge.

XII. *PERSICA fructu globofo, æftivo, obfcurè-rubente; carne aquofâ, fuaviffimâ.*

Véritable P o u r p r é e hâtive à grande fleur. (*Pl. VIII.*)

Ce Pêcher eft vigoureux & fertile.

Ses bourgeons font forts, médiocrement longs, teints de rouge du côté du foleil.

Ses feuilles font terminées en pointe très-aiguë. La dentelure eft réguliere, très-fine & très-peu profonde.

Ses fleurs font grandes, d'un rouge affez vif; s'ouvrent bien.

Le fruit eft gros, divifé en deux hémifpheres fuivant fa hauteur par une rainure large & affez profonde qui fe termine à un enfoncement quelquefois confidérable à la tête du fruit au milieu duquel on apperçoit à peine la place du piftil; & à une cavité large & profonde dans laquelle s'implante la queue. Il eft d'une belle forme lorfque fon diametre eft de vingt-cinq lignes, & fa hauteur de vingt-trois lignes; fouvent fon diametre excede vingt-fept lignes, & fa hauteur vingt-quatre lignes. Quelquefois le noyau s'ouvrant fait bouffer le fruit, & alors fon diametre eft trop grand pour fa hauteur, & par conféquent fa forme peu agréable.

La

La peau eſt couverte d'un duvet fin & épais ; elle eſt d'un beau rouge-foncé du côté du ſoleil. L'autre côté eſt tiqueté de très-petits points d'un rouge-vif, qui font paroître la peau plus ou moins rouge, ſuivant qu'ils ſont plus ou moins gros & ſerrés. Elle eſt fine & ſe détache facilement de la chair.

La chair eſt fine & très-fondante ; blanche, excepté autour du noyau où elle prend un peu de rouge très-vif. Il eſt rare d'en appercevoir ſous la peau, même du côté du ſoleil.

L'eau eſt abondante, très-fine, & excellente.

Le noyau eſt rouge, ruſtiqué profondément ; il n'eſt point adhérent à la chair.

Cette belle Pêche, qui peut être regardée comme une des meilleures, mûrit dans le commencement d'Août, ordinairement avant la Madeleine blanche.

XIII. *PERSICA flore parvo ; fructu ſerotino, globoſo, obſurè-rubente, ſuaviſſimo.*

Pourprée tardive. (*Pl. IX.*)

Ce Pêcher eſt un arbre vigoureux.

Les bourgeons ſont gros.

Les feuilles ſont grandes, dentelées très-légérement, froncées ſur l'arrête ; pliées & contournées en différents ſens.

Les fleurs ſont très-petites.

Le fruit eſt rond, gros, ayant deux pouces quatre lignes de longueur, & deux pouces ſept lignes de diametre ; quelquefois un peu applati du côté de la tête. La queue eſt placée dans un enfoncement aſſez large. La gouttiere eſt peu marquée ; & le mamelon eſt à peine ſenſible.

La peau eſt couverte d'un duvet fin, teinte d'un rouge-vif & foncé du côté du ſoleil. Le côté de l'ombre eſt de couleur jaune-paille.

Tome II.　　　　　　　　　　　**C**

La chair eft fucculente, très-rouge auprès du noyau.

L'eau eft douce & d'un goût relevé.

Le noyau eft petit, brun, relevé de groffes boffes, terminé par une pointe affez longue, & fine.

Merlet a confondu cette efpece avec la Mignonne. Les fleurs de la Pourprée tardive, qui font petites, & le temps de la maturité de fon fruit qui n'eft qu'au commencement d'Octobre, fuffifent pour les diftinguer.

XIV. *PERSICA flore magno ; fructu globofo, pulcherrimo, faturè-rubro.*

MIGNONNE. Groffe MIGNONNE. VELOUTÉE de Merlet. (*Pl. X.*)

C'EST un arbre vigoureux qui donne beaucoup de fruit, & pouffe affez de bois.

Ses bourgeons font menus, & fort rouges du côté du foleil.

Ses feuilles font grandes, d'un vert-foncé, dentelées très-finement & légérement.

Ses fleurs font grandes, d'un rouge-vif.

Son fruit eft gros (vingt-quatre lignes de longueur, vingt-huit de diametre); bien rond; quelquefois applati par le bout; divifé en deux hémifpheres par une gouttiere profonde, peu large & ferrée par le bas, ayant fouvent un de fes bords plus relevé que l'autre. Dans les gros fruits elle eft peu fenfible à la partie la plus renflée; mais elle devient profonde en approchant de la queue, qui eft fi courte & fi enfoncée dans une cavité affez large & profonde, que la branche fait impreffion fur le fruit. Elle devient auffi plus marquée vers la tête. A cette extrémité du fruit il y a un petit enfoncement, ou applatiffement au milieu duquel on apperçoit les reftes du piftil qui y forment un très-petit mamelon.

Sa peau eft fine, couverte d'un duvet très-délié qui la rend comme fatinée. Elle fe détache facilement de la chair. Du côté qui eſt frappé du ſoleil, elle eſt d'un rouge-brun foncé ; & du côté de l'ombre, d'un vert-clair tirant ſur le jaune. Avec une loupe on voit ce côté preſque par-tout tiqueté de rouge. Lorſque le fruit a mûri à l'ombre, la peau a beaucoup moins de rouge, & tire ſur le vert.

Sa chair eſt fine, fondante, ſucculente, délicate ; blanche, excepté ſous la peau du côté du ſoleil, & auprès du noyau où elle eſt marbrée de couleur de roſe-vif. En l'examinant attentivement, on y apperçoit des points verts tirant ſur le jaune. Elle s'éclaircit & devient d'un blanc plus pur en approchant des traits rouges qui ſont autour du noyau.

Son eau eſt ſucrée, relevée, vineuſe ; un peu aigrelette dans les terres froides.

Son noyau eſt d'une groſſeur médiocre (un pouce de longueur, dix lignes de largeur, ſept lignes d'épaiſſeur) ; peu alongé ; très-rouge. Ordinairement il y reſte des lambeaux de chair attachés.

Cette Pêche mûrit un peu plus tard que la Madeleine.

XV. *PERSICA flore magno ; fructu æſtivo, globoſo, obſcurè-rubente, ſuaviſſimo.*

POURPRÉE hâtive. VINEUSE. (*Pl. XI.*)

C'EST un Pêcher aſſez vigoureux, dont le bois eſt gros, qui donne beaucoup de fruit, & n'eſt pas délicat ſur l'expoſition, ſon fruit n'étant jamais pâteux.

Les bourgeons, ſur-tout ceux à fruit ſont longs, pliants & menus. Leur écorce eſt rouge-foncé du côté du ſoleil.

Les fleurs ſont grandes, d'une couleur rouge-vif.

Les feuilles ſont d'un vert-foncé, & plus grandes que celles de la groſſe Mignonne.

Le fruit eſt d'une belle groſſeur, rond, un peu applati par le bout, & diviſé en deux par une gouttiere profonde.

C ij

La peau eſt fine, quitte facilement la chair; elle eſt d'un rouge très-foncé, même aux endroits qui ne ſont point frappés du ſoleil, & couverte d'un duvet fauve très-fin.

La chair eſt fine, ſucculente; blanche, excepté ſous la peau & autour du noyau où elle eſt très-rouge.

L'eau eſt abondante, vineuſe; quelquefois aigrelette, ſur-tout dans les terreins froids.

Le noyau eſt fort rouge, & de médiocre groſſeur.

En comparant cette deſcription avec la précédente, il eſt aiſé d'appercevoir pourquoi cette Pourprée n'eſt pas placée avec les Pêches qui ont la même dénomination. Je ne lui ôte point un nom ſous lequel elle eſt connue, & qui exprime ſa couleur; mais je la range auprès de la groſſe Mignonne, dont elle eſt une va-riété qui en differe peu, & qui s'en diſtingue facilement par la couleur de la peau & de la chair, & par le temps de ſa ma-turité.

XVI. *PERSICA flore parvo; fructu globoſo, pulcherrimo, atro-rubente.*

BOURDIN. BOURDINE. NARBONNE. (*Pl. XII.*)

CE Pêcher eſt grand & vigoureux; il ſe met aiſément à fruit. Il charge quelquefois trop, & alors ſon fruit n'eſt pas gros, ſi l'on n'a ſoin d'en retrancher une partie. Il réuſſit très-bien en plein-vent, où il donne du fruit plus petit, mais plutôt & plus excellent qu'en eſpalier.

Ses feuilles ſont très-grandes, unies & d'un beau vert.

Ses fleurs ſont petites, couleur de chair, bordées de carmin.

Son fruit eſt preſque rond, ayant un peu plus de diametre que de longueur; ordinairement un peu moins gros que la groſſe Mignonne; diviſé par une gouttiere très-large & aſſez profonde, ſouvent bordée d'une levre plus relevée que l'autre bord. Le côté oppoſé à la gouttiere eſt applati ou enfoncé; & la réunion de la rainure avec cet applatiffement forme une efpece de cavité au bout du fruit. La gouttiere eft plus large & plus profonde que celle de la Mignonne. La queue eft placée dans une cavité large & profonde.

Sa peau eft colorée d'un beau rouge-foncé, quitte aifément la chair, eft couverte d'un duvet très-fin.

Sa chair eft fine & fondante; blanche, excepté auprès du noyau où elle eft très-rouge, & quelquefois ce rouge s'étend bien avant dans la chair.

Son eau eft vineufe & d'un goût excellent, fans avoir un certain retour d'aigreur qui diminue quelquefois un peu du mérite de la Mignonne.

Son noyau eft petit, affez rond, de couleur gris-clair: lorfque le fruit eft bien mûr, il refte de grands filaments attachés au noyau.

La maturité de cette belle Pêche eft vers la mi-Septembre.

D'un côté tous fes traits de reffemblance avec la Mignonne; de l'autre, fes petites fleurs & fon beau rouge-foncé, laiffent en doute fi elle doit être regardée comme une Pourprée hâtive, ou comme une variété de la Mignonne.

XVII. *PERSICA* flore parvo; fructu æftivo; compreffo; paululùm verrucofo.

CHEVREUSE hâtive. (*Pl. XIII.*)

On trouve ordinairement ce Pêcher dans toutes les pépinieres, parce qu'il eft très-vigoureux & qu'il donne beaucoup de fruit.

Ses feuilles font grandes, dentelées très-finement & très-légérement; elles fe plient en gouttiere.

Ses fleurs font petites.

Son fruit eft d'une belle groffeur, un peu alongé; divifé fuivant fa longueur par une gouttiere très-fenfible, bordée de deux levres, dont une est plus relevée que l'autre; souvent parsemé de petites bosses, sur-tout vers la queue, terminé par un mamelon pointu, qui est ordinairement assez petit.

Sa peau, du côté du soleil, a un coloris rouge-vif & agréable.

Sa chair est blanche, fine, très-fondante, rouge auprès du noyau; un peu moins délicate que celle des Madeleines.

Son eau est douce, sucrée, & de fort bon goût.

Son noyau est brun, un peu alongé, de médiocre grosseur.

Cette Pêche mûrit entre la mi-Août & le commencement de Septembre. Si elle n'est pas aux meilleures expositions, ou si on la laisse trop mûrir, elle est pâteuse & de mauvais goût.

Je soupçonne la Pêche que je viens de décrire de ne pas être la véritable Chevreuse hâtive; mais d'en être une variété que Merlet & la Quintinye appellent *Pêche d'Italie*.

La Pêche qui est connue aujourd'hui sous le nom de *Pêche d'Italie*, est aussi une variété de la Chevreuse hâtive. L'arbre est très-vigoureux. Je ne connois aucun Pêcher qui pousse des bourgeons aussi longs & aussi forts. Ses feuilles sont plus grandes; ses fleurs petites; & son fruit est plus tardif, plus gros, ovale, un peu pointu, prend moins de couleur, & une couleur plus claire. Sa chair est rouge auprès du noyau; elle a beaucoup d'eau.

Je crois que la véritable Chevreuse hâtive est celle que je vais décrire.

XVIII. BELLE CHEVREUSE.

Tous les caractères de l'Arbre sont les mêmes que ceux de la Chevreuse, n°. 17.

Le fruit est alongé, ayant deux pouces trois lignes de longueur, & deux pouces de diametre. La gouttiere qui le divise suivant sa longueur, est très-peu sensible à la partie renflée; mais elle l'eſt beaucoup vers les extrémités, ſur-tout à la tête où l'on apperçoit une fente & un mamelon pointu, qui quelquefois eſt très-petit. La cavité au fond de laquelle s'attache la queue eſt aſſez étroite, & preſque toujours bordée de quelques boſſes ou petites éminences. Il eſt aſſez ordinaire d'en appercevoir quelques-unes répandues ſur le fruit.

Lorſque cette Pêche eſt bien mûre, ſa peau eſt jaune preſque par-tout, excepté aux endroits expoſés au ſoleil où elle prend un rouge-clair & brillant. Elle eſt couverte d'un duvet aſſez épais qui s'enleve aiſément en l'eſſuyant. Elle ne ſe détache qu'a-vec peine de la chair, à moins que le fruit ne ſoit très-mûr.

La chair n'eſt ordinairement ni très-fondante, ni très-délicate; quelquefois même elle eſt un peu pâteuſe quand le fruit eſt très-mûr. Elle eſt un peu jaunâtre, excepté du côté du ſoleil ſous la peau où elle a une légere teinte rouge; & auprès du noyau où elle eſt marbrée de couleur de roſe.

L'eau eſt ſucrée & aſſez agréable.

Le noyau eſt gros, brun, ruſtiqué très-profondément, termi-né par une pointe fort aiguë, long de ſeize lignes, large de neuf lignes, épais de ſix lignes & demie.

Cette Pêche mûrit avec la Mignonne vers le commencement de Septembre.

XIX. *PERSICA flore magno; fructu minùs æſtivo, paululùm verru-coſo, dilutè rubente.*

Véritable Chancelliere à grande fleur.

Ce Pêcher reſſemble beaucoup à celui de Chevreuſe, par ſes bourgeons vigoureux & ſes grandes feuilles.

Ses fleurs ſont grandes.

Son fruit eſt d'une belle groſſeur; un peu moins alongé que la Chevreuſe n°. 17. Son diametre eſt de deux pouces, & ſa hauteur de vingt-deux lignes. Il eſt diviſé en deux hémiſpheres inégaux par une rainure qui n'a de profondeur que près de la queue qui eſt placée dans une cavité étroite & profonde; & à la tête où on voit un très-petit mamelon. Le côté oppoſé à la rainure eſt applati.

Sa peau eſt très-fine, & d'un beau rouge du côté du ſoleil.

Son eau eſt ſucrée & excellente.

Elle mûrit au commencement de Septembre, après la Belle Chevreuſe.

Ces deux Pêchers ne ſe diſtinguent que par la fleur & le temps de la maturité du fruit. Dans pluſieurs jardins, on trouve pour la Chancelliere une variété de la Chevreuſe, qui a la fleur petite; & le fruit un peu plus rond, & moins hâtif.

XX. *PERSICA flore parvo; fructu ſerotino, compreſſo, paululùm verrucoſo.*

CHEVREUSE tardive. POURPRÉE. (*Pl. XIV.*)

L'ARBRE eſt vigoureux & charge beaucoup; ce qui oblige d'éclaircir le fruit, afin qu'il devienne plus beau.

Ses bourgeons ſont rouges du côté du ſoleil.

Ses feuilles ſont grandes; dentelées très-légérement; peu froncées auprès de l'arrête.

Ses fleurs ſont petites, de couleur rouge-brun.

Ses fruits ſont un peu alongés; d'une bonne groſſeur; diviſés par une gouttiere aſſez profonde, qui eſt bordée par deux levres, dont une eſt plus élevée que l'autre; terminés par un mamelon.

Sa peau eſt un peu verdâtre du côté du mur; & d'un très-beau rouge du côté du ſoleil, ce qui la fait nommer *Pourprée*.

Sa chair eſt blanche, excepté près du noyau.

Son eau eſt excellente & très-agréable.

Son noyau eſt de médiocre groſſeur. Il y demeure beaucoup

de

de lambeaux de chair attachés, lorfqu'on ouvre le fruit.

Cette Pêche mûrit à la fin de Septembre.

Il y a des Chevreufes très-tardives qui méritent peu d'être cultivées, parce qu'elles mûriffent rarement.

Nota. Quoique les Pêchers de Chevreufe foient des arbres vigoureux, ils font fort fenfibles à la différence des terreins & des expofitions, qui les fait quelquefois tellement changer, qu'à peine peut-on les reconnoître, & qu'on les prend pour des variétés. On voit chez les Pépiniériftes de Vitry, de très-belles & très-groffes Chevreufes, & fur-tout des tardives qui ont près de trois pouces de diametre. Les mêmes Arbres tranfplantés dans des terreins ordinaires, donnent des fruits de groffeur beaucoup inférieure, & quelquefois de forme un peu différente.

XXI. *PERSICA flore parvo; fructu glabro, æftivo; carne albâ; cortice partim albo, partim dilutè-rubente.*

Pesche-Cerise. (*Pl. XV.*)

L'ARBRE a le même port que le Pêcher de petite Mignonne; il n'eft pas plus grand, & il fructifie affez bien.

Les bourgeons font menus; d'un beau rouge du côté du foleil.

Les feuilles font femblables à celles de la petite Mignonne; longues, étroites, liffes, quelques-unes froncées fur la grande nervure.

Les fleurs font petites & d'un rouge-pâle.

Le fruit eft petit, ayant au plus dix-huit lignes de longueur, & vingt lignes de diametre; il eft bien arrondi; divifé par une gouttiere large & profonde, qui fouvent eft encore fenfible fur une partie du côté oppofé, au-delà du mamelon; & terminé par un mamelon qui eft ordinairement affez gros, long, & pointu.

Tome II. D

La queue est reçue dans une cavité très-large & profonde.

La peau est lisse, fine, brillante, d'une belle couleur de cerise du côté du soleil, & blanche comme de la cire sous les feuilles & du côté de l'espalier. Ces couleurs qui sont comparables à celles de la Pomme d'Api, rendent ce petit fruit très-agréable à la vue.

La chair est blanche, un peu citrine, même auprès du noyau, où quelquefois cependant il y a quelques traits rouges; elle est assez fine & fondante.

L'eau est un peu insipide; cependant elle a assez bon goût dans les terreins secs, & aux bonnes expositions.

Le noyau est petit, rond, blanc, ou jaune-brun-clair, & ne tient point à la chair.

Cette Pêche mûrit vers le commencement de Septembre. Elle orne bien un fruit: c'est son principal mérite.

XXII. *PERSICA flore parvo; fructu glabro, violaceo, minori, vinoso.*

PETITE VIOLETTE hâtive. (*Pl. XVI. Fig. 2.*)

CE Pêcher est un bel arbre, assez vigoureux, qui donne suffisamment de bois, & beaucoup de fruit, même en buisson.

Ses bourgeons sont médiocrement gros; rouges du côté du soleil.

Ses feuilles sont lisses, alongées, & d'un beau vert.

Ses fleurs sont très-petites, de couleur rouge-brun.

Son fruit est de la grosseur de la Double de Troyes, quelquefois moindre; presque rond, ayant souvent plus de longueur que de diametre, & étant un peu applati sur les côtés. Il est divisé suivant sa longueur par une gouttiere peu profonde; & ordinairement terminé par un mamelon assez petit. La cavité dans laquelle est placée la queue est moins large & moins profonde qu'à la Pêche-Cerise.

Sa peau eſt liſſe & ſans duvet, fine, d'un rouge-violet du côté du ſoleil, & d'un blanc-jaunâtre ſous les feuilles. Ces couleurs ne ſont pas éclatantes comme celles de la Pêche-Ceriſe.

Sa chair eſt fine, aſſez fondante, d'un blanc un peu jaunâtre, de couleur de roſe-vif auprès du noyau.

Son eau eſt ſucrée, vineuſe & très-parfumée ; ce qui la fait mettre au nombre des meilleures Pêches.

Son noyau eſt gris-clair, gros relativement à la groſſeur du fruit.

Cette Pêche mûrit au commencement de Septembre. Pour la manger bonne, il faut la laiſſer ſur l'arbre juſqu'à ce qu'elle commence à ſe faner auprès de la queue.

La Violette d'Angervilliers, qu'on vante avec raiſon, eſt la même, ou une petite Violette qui n'en diffère que parce qu'elle eſt un peu plus hâtive.

XXIII. *PERSICA flore parvo ; fructu glabro, violaceo, majori, vinoſo.*

GROSSE VIOLETTE hâtive. (*Pl. XVI. Fig.* 1.)

L'ARBRE reſſemble au précédent. Il eſt vigoureux & très-fertile ; donnant beaucoup de fruit, même en plein-vent.

Sa fleur eſt très-petite.

Son fruit eſt de la même forme que la petite Violette ; mais il eſt au moins une fois plus gros. Quelquefois il a plus de diametre que de longueur (vingt-ſix lignes ſur vingt-quatre.)

Sa peau eſt fine, liſſe, & de même couleur que celle de la petite Violette.

Sa chair eſt blanche, fondante ; mais moins vineuſe.

Ce fruit mûrit auſſi au commencement de Septembre, un peu après la petite Violette. Ordinairement plus il eſt gros, plus il a de qualité ; une groſſe Violette, de la groſſeur dont elle eſt repréſentée dans la figure, eſt rarement bonne.

D ij

XXIV. *PERSICA flore parvo ; fructu glabro, è rubro & violacea variegato, serotino, vinoso.*

VIOLETTE tardive. VIOLETTE marbrée. VIOLETTE panachée.
(*Pl. XVII.*)

CE Pêcher est vigoureux; pousse beaucoup de bois, & donne beaucoup de fruit.

Les bourgeons sont de couleur rouge très-foncée du côté du soleil, & verts du côté du mur.

Les feuilles sont grandes, d'un beau vert, dentelées finement sur les bords, froncées près de l'arrête.

Les fleurs sont très-petites, de couleur rouge-pâle.

Le fruit est de moyenne grosseur, très-ressemblant à la grosse Violette hâtive; mais plus alongé, moins rond, étant souvent comme anguleux. A la tête on remarque un petit enfoncement, au milieu duquel on apperçoit ordinairement moins un mamelon qu'un point blanc duquel sort le style desséché du pistil, comme un poil noir assez long.

La peau est lisse, violette, marquée de points ou petites taches rouges du côté du soleil; ce qui la fait nommer *marbrée.* Du côté de l'ombre, elle est verdâtre.

La chair est blanche, un peu tirant sur le jaune; rouge auprès du noyau.

L'eau est très-vineuse, lorsque les automnes sont chauds & secs; mais lorsqu'ils sont froids, cette Pêche ne mûrit point; elle se fend, & n'est bonne qu'en compote; pour en avancer & en faciliter la maturité, il faut planter ce Pêcher à l'exposition la plus chaude, & découvrir les fruits.

Le noyau est de moyenne grosseur.

Cette Pêche mûrit un peu avant la mi-Octobre.

XXV. *PERSICA flore parvo; fructu glabro, ferè viridi, maximè ferotino.*

Violette très-tardive. Pesche-noix.

Ce Pêcher reſſemble en tout au précédent.

La peau du fruit n'eſt pas tachetée de rouge. Du côté du ſoleil elle eſt rouge comme une Pomme d'Api; & du côté de l'ombre elle eſt verte, comme le brou d'une noix.

La chair eſt un peu verdâtre.

Cette Pêche mûrit après la mi-Octobre dans l'expoſition au midi, & dans les automnes chauds & ſecs. Souvent elle ne mûrit point; & par conſéquent l'arbre mérite peu d'être cultivé.

XXVI. *PERSICA flore magno; fructu glabro, violaceo, vinoſo, carne nucleo adhærente.*

Brugnon violet muſqué. (*Pl. XVIII.*)

C'est un Pêcher vigoureux qui pouſſe beaucoup de bois, & produit du fruit abondamment.

Ses bourgeons ſont gros, longs, rouges du côté du ſoleil.

Ses feuilles ſont dentelées très-finement.

Ses fleurs ſont grandes & belles, de couleur rouge-pâle. Quelquefois cet arbre eſt à petites fleurs.

Son fruit reſſemble aſſez à la groſſe Violette hâtive. Il eſt un peu moins gros, & preſque rond.

Sa peau eſt liſſe, d'un blanc un peu jaunâtre du côté de l'ombre. Du côté du ſoleil elle eſt d'un fort beau rouge-violet. Les bords de la couleur en approchant du jaune s'éclairciſſent, & ſont marquetés de gros points ou petites taches blanchâtres.

Sa chair n'eſt point ſeche, quoique ferme; elle eſt blanche, preſque jaune, excepté auprès du noyau où elle eſt très-rouge.

Son eau eſt d'un goût excellent, vineuſe, muſquée & ſucrée;

Son noyau eſt de groſſeur médiocre, très-rouge & très adhé-rent à la chair.

Ce Brugnon mûrit à la fin de Septembre. Pour que ſa chair ſoit plus délicate, il faut planter l'arbre à la meilleure expoſition, ne cueillir le fruit que lorſqu'il commence à ſe faner, & même lui laiſſer faire ſon eau quelque temps dans la Fruiterie.

XXVII. *PERSICA flore parvo; fructu globoſo, glabro; ſerotino; buxeo colore, mali Armeniaci ſapore.*

JAUNE liſſe. LISSÉE jaune. (*Pl. XIX.*)

L'ARBRE eſt vigoureux, & reſſemble au Pêcher de petite Vio-lette hâtive.

Les bourgeons ſont longs & jaunâtres.

Les feuilles ſont grandes & larges; jauniſſent en automne.

Les fleurs ſont petites, ou de grandeur moyenne.

Le fruit eſt rond; moins gros que la groſſe Violette; quel-quefois un peu applati.

La peau eſt jaune, liſſe, & ſans duvet; un peu fouettée de rouge du côté du ſoleil.

La chair eſt jaune & ferme.

Lorſque les automnes ſont chauds, l'eau eſt ſucrée, très-agréa-ble, & prend un petit goût d'Abricot.

Le noyau eſt de médiocre groſſeur.

La Jaune liſſe mûrit à la mi-Octobre. On peut la conſerver une quinzaine de jours dans la Fruiterie où elle acquiert ſa par-faite maturité: de ſorte qu'on en mange juſqu'au commencement de Novembre.

XXVIII. *PERSICA flore parvo ; fructu magno , globoso , atro-rubente ; carne firmâ , saccharatâ.*

Bellegarde. Galande. (*Pl. XX.*)

Ce Pêcher eſt un bel arbre , ſur-tout dans les bonnes terres.

Ses bourgeons ſont gros , rouges du côté du ſoleil.

Ses feuilles ſont grandes , liſſes , d'un vert-foncé.

Ses fleurs ſont très petites , pâles.

Son fruit eſt gros , rond , reſſemblant beaucoup à l'Admira‑ble. La gouttiere qui le diviſe ſuivant ſa longueur eſt très-peu marquée.

Sa peau eſt preſque par-tout teinte d'un rouge-pourpre , qui tire ſur le noir du côté du ſoleil. Elle eſt dure , très-adhérente à la chair , couverte d'un duvet très-fin.

Sa chair eſt de couleur de roſe auprès du noyau ; ferme & com‑me caſſante , cependant fine & pleine d'eau.

Son eau eſt ſucrée & de très-bon goût.

Le noyau eſt de médiocre groſſeur , applati , longuet , & ter‑miné par une pointe aſſez longue.

Cette Pêche mûrit à la fin d'Août après les Mignonnes & la Madeleine rouge.

La Bellegarde de Merlet eſt une Perſique , très-différente de notre Bellegarde.

XXIX. *PERSICA flore parvo ; fructu magno , globoso , diluté-rubente ; carne firmâ , saccharatâ.*

Admirable. (*Pl. XXI.*)

C'est un Pêcher grand , fort , vigoureux , qui produit beau‑coup de bois & de fruit.

Ses bourgeons ſont gros & forts.

Ses feuilles ſont belles , grandes , longues , unies.

Ses fleurs font petites, de couleur rouge-pâle.

Son fruit eft très-gros, ayant vingt-fept lignes de longueur, & trente lignes de diametre; rond, divifé d'un côté par une gouttiere peu profonde: l'autre côté eft fort arrondi, fans aucun enfoncement ni rainure. La tête eft auffi très-arrondie, & terminée par un petit mamelon, qui fouvent n'excede pas la groffeur d'une tête d'épingle. La queue eft plantée dans une cavité affez profonde & peu évafée.

Sa chair eft ferme, fine, fondante; blanche, excepté auprès du noyau où elle eft rouge-pâle.

Son eau eft douce, fucrée, & d'un goût vineux, fin & relevé, qui eft admirable.

Son noyau eft petit.

Sa peau eft teinte de rouge-vif du côté du foleil; par-tout ailleurs elle eft jaune-clair, couleur de paille; ce qui fait des panaches fort agréables.

Cette Pêche mûrit à la mi-Septembre. Sa beauté & fes excellentes qualités lui ont mérité fon nom, & le rang avant les meilleures Pêches. Elle n'eft pas fujette à être pâteufe; & quoiqu'elle foit plus parfaite aux meilleures expofitions, elle réuffit affez aux médiocres. Lorfque l'arbre languit, le noyau groffit, fe fend quelquefois, & la Pêche tombant avant fa maturité, eft âcre & amere.

Cet arbre exige plus d'attention qu'un autre à la taille, parce que fouvent il a des branches languiffantes, & en perd fubitement de fort groffes, étant très-fujet à la cloque, maladie qu'on attribue aux vents froids.

XXX.

XXX. *PERSICA flore amplo, fruĉtu magno, globoſo, ſerotino; carne buxeâ.*

ADMIRABLE jaune. ABRICOTÉE. PESCHE d'Abricot.
Groſſe PÊCHE jaune tardive. (*Pl. XXII.*)

CE Pêcher reſſemble à l'Admirable par ſon port, étant un bel & grand arbre qui donne aſſez de fruit, même en plein-vent :

Par ſes bourgeons qui ſont vigoureux ; mais d'un vert plus jaune :

Par ſes feuilles qui ſont belles ; mais l'automne elles jauniſ-ſent, & même rougiſſent par la pointe. Elles ſont preſque toutes pliées en gouttiere, & recourbées en deſſous.

Sa fleur eſt grande & belle. Quelquefois on trouve ce Pêcher à petite fleur, comme l'Admirable.

Son fruit eſt gros, rond, applati, & d'un diametre beaucoup moindre vers la tête. Il eſt diviſé d'un côté par une gouttiere peu profonde.

Sa peau eſt jaune & unie, couverte d'un duvet fin. Elle prend un peu de rouge du côté du ſoleil.

Sa chair eſt jaune, de couleur d'Abricot, excepté auprès du noyau & ſous la peau du côté du ſoleil où elle eſt rouge. Elle eſt ferme ; quelquefois un peu ſeche, & même pâteuſe, quand les automnes ſont froids.

Son eau eſt agréable, ayant un peu du parfum de l'Abricot dans les automnes chauds.

Son noyau eſt petit, rouge, & tient un peu à la chair.

Cette Pêche mûrit vers la mi-Octobre. Les fruits qui reſtent les derniers ſur l'arbre, ſont les meilleurs.

L'Admirable jaune s'éleve bien de noyau & en plein-vent où ſon fruit eſt beaucoup meilleur & plus coloré, mais conſidéra-blement moins gros.

Il y a une autre Admirable jaune, ou une variété de celle-ci,

Tome II. E

qui porte de grandes fleurs, & donne des fruits plus gros.

XXXI. *PERSICA fructu maximo, compresso ; carne durâ, nucleo adhærente, buxeâ.*

PAVIE jaune.

CET Arbre que j'ai rapporté de Provence, ressemble beau-coup à l'Admirable jaune. Mais son fruit est applati sur les côtés comme l'Abricot. Sa chair est un peu seche, & adhérente au noyau. Il mûrit avec l'Admirable jaune. C'est un fort bon fruit qui devient quelquefois plus gros que le Pavie de Pomponne, & mûrit aussi facilement dans notre climat.

XXXII. *PERSICA flore parvo, fructu vix-globoso, dilutè-rubente, papillato, carne gratissimâ.*

TETON DE VÉNUS. (*Pl. XXIII.*)

CE Pêcher est très-ressemblant à l'Admirable par sa vigueur :
Par la force de ses bourgeons :
Par la beauté de ses feuilles, qui sont dentelées très-finement ; quelques-unes se froncent près de l'arrête :
Par sa fleur qui est petite, couleur de rose, bordée de carmin.
Son fruit est moins rond ; son diametre & sa longueur sont presqu'égaux (trente & une lignes sur trente lignes.) Quelque-fois il est beaucoup plus gros que l'Admirable. Un de ses côtés est divisé suivant sa longueur par une gouttiere peu profonde, souvent à peine sensible, terminée à la tête du fruit par un petit enfoncement. L'autre côté est un peu applati ; & cet applatisse-ment se termine aussi à la tête par un petit enfoncement. Entre ces deux petits enfoncements il s'éleve ordinairement un ma-melon si gros que, selon plusieurs, il caractérise ce fruit. Quel-quefois, sur-tout dans les gros fruits, il n'y a ni gouttiere, ni applatissement bien sensibles sur les côtés ; ni enfoncement ni

mamelon à la tête ; mais vu par cette extremité, il repréſente bien, ſelon d'autres, l'objet dont il porte le nom. La queue eſt plantée dans une cavité profonde & aſſez large.

La peau eſt couverte d'un duvet fin ; elle ne prend pas beaucoup de couleur du côté du ſoleil. Tout ce qui eſt à l'ombre eſt de couleur de paille.

La chair eſt fine, fondante ; blanche, excepté auprès du noyau où elle eſt de couleur de roſe.

L'eau a un parfum très-fin & très-agréable.

La fin de Septembre eſt le temps de la maturité de ce fruit.

Le noyau eſt de médiocre groſſeur, terminé en pointe. Il y reſte de grands lambeaux de chair.

XXXIII. *PERSICA flore parvo, fructu paululùm oblongo, atro-ruⁱ bente, ſerotino.*

ROYALE. (*Pl. XXIV.*)

CE Pêcher paroît encore être une variété de l'Admirable. Il lui reſſemble par ſa vigueur & ſa fertilité :

Par la force de ſes bourgeons :

Par la beauté de ſon feuillage :

Par la fleur qui eſt petite, de couleur de chair, bordée de carmin.

Son fruit a une partie des caractères de l'Admirable, & l'autre du Teton de Vénus. Il eſt gros, preſque rond ; diviſé par une gouttiere peu ſenſible en deux hémiſpheres, dont un eſt ordinairement convexe, & l'autre eſt applati ; ce qui rend ce fruit un peu oblong. A la tête du fruit on remarque deux petits enfoncements aux côtés d'un mamelon aſſez gros ; mais moindre & plus pointu que celui du Teton de Vénus. La cavité au fond de laquelle la queue eſt attachée, eſt profonde, étroite & preſqu'ovale. Le fruit eſt ſouvent relevé de boſſes, comme des verrues.

E ij

La peau, toute couverte d'un duvet blanchâtre, eſt plus colorée que l'Admirable. Du coté du ſoleil elle eſt lavée de rouge-
clair chargé de rouge plus foncé. Du côté de l'ombre, elle eſt
preſque verte, & tire ſur le jaune lorſque le fruit eſt bien mûr.

La chair eſt fine; blanche, excepté auprès du noyau où elle
eſt plus rouge que l'Admirable. Quelquefois elle eſt légérement
teinte de rouge ſous la peau du côté du ſoleil.

L'eau eſt ſucrée, relevée & agréable.

Le noyau eſt aſſez gros, ruſtiqué profondément. Il eſt ſujet
à ſe rompre dans le fruit, qui ſe gâte alors par le cœur, & perd
toutes ſes bonnes qualités.

Ce fruit mûrit à la fin de Septembre.

XXXIV. *PERSICA flore parvo, fructu magno, globoſo, dilutè-ru-*
bente, venis purpureis muricato; carne firmâ & ſuaviſſimâ.

BELLE de Vitry. ADMIRABLE tardive. (*Pl. XXV.*)

PLUSIEURS eſpeces de Pêchers revendiquent la Belle de Vitry:
les Madeleines, parce que ſes feuilles ſont quelquefois preſque
auſſi dentelées que les leurs: les Mignonnes, parce que l'arbre a
preſque le port de la petite Mignonne: la Nivette, parce que
leurs fruits ont quelque reſſemblance: enfin l'Admirable, parce
qu'elle a la plupart de ſes traits.

L'arbre eſt vigoureux & fertile.

Les bourgeons ſont forts.

Les feuilles ſont grandes; quelquefois dentelées aſſez profondément.

La fleur eſt petite, de couleur rouge-brun.

Le fruit eſt gros, plus rond que la Nivette, ayant environ
vingt-ſept lignes de longueur, & vingt-huit ou vingt-neuf lignes
de diametre. Son grand diametre eſt ordinairement du côté de la
tête. La gouttiere qui diviſe un côté de ce fruit eſt large & peu

profonde. L'autre côté eſt un peu applati. La tête eſt ſouvent terminée par un petit mamelon pointu. La queue eſt placée au fond
d'une cavité peu évaſée. De petites boſſes, en forme de verrues,
ſe remarquent quelquefois ſur ce fruit.

La peau eſt aſſez ferme & adhérente à la chair, comme celle
de la Nivette ; mais elle eſt d'une couleur un peu plus verdâtre.
Le côté expoſé au ſoleil eſt lavé de rouge-clair chargé ou mar-
bré d'un rouge plus foncé ; & toute la peau eſt couverte d'un
duvet blanc, plus long que celui de la Nivette, & qui ſe détache aiſément, lorſqu'on le frotte avec la main.

La chair eſt ferme, fine, ſucculente ; blanche, tirant un peu
ſur le vert ; elle jaunit en mûriſſant. Auprès du noyau, il y a des
veines ou traits fort rouges.

L'eau eſt d'un goût relevé & très-agréable.

Le noyau eſt long, large, plat, terminé en pointe, & ruſtiqué groſſiérement. Il y a beaucoup de vuide entre lui & la chair.

Cette Pêche mûrit vers la fin de Septembre. Pour être bonne,
il faut qu'elle ſoit bien mûre, & qu'elle ait paſſé quelques jours
dans la Fruiterie.

XXXV. *PERSICA flore magno, fructu maximo, pulcherrimo ; carne
durâ, nucleo adhærente.*

Pavie rouge de Pomponne. Pavie monſtrueux.
Pavie camu. (*Pl. XXVI.*)

Cet arbre eſt très-vigoureux.

Ses bourgeons ſont forts & longs.

Sa feuille eſt grande, dentelée très-finement & légérement.

Ses fleurs ſont grandes ; elles ne s'ouvrent pas bien, leurs
pétales étant très-creuſés en cuilleron.

Son fruit eſt rond, d'une groſſeur extraordinaire, ayant ſouvent quatorze pouces de circonférence ; diviſé par une gouttiere
peu profonde.

Sa peau eſt mince, unie , couverte d'un duvet très-fin. Du côté du ſoleil elle prend une très-belle couleur rouge : de l'autre côté elle eſt d'un blanc tirant un peu ſur le vert.

Sa chair eſt adhérente au noyau ; blanche, excepté auprès du noyau & ſous la peau du côté du ſoleil où elle eſt rouge ; dure & cependant ſucculente. Lorſque l'automne eſt chaud & ſec , ſon eau eſt vineuſe, muſquée, ſucrée & très-agréable : quand l'automne eſt froid & pluvieux , elle eſt inſipide.

Son noyau eſt petit & rouge.

Ce Pavie mûrit au commencement d'Octobre. Il reſte long-temps ſur l'arbre où il fait un très-bel effet lorſqu'il approche de ſa maturité ; car lorſqu'il eſt vert, il a des boſſes déſagréables à la vue.

Nous avons un Pavie rouge qui diffère ſi peu du précédent qu'à peine peut-il être regardé comme une variété. Cependant il mûrit un peu plutôt, & n'eſt pas ſi gros. Il eſt applati par la tête où l'extrémité de la gouttiere forme un enfoncement. On n'y apperçoit point du tout de mamelon. Il eſt bien arrondi du côté de la queue, qui eſt placée dans un enfoncement ovale, peu évaſé, très-profond. La peau eſt fine, d'un rouge très-foncé du côté du ſoleil ; d'un rouge plus clair du côté de l'ombre où il n'y a qu'un petit eſpace qui ſoit d'un jaune-clair. La chair eſt blanche du côté de l'ombre ; rouge très-foncé auprès du noyau ; du côté du ſoleil elle eſt auſſi rouge ſous la peau ; & ce rouge s'étend & marbre la chair de ce côté.

XXXVI. *PERSICA flore medio , fructu magno , globoſo , ſuave-rubente ; ſapore gratiſſimo.*

TEINDOU. TEIN DOUX. (*Pl. XXVII.*)

L'ARBRE eſt vigoureux.
Les bourgeons ſont gros & preſque verts.

Les feuilles font grandes, liffes, vert-foncé, point ou peu dentelées.

Les fleurs font de moyenne grandeur.

Les fruits font gros, affez ronds, ayant plus de diametre que
de longueur (vingt-fix lignes, fur vingt-quatre lignes de longueur); ils font partagés en deux hémifpheres un peu inégaux
par une gouttiere qui s'étend prefqu'également fur les deux côtés:
à peine eft-elle fenfible fur la partie la plus renflée; mais elle eft
affez profonde vers la queue, qui eft fi courte que la branche fait
impreffion fur le fruit; & vers la tête où elle fe termine par
deux petits enfoncements, entre lefquels il y a ordinairement,
au lieu d'un mamelon, une élévation large d'environ une ligne
qui communique & s'étend aux deux hémifpheres.

La peau eft fine, couverte d'un duvet très-léger & fin; du
côté du foleil elle prend un rouge tendre.

La chair eft fine & blanche. Il y a quelques traits de rouge
léger auprès du noyau.

L'eau eft fucrée & d'un goût très-délicat.

Le noyau eft affez gros, ruftiqué groffiérement, terminé par
une pointe aiguë; fouvent il fe fend & fait bouffer le fruit,
comme parlent les Jardiniers, c'eft-à-dire, enfler fur fon diametre, qui devient confidérablement plus grand que la longueur.
Alors cette Pêche perd beaucoup de fa bonté.

Elle mûrit vers la fin de Septembre.

XXXVII. *PERSICA flore parvo, fructu magno, globofo, diluté-rubente, ferotino.*

NIVETTE. VELOUTÉE. (*Pl. XXVIII.*)

CET arbre affez vigoureux donne beaucoup de fruit.
Ses bourgeons font gros, peu rouges, même du côté du foleil.
Ses feuilles font grandes, unies ou liffes,

Ses fleurs font petites, de couleur rouge-foncé.

Son fruit eft gros, arrondi, un peu longuet, ayant environ trente lignes de longueur, fur vingt-fept ou vingt-huit lignes de diametre. La gouttiere qui divife le fruit fuivant fa longueur eft large & peu profonde. La tête eft quelquefois terminée par un petit mamelon pointu placé au milieu d'une petite cavité peu profonde. La queue eft plantée au fond d'une cavité ordinairement peu large, mais profonde.

Sa peau eft affez ferme, adhérente à la chair, à moins que le fruit ne foit très-mûr. Elle a un œil verdâtre ; mais la parfaite maturité la jaunit, excepté du côté de l'ombre où il refte une teinte de vert. Le côté du foleil eft comme lavé de rougevif & foible, chargé de taches d'un rouge plus foncé. Elle eft toute couverte d'un duvet fin & blanc qui la fait paroître fatinée. Ce duvet s'emporte facilement en frottant le fruit avec la paume de la main. La peau eft fi adhérente à la queue, que fouvent en cueillant le fruit, il refte un peu de la peau attaché à la queue.

Sa chair eft ferme, cependant fucculente, de couleur blanche tirant fur le vert, excepté auprès du noyau où elle a des veines d'un rouge très-vif.

Son eau eft fucrée & relevée ; quelquefois un peu âcre,

Son noyau eft très-brun, ruftiqué profondément.

Cette Pêche mûrit à la fin de Septembre. Pour être bonne, il faut qu'elle foit très-mûre, & qu'elle ait paffé quelques jours dans la Fruiterie.

XXXVIII. *PERSICA flore parvo, fructu oblongo, colorato, verrucofo, ferotino; carne firmâ, vinofâ.*

PERSIQUE. (*Pl. XXIX,*)

L'ARBRE eft beau, vigoureux, donne beaucoup de fruit, même en plein-vent.   Les

Les bourgeons font forts, rouges du côté du foleil.

Les feuilles font larges, très-longues, un peu froncées fur l'arête, relevées de boffes.

Les fleurs font petites, d'un rouge-pâle.

Le fruit eft alongé, affez reffemblant à la Chevreufe; mais plus gros; peu arrondi fur fon diametre, étant comme anguleux ou garni de côtes; parfemé de petites boffes. A la queue il y en a une plus remarquable, qui femble une excroiffance.

La peau eft d'un beau rouge du côté du foleil.

La chair eft ferme, & néanmoins fucculente, blanche; elle eft rouge-clair auprès du noyau.

L'eau eft d'un goût relevé, fin, très-agréable, quelquefois tant foit peu aïgrelette.

Le noyau eft affez gros, long, applati fur les côtés, terminé par une longue pointe. Souvent il fe rompt dans le fruit. On affure qu'il multiplie fon efpece fans dégénérer.

Cette Pêche mûrit en Octobre & Novembre. Quoique la plus tardive des bonnes Pêches, elle eft excellente. La plupart des Jardiniers la confondent avec la Nivette.

XXXIX. *PERSICA Palenfis.*
Pesche de Pau.

Cet arbre eft beau. Ses bourgeons font vigoureux & verts. Les feuilles font grandes, d'un vert-foncé. Il fleurit à petites fleurs. Son fruit eft gros, bien arrondi, & terminé par un gros mamelon fort faillant, & courbé en capuchon. La chair eft d'un blanc tirant un peu fur le vert; fondante lorfque le fruit peut mûrir parfaitement. L'eau eft relevée & affez agréable. Souvent le noyau fe fend dans le fruit.

Merlet & quelques Jardiniers diftinguent deux Pêches de Pau; l'une ronde, que je viens de décrire; l'autre longue dont le

Tome II. E

dedans eft très-fujet à fe pourrir, & qui eft encore moins eftimable que la ronde.

J'ai parlé de la Pêche de Pau, moins pour en confeiller la
culture, que pour en conferver le nom & l'idée. Elle eft fi tardive qu'elle ne peut réuffir que dans les automnes fecs & chauds ;
& elle exige les meilleures expofitions, que mérite beaucoup
plus d'occuper un grand nombre d'excellentes efpeces de Pêches.

XL. *PERSICA flore magno, femi-pleno.*

Pescher à fleur femi-double. (*Pl. XXX.*)

Ce Pêcher eft un affez bel arbre ; mais il fructifie peu.
Ses bourgeons font d'une force médiocre.

Ses feuilles font belles, d'un vert-foncé, terminées réguliérement en pointe très-aiguë. Leur dentelure eft fine & à peine
fenfible.

Ses fleurs font grandes, compofées de quinze à trente pétales
de couleur de rofe-vif, qui pâlit un peu lorfque la fleur commence à fe paffer ; de un, deux, trois, quatre piftils, & d'un
nombre d'étamines plus ou moins grand, felon qu'il s'en eft plus
ou moins développé en pétales. Cet Arbre eft admirable lorfqu'il
eft en pleine fleur.

Il noue des fruits fimples, jumeaux, triples, quadruples. Les
triples & les quadruples tombent bientôt. Quelques jumeaux, &
un grand nombre de fimples parviennent à maturité. Ces derniers font de moyenne groffeur, alongés, ayant vingt & une ou
vingt-deux lignes de diametre, & un peu plus de hauteur. Leur
forme eft rarement réguliere & agréable. Prefque tous font plus
renflés du côté de la tête que du côté de la queue, qui s'implante
dans une cavité étroite, mais profonde. Les uns ont un petit
mamelon, d'autres n'en ont point du tout. La gouttiere de quelques-uns pénetre jufqu'au noyau ; celle de la plupart eft très-

peu marquée, excepté à la tête & près de la queue.

La peau eſt velue, d'un vert-jaunâtre; quelquefois un peu fauve du côté du ſoleil.

La chair eſt blanche; & l'eau d'un goût aſſez agréable.

Le noyau eſt long d'un pouce, large de huit lignes, épais de ſix lignes, plat d'un côté, très-convexe de l'autre; terminé par une pointe très-aiguë; ruſtiqué groſſiérement, & peu profondément.

Ce fruit mûrit à la fin de Septembre.

XLI. *PERSICA flore magno; cortice & carne rubris, quaſi ſanguineis.*
Sanguinole. Betterave. Druselle.

L'arbre n'eſt pas grand; mais il produit aſſez de fruit.

Les bourgeons ſont menus, & d'un rouge-foncé du côté du ſoleil.

Les feuilles ſont médiocrement grandes, dentelées ſur les bords; elles rougiſſent en automne.

Les fleurs ſont grandes, de couleur de roſe.

Le fruit eſt aſſez rond, & petit.

La peau eſt par-tout teinte d'un rouge obſcur, & très-chargée d'un duvet roux.

Toute la chair eſt rouge comme une Betterave, & un peu ſeche.

L'eau eſt âcre & amere, à moins que la fin de Septembre & le commencement d'Octobre ne ſoient chauds.

Le noyau eſt petit & d'une couleur rouge-foncé.

Cette Pêche curieuſe & auſſi bonne en compote, qu'elle eſt peu agréable crue, mûrit après la mi-Octobre.

La Cardinale (*Pl. XXXI.*) eſt à peu-près la même eſpece de Pêche; mais beaucoup plus groſſe, meilleure & moins chargée de duvet.

XLII. *PERSICA nana, frugifera, flore magno simplici.*
PESCHER nain. (*Pl. XXXII.*)

CE Pêcher ne devient pas plus grand qu'un Pommier greffé
fur Paradis; de forte qu'on l'éleve quelquefois dans un vafe pour
le fervir avec fon fruit fur la table.

Les bourgeons font gros & très-courts; fi chargés de boutons, qu'ils font prefque les uns fur les autres comme les écailles des poiffons.

Les fleurs font auffi grandes que celles de la Madeleine blanche, de couleur de rofe très-pâle, prefque couleur de chaïr; le
fond de la fleur eft un peu plus chargé de rouge. Les étamines
font blanches & leurs fommets bruns. Le ftigmate du piftil eft
jaune. Ces fleurs ne s'ouvrent pas bien, quoique les pétales foient
très-peu creufés en cuilleron. Elles font rangées autour de la
branche, & tellement ferrées qu'elles n'en laiffent rien entre-
voir; une branche longue de trois pouces porte jufqu'à quarante ou quarante-cinq fleurs, ce qui fait un très-joli bouquet.

Les feuilles font belles & très-longues, d'un vert-foncé, pendantes, la plupart pliées en gouttiere, & courbées en arc du
côté de l'arrête. La dentelure eft grande, fort profonde & aiguë;
la furdentelure eft fine & très-aiguë. La groffe arrête eft blanche,
& très-faillante. La couleur, la longueur, le nombre & la dif-
pofition de ces feuilles donnent à cet Arbriffeau un coup d'œil
différent de celui des autres Pêchers. Elles font longues de cinq
à fept pouces, larges de douze à quinze lignes, attachées autour
de la branche par des queues courtes & groffes, à deux ou trois
lignes de diftance l'une de l'autre.

Le fruit eft rond, affez gros, & abondant relativement à fa
taille de l'arbre; un de ces petits Pêchers, dont la tête n'a que
neuf ou dix pouces d'étendue, portant quelquefois huit ou dix
fruits. Son diametre eft de deux pouces, & fa hauteur d'autant.

Une rainure profonde le divife fuivant fa hauteur, & fe termine du côté de la queue à une cavité ferrée & peu profonde ; & du côté de la tête à un enfoncement affez confidérable, dont le milieu, où l'on n'apperçoit point de mamelon, fe teint ordinairement de rouge-vif. La chair fe teint de la même couleur autour du noyau à cette extrémité du fruit.

La peau prend rarement un peu de couleur. La chair eft fucculente ; mais l'eau eft ordinairement fure & amere. Le noyau eft petit & blanc.

Ce fruit très-médiocre, qu'on ne cultive que pour la curiofité, mûrit vers la mi-Octobre.

Ayant d'abord tiré de ces petits Arbres d'Orléans, je les ai multipliés en femant les noyaux. Les arbres qui en font venus, ont donné des Pêches encore plus mauvaifes que celles des Arbres d'Orléans.

XLIII. *PERSICA Africana, nana; flore incarnato, pleno, fterili.*
Pescher nain à fleur double.

Cet arbriffeau ne donnant point de fruit, on ne fait fi l'on doit le ranger parmi les Pêchers ou les Amandiers; ou s'il ne doit pas être regardé comme un Prunier.

Il demeure très-nain; produit beaucoup de fleurs très-doubles, de couleur de rofe, & d'une forme très-approchante de celles du Pêcher.

Ses bourgeons font menus & rouges du côté du foleil, comme ceux de la plupart des Pêchers.

Ses feuilles, en fortant du bouton, font roulées les unes dans les autres, comme celles du Prunier. Vues par deffus, on y obferve des fillons enfoncés fur les nervures, comme aux feuilles du Prunier ; & par deffous, les nervures paroiffent plus faillantes qu'au Pêcher. Mais elles font alongées, comme celles du Pêcher ;

cependant un peu plus larges, relativement à leur longueur. Leur vert eſt encore ſemblable à celui des feuilles de Pêcher.

Au reſte cet Arbriſſeau ne doit être cultivé que dans les Jardins d'ornement.

CULTURE.

I. Le Pescher, comme tous les végétaux, porte des ſemences fécondes propres à le multiplier; mais ſes ſemences, comme celles des autres Arbres Fruitiers, perpétuent rarement leur eſpece : elles n'en produiſent ordinairement que des variétés inférieures en qualités. Cependant ayant vu dans pluſieurs provinces & même dans les vignes des environs de Paris, des Pêchers élevés de noyaux, qui donnent de beaux & excellents fruits ; j'ai ſemé des noyaux des meilleures Pêches d'eſpalier. Il en eſt provenu des arbres dont la plupart produiſent des fruits que les Connoiſſeurs ont ſouvent préférés à ceux d'eſpalier. Les uns ont conſervé leur eſpece preſque franche & ſans altération ; d'autres ont dégénéré pour la forme & la groſſeur du fruit ; quelques-uns ont formé des variétés peu eſtimables. Pluſieurs Amateurs ont fait la même épreuve avec le même ſuccès.

De cette obſervation & de ces expériences, je conclus 1°. qu'il eſt faux que, pour avoir par les ſemences des Pêchers de bonnes eſpeces, il ſoit néceſſaire, comme pluſieurs l'aſſurent, de prendre les noyaux ſur des arbres francs du pied & non greffés. 2°. Que les Pêches mépriſables connues ſous le nom de *Pêches de Vignes*, ne ſont telles, que parce qu'elles ſont produites par des arbres preſque ſauvages venus de noyaux de mauvaiſes eſpeces anciennement plantées ou ſemées dans ces terreins. 3°. Que la greffe ne changeant point l'eſpece, comme il eſt prouvé dans la *Phyſique des Arbres*, les ſemis de noyaux ſont le ſeul moyen d'obtenir de nouvelles eſpeces & variétés de Pêchers. La naiſſance du Pavie de Pomponne, de la Pêche d'Andilly, de la Belle de Vitry, de la Chanceliere, de la Madeleine de Courfon, &c. ne remonte pas à des temps bien éloignés du nôtre; & il eft au moins vraifemblable que les autres bonnes efpeces ne nous ont pas été envoyées du Jardin d'Eden.

Mais ceux qui font moins fenfibles à l'efpérance d'acquérir de nouveaux biens qu'à la jouiffance des biens acquis, confervent & perpétuent par la greffe les bonnes efpeces de Pêchers.

II. Le Pêcher fe greffe fur franc, fur l'Amandier, fur le Prunier & fur l'Abricotier. Quoique les Pêchers greffés fur les Pêchers élevés de noyaux deviennent beaux & forts, les Pépiniériftes en greffent peu fur franc; foit par la difficulté de fe procurer affez de ces fujets, foit parce que ces arbres font, comme ils le prétendent, trop fujets à la gomme. Je préfume que cette accufation eft fondée; mais j'ai quelque regret de l'avoir crue fans examen; & je fouhaite que l'expérience puiffe faire connoître au moins quelqu'efpece de Pêcher propre à produire des fujets qui n'ayent point ce défaut. Il me femble auffi qu'on en greffe trop peu fur l'Abricotier venu de noyau: j'en ai vu très-bien réuffir dans des terreins où le Prunier & l'Amandier s'étoient refufés. Ce font ces deux derniers fujets qui font le plus en ufage pour la greffe du Pêcher. L'un eft propre pour les terres qui ont peu de profondeur, pourvu qu'elles ne foient pas trop feches. L'Amandier, dont les racines pivotent & s'enfoncent, s'accommode mieux des terres légeres & fablonneufes, pourvu qu'elles ayent de la profondeur. Toutes les efpeces de Pêchers fe greffent bien fur le Prunier de Damas noir, de Cerifette, ou mieux de S. Julien. L'Amandier convient auffi à toutes. « L'ex-» périence, dit M. de Combes, a convaincu tous ceux qui font » métier d'élever des Arbres aux environs de Paris, que la Pêche » Violette & la Chevreufe ne réuffiffent bien que fur le Prunier » de S. Julien-Jorré ». Sur les faits de cette nature, l'expérience eſt une preuve ſans réplique. Cependant j'ai vu à cinq lieues de Paris de fort beaux Pêchers de Violette & de Chevreuſe greffés ſur Amandier & plantés dans deux eſpaliers, l'un au midi, l'autre au couchant, dont la terre eſt bonne, mais forte & compacte; ils donnoient des fruits très-beaux, très-bons & très-abondants. Cette nature de terrein fait peut-être une exception. J'ajouterai que le Prunier m'a toujours paru un mauvais ſujet pour quelques eſpeces de Pêchers; & pour toutes un ſujet médiocrement bon, & très-inférieur à l'Abricotier & à l'Amandier.

L'écuſſon à œil dormant eſt la ſeule greffe convenable au Pêcher. Elle ſe fait depuis la mi-Juillet juſqu'à la mi-Août ſur les Pruniers & vieux Amandiers; un peu plus tard ſur les Abricotiers; depuis la mi-Août juſqu'à la mi-Septembre ſur les jeunes Pêchers & Amandiers; ou, pour parler plus préciſément, lorſque la ſeconde ſeve des ſujets quelconque eſt ſur ſon déclin; ce qui arrive plutôt, ou plus tard, ſuivant le progrès de l'année. L'écuſſon doit être garni d'un œil double ou triple, & non d'un œil ſimple.

III. Le Pêcher n'eſt point un arbre de tous les climats. Il ne peut ſubſiſter dans l'Amérique méridionale, ni dans les pays ſitués ſous ou près la Zone torride. L'Italie & même la Provence ſont privées de nos Pêches délicates, & obligées de ſe contenter de leurs Pavies, qui ne réuſſiſſent que rarement & médiocrement dans notre climat. L'Amérique ſeptentrionale & toutes les régions du nord, ne connoiſſent point cet Arbre. Ainſi un climat tempéré eſt le ſeul qui lui convienne. Si les environs de Paris ne jouiſſent pas, comme pluſieurs Provinces moins ſeptentrionales, de l'avantage d'avoir ordinairement le Pêcher en plein-vent, ils ſont bien dédommagés de la culture pénible & diſpendieuſe qu'il y exige par le grand nombre d'excellentes eſpeces qui s'y élevent avec ſuccès, & qui donnent abondamment

des

des fruits d'une beauté, & d'un goût fin & délicat qu'on ne leur connoît dans aucun autre pays. De forte que, foit terrein, foit degré de température, foit habileté des Cultivateurs, foit ces trois caufes enfemble, le Pêcher paroît embellir & perfection- ner fes dons pour cette contrée particuliere de l'Europe.

Quoique le Pêcher s'accommode de toutes fortes de terreins, pourvu qu'ils ne foient pas ineptes à la végétation ; cependant l'Arbre n'acquiert pas par-tout la même force, ni fes fruits le même degré de bonté. Dans les terres maigres, arides, argilleu- fes, les Pêches font fujettes à devenir pâteufes, & la plupart, faute de fubfiftance, tombent avant leur maturité ; & fouvent les Arbres font attaqués de la gomme. Dans les terres graffes, fous lefquelles, à une petite profondeur on trouve la glaife, les Pê- chers deviennent beaux & fertiles ; mais leurs fruits font ordinai- rement, fuivant les efpeces, ou infipides, ou d'une aigreur def- agréable. On obferve communément de ne planter dans les terreins froids & humides que des Pêchers greffés fur Prunier ; & dans les terreins chauds & fecs, des Pêchers greffés fur Aman- dier. Je fuis fondé fur l'expérience à croire que cette diftinction eft inutile, pourvu que le terrein ait de la profondeur.

On peut efpérer un fuccès complet des Pêchers plantés dans une terre douce, meuble, fubftancieufe, profonde, qui ne pé- che ni par excès, ni par défaut d'humidité.

IV. Il n'y a qu'un petit nombre d'efpeces de Pêchers qui réuf- fiffent bien en plein-vent dans notre climat, telles que la Bour- din, la Perfique, les Chevreufes ; les autres ou trop délicates, ou trop tardives ont befoin du mur, pour défendre ou pour mûrir leur fruit (*). La nature du terrein & l'efpece de Pêches dé- cident de l'expofition convenable. 1°. Nulle efpece ne peut

(*) Les places dans les efpaliers font trop précieufes pour être occupées par des Pêchers élevés de noyaux, dont la qualité du fruit eft encore inconnue, & peut auffi fouvent fe trouver mauvaife ou médiocre, que bonne. On les plante en plein-vent ; & ordinairement ils y réuffiffent affez bien.

mûrir à l'expofition directe du nord. 2°. Les Pavies & les Pêches tardives ne peuvent mûrir qu'au midi. 3°. Dans les terres
froides & humides le midi plein, ou peu déclinant au levant ou
au couchant eft néceffaire à la plupart des efpeces. 4°. Dans les
terres légeres & chaudes, on peut planter des Pêchers depuis le
nord-eft jufqu'au nord-oueft, plaçant chaque efpece à une expofition plus ou moins méridionale à proportion que fon fruit a
plus ou moins befoin de foleil pour acquérir une parfaite maturité. 5°. La culture du Pêcher à l'expofition du couchant eft le
plus fouvent infructueufe, à moins que le terrein ne foit léger,
& l'efpalier défendu des mauvais vents par le voifinage de quelque bois ou de quelques montagnes.

V. La plantation du Pêcher n'exigeant aucune attention particuliere, je renvoie pour cet objet à ce qui en eft dit dans la
Culture générale. J'obferverai feulement que cet Arbre doit
être déplanté avec plus de foin, & de plus longues racines que
les autres; 1°. parce que le Prunier & l'Amandier fur lefquels il
fe greffe ordinairement, étant des arbres gommeux, leurs plaies
fe cicatrifent difficilement: or plus les groffes racines font coupées près de leur naiffance, plus les plaies font grandes. 2°. Ils
repercent difficilement, fur-tout l'Amandier: or plus on retranche des groffes racines, moins il refte de parties tendres & propres à produire de nouvelles racines. Il faut donc que les racines,
fur-tout des arbres de tige, ayent au moins de douze à quinze
pouces de longueur; ou, pour parler avec plus de précifion,
qu'elles foient faines & entieres jufqu'à l'endroit où elles commencent à diminuer fenfiblement de groffeur. J'ai examiné bien
des Pêchers morts dans les quatre ou cinq années après leur plantation; & j'ai prefque toujours trouvé la caufe de leur mort
dans leurs groffes racines qui étoient toutes, ou la plupart, pour-
ries fans être cicatrifées, & fans avoir fait aucunes productions.

La faifon de planter cet Arbre eft depuis la mi-Octobre

juſque vers le commencement de Mars; tout le temps que ſa
ſeve eſt dans l'inaction.

VI. Si l'on plante dans les vignes des Pêchers d'eſpeces qui
ſupportent le plein-vent, ou élevés de noyaux, ces Arbres pro-
fitant des engrais, labours, & façons qu'on donne aux vignes,
deviennent aſſez beaux, mais vivent peu. Si le Vigneron ajoute
de temps en temps à la culture un élagage, ou taille groſſiere,
il prolonge leur vie; & on en trouve qui, avec ce traitement, ſe
ſoutiennent au-delà de trente ans. Ces mêmes Pêchers élevés en
buiſſon dans un potager, taillés & cultivés, parviennent à un
âge plus avancé. Plantés en eſpalier, conduits avec intelligence,
& taillés par des mains habiles, leur mort préviendra peu celle
des arbres d'eſpalier les plus vivaces. Au contraire les Poiriers,
& la plupart des Arbres fruitiers, plantés dans un verger, laiſſés
en liberté, ſans être taillés, vivent beaucoup plus long-temps
qu'en eſpalier. Quelle eſt la raiſon de cette diſparité d'effets pro-
duite par une même cauſe, la taille? il ne faut la chercher que
dans la choſe même.

Les autres Arbres Fruitiers ſe conduiſent avec une ſorte de
ſageſſe (j'abuſerai des termes). Ils reglent leurs productions ſur
leur âge & leurs forces. Ils forment d'abord leur tempérament;
ne donnent de fruit que quand leur fécondité ne peut nuire à
leur croiſſance, & altérer leur complexion; une branche n'en
produit de nouvelles qu'autant qu'elle en peut nourrir, ſans s'affoiblir elle-même. Toutes leurs parties en proportion de nombre,
de force, de grandeur, conſpirant également à leur agrandiſſe-
ment & à leur conſervation; les retranchements & diminutions
qu'on en fait par la taille ſont autant d'atteintes portées à leur
vigueur, qui ne leur procurent une forme agréable, & ne hâtent
leur fécondité, qu'en avançant leur perte. Car il faut le dire,
malgré l'opinion & la pratique commune des Jardiniers, moins
on retranche des Arbres à la taille, pourvu qu'on puiſſe les

palisser sans confusion, plus on peut en espérer de satisfaction.

Le Pêcher se livrant à une ardeur excessive de croître & de s'acquitter envers le Cultivateur, épuise ses forces naissantes par une fécondité prématurée, & se prépare une ruine prochaine en se surchargeant d'un grand nombre de branches auxquelles il ne peut fournir une nourriture suffisante ; aussi est-il souvent obligé d'en abandonner une partie qui périt par la disette ; & lui-même, outrant toujours ses efforts, succombe en peu d'années. Il faut donc employer quelque moyen propre à le contenir, sans le décourager ; tempérer son ardeur, sans la détruire ; établir une juste proportion entre son travail & sa vigueur ; & l'entretenir dans cette activité modérée qui nourrit les forces & prolonge la vie. Ce moyen est la taille.

VII. Mais cette taille exige tant d'attention & de précision, qu'un Pêcher bien taillé est regardé comme le chef-d'œuvre d'un Jardinier. Rien en effet n'y est indifférent : taillé trop long, il se dégarnit ; trop court, il ne produit que du bois ; trop chargé, il devient confus ; trop déchargé, il se ruine par les gourmands & branches de faux bois. Si l'on fait quelque faute dans la taille d'un Poirier, d'un Abricotier, &c. elle est réparable. Si on l'a alongé & chargé, pour le fatiguer & le mettre à fruit, on peut y revenir ; étant rapproché, ses branches, même les plus vieilles, en produisent de nouvelles qui rétablissent le plein, la forme, & la régularité de cet Arbre. Il n'est pas ainsi d'un Pêcher : les yeux qui ne se sont pas ouverts dans le temps, demeurent fermés pour toujours ; s'il reperce quelque branche sur les anciennes tailles, rarement elle vient dans l'endroit où elle seroit nécessaire. Lorsqu'il a pris une mauvaise habitude, il est très-difficile de l'en corriger : de sorte que les fautes une fois faites sont ordinairement sans remede. Cependant n'en désespérons pas toujours. Une douzaine de Pêchers plantés contre le mur d'un clos, y furent tellement négligés, ou plutôt oubliés pendant sept ou huit ans, qu'ils devinrent arbres de plein-vent, élevant au-deſſus du mur une aſſez belle tête montée ſur une tige. Ayant voulu rétablir cet eſpalier, je plantai de jeunes arbres entre les anciens, & je ſacrifiai ceux-ci à une expérience. J'en fis ſcier la tige à quatre pouces au-deſſus de la greffe, & couvrir la coupe de terre pétrie en mortier. Tous, un ſeul excepté, ont repercé, & ſont devenus de beaux & bons arbres qui ont rendu la nouvelle plantation inutile. Ce fait donne acte au Pêcher qu'il n'eſt pas un ſujet ſans reſſource ; mais étant peut-être unique, il ne nous autoriſe pas aſſez à eſpérer communément un pareil ſuccès.

Les regles de la taille que nous avons établies en traitant de la Culture générale, pourroient ſuffire à un Cultivateur intelligent, pour bien opérer ſur le Pêcher. Mais afin de n'expoſer perſonne à ſe méprendre dans l'article le plus important & le plus difficile de la culture du Pêcher, nous ajouterons ici les méthodes les plus approuvées, & pratiquées avec le plus de ſuccès. Et pour ne point multiplier des répétitions inutiles, nous renvoyons à la Culture générale pour la conduite des jeunes Arbres pendant leurs premieres années : nous recommanderons ſeulement d'obſerver les regles plus littéralement à l'égard du Pêcher, qu'à l'égard de tout autre Arbre.

MÉTHODE DU FRERE PHILIPPE.

« Une fois que les branches-meres ſont formées, je ne fais
» plus de cas des branches gourmandes ; & s'il en part de deſſus
» les branches-meres, je crois qu'il les faut retrancher, à moins
» qu'on n'en ait un beſoin abſolu pour garnir une place où une
» branche conſidérable ſera morte : voici les raiſons qui me dé-
» terminent à les retrancher. Les yeux étant fort écartés les uns
» des autres, il faut tailler ces branches fort longues, & il y a
» à craindre de dégarnir le bas de l'arbre, d'autant que ces

» branches confommant beaucoup de feve, elles feront tort à
» celles de leur voifinage. D'ailleurs ces branches s'élevent pref-
» que toujours perpendiculairement; & comme elles font fort
» groffes, il eft difficile, quand on les a taillées, de les con-
» traindre à prendre la forme qu'on defire; & il faudroit qu'un
» arbre fût bien vigoureux pour fuffire à la nourriture d'un nom-
» bre de branches gourmandes qu'on conferveroit. Et comme
» je fuppofe l'arbre formé, il eft pourvu d'un affez bon nombre
» de branches, pour que les racines ne fouffrent point du re-
» tranchement de plufieurs branches gourmandes; & s'il étoit
» queftion de dompter un arbre trop vigoureux, j'aimerois mieux
» le charger par la taille des branches de franc bois, ou même lui
» laiffer beaucoup de brindilles, que d'épargner les branches
» gourmandes.

» A l'égard des branches de moyenne force qui ont leurs
» boutons affez près-à-près, & la plupart triples, ce font les
» plus précieufes; ce font elles qui donnent le meilleur bois &
» les plus beaux fruits. On doit donc en conferver plus ou moins,
» & les tailler plus ou moins longues, fuivant la force de l'arbre.
» Mais comme le but principal qu'on fe propofe eft d'avoir du
» fruit, il fe préfente un embarras dont plufieurs Jardiniers fe
» tirent mal. Comme ordinairement les bons boutons à fruit fe
» trouvent affez loin de l'origine des branches, l'envie qu'on a
» de fe procurer du fruit, engage à tailler ces branches fort
» longues. En ce cas, fuivant l'ordre le plus commun, la bran-
» che la plus vigoureufe fortira de l'extrémité de la branche
» qu'on aura confervée, & il y aura à craindre que le bas ne fe
» dégarniffe. Si au contraire, pour prévenir cet inconvénient,
» on taille court, il eft fenfible qu'il faut renoncer à avoir du
» fruit. Voici ce qu'il faut faire pour fe tirer de cet embarras.
» C'eft que de deux branches voifines de bon bois, il en faut
» couper une à deux ou trois yeux pour avoir du bois; & l'autre

» fort longue pour fe procurer du fruit : & tailler toujours court
» ou à bois la branche la mieux placée. Pour celle à fruit, elle ne
» gâtera point l'arbre, parce que dès ce moment elle eſt con-
» damnée à être retranchée, après avoir fubſiſté un ou deux ans.
» Voilà le moyen le plus fûr de fe procurer beaucoup de fruit,
» en même temps qu'on renouvelle perpétuellement le bois par
» de jeunes branches vigoureuſes.

   » A l'égard des brindilles, ou branches chiffonnes, il en faut
» faire peu de cas. Souvent le fruit qu'elles portent tombe avant
» d'être mûr ; ou bien il devient pâteux & de mauvais goût, en
» comparaiſon du fruit qui vient ſur les branches de force moyen-
» ne : il faut donc les retrancher, à moins qu'on ne fe propofe
» d'affoiblir un arbre trop vigoureux. On peut cependant, faute
» de meilleures branches pour garnir un vuide, les tailler à un
» œil ; car pour peu que l'arbre ait de vigueur, il en fortira fou-
» vent une bonne branche. Au reſte, dans ces brindilles, il y en
» a de plus foibles les unes que les autres, & quelques-unes ap-
» prochent de la force des branches de bon bois ; en ce cas,
» faute d'autres plus vigoureuſes, on en peut tailler quelques-
» unes à fruit.

   » Quand les Pêchers font formés, & qu'ils font dans leur vi-
» gueur & en leur plein rapport, il ne faut pas, comme font
» certains Jardiniers, continuer à les charger beaucoup. Si on
» les traitoit comme les jeunes arbres, ils ne dureroient pas
» long-temps. Il ne faut les charger que proportionnellement à
» leur vigueur, conferver les branches vigoureuſes, & qui font
» placées de façon à remplir les vuides. C'eſt ici où ceux qui
» favent la taille des Pêchers, fuivent différentes méthodes.

   » Celle que j'ai adoptée confiſte à retrancher les branches
» gourmandes, à moins qu'elles ne foient néceffaires pour
» remplir un vuide ; à tailler court des branches de force
» moyenne pour fe procurer de nouveau bois & renouyeller

» l'arbre. C'est pourquoi il faut toujours choisir pour cet objet
» des branches assez basses; & tailler long plusieurs branches
» pour se procurer du fruit, sauf à les retrancher quand, pre-
» nant trop de longueur, elles pourroient nuire à la beauté de
» l'arbre, ou quand elles sont épuisées par la quantité du fruit
» qu'elles auront fourni; & il faut essayer, pour avoir de bon
» fruit, de choisir pour cet effet des branches vigoureuses; & si
» l'on est obligé d'en prendre de force moyenne, il ne faut pas
» les tailler fort long. On doit conclure que toutes les bran-
» ches chiffonnes doivent être retranchées, excepté les petites
» branches courtes qui sont uniquement destinées à donner du
» fruit.

   » On doit aussi retrancher entiérement toutes les branches
» maigres, usées, & qui ne sont que de foibles productions. Si
» cependant une telle branche ne pouvoit être remplacée par
» une autre vigoureuse, pour éviter qu'il ne restât un vuide, on
» pourroit la ravaler sur les meilleures branches qu'elle aura
» produites, qu'il faudroit tailler court, ainsi que les branches
» qu'on destinera à donner du fruit; ayant toujours soin de ne
» point trop charger les branches peu vigoureuses.

   » Suivant ma façon de tailler, on conserve sur les branches
» bien conditionnées, deux branches de celles qu'elles ont pro-
» duites: la plus forte & la mieux placée, qui est ordinairement
» la plus basse, est taillée court pour donner du bois; & l'autre
» est taillée long pour fournir du fruit: bien entendu qu'on s'é-
» carte de cette regle, si l'arbre est peu vigoureux, & qu'il y
» ait un vuide à remplir; auquel cas on peut renoncer à avoir
» beaucoup de fruit, & tailler les deux branches pour avoir du
» bois plus abondamment.

   » A l'égard des arbres qui, au lieu de croître, commencent
» plutôt à être en retour, il faut retrancher encore plus sévére-
» ment toutes les branches chiffonnes qui épuisent l'arbre, &

                                                        » ne

» ne donnent que de mauvais fruits. On doit auffi ôter les bran-
» ches gourmandes qui affoibliroient beaucoup ces vieux arbres. Il
» ne faut conferver que les branches de bon bois, & les tailler
» affez court. Mais il convient ici d'avoir de la prévoyance. Si l'on
» apperçoit qu'une branche ne durera pas long-temps, on doit
» effayer de trouver une branche vigoureufe, qu'on prépare par
» la taille à remplir dans la fuite le vuide que laiffera la branche
» foible, lorfqu'on fera obligé de la retrancher. J'ai vu par cette
» prévoyance retrancher une groffe branche, & la place être
» occupée fur le champ par des branches qu'on avoit préparées
» d'avance ».

Nota. Cette méthode, la fuivante, & celle qui a été expofée
dans la Culture générale, réprouvent les branches gourmandes
& celles de faux bois, excepté en certains cas qui font très-
rares dans la pratique de la plupart des Jardiniers, & que je crois
devoir être beaucoup plus fréquents.

La vigueur & le lieu de la naiffance d'une branche fuffifent
communément pour la faire regarder comme gourmande, &
fans examiner fes qualités, la faire profcrire comme telle. Or
plufieurs caufes peuvent donner naiffance à cette branche vigoureufe, gourmande ou non : une taille trop courte ou trop dé-
chargée ; une branche arquée, ou paliffée prefque horizontalement ; une coupe trop oblique, qui a éventé le dernier œil, qui
a péri, ou qui n'a produit qu'un bourgeon foible. Les Jardiniers
font fouvent cette faute dans leur coupe qu'ils commencent plus
bas que le fupport de l'œil fur lequel ils taillent. Dans les deux
derniers cas, faut-il retrancher ces branches vigoureufes ? Ne
vaut-il pas mieux les conferver, les tailler, & ravaler deffus la
derniere taille, fi ce qu'elle a produit au-delà eft foible & mal
conditionné ? Dans le premier cas, les fupprimer, & continuer
à tailler court, c'eft ajouter mal fur mal. Il faut moins décharger
l'arbre, alonger fa taille, conferver (fauf à les retrancher par la

Tome II.   H

fuite, s'ils deviennent inutiles ou nuifibles) les gourmands qu'on
peut placer fans confufion, & fupprimer les autres.

Pareillement les branches de faux bois viennent d'une taille
trop courte qui, ne laiffant pas affez d'iffues à la feve, la fait
refluer fur les anciennes tailles ; ou des branches trop vieilles,
ufées, remplies de calus, de nœuds, de coudes, de chicots, de
cicatrices, qui gênant trop le cours de la feve, l'obligent de
prévenir ces obftacles, & de s'ouvrir des paffages contre l'ordre
commun. La premiere caufe étant la même qu'une de celles qui
produifent les gourmands, on traite de même les branches de
faux bois. Ces branches occafionnées par les dernieres caufes font
précieufes ; les retrancher, c'eft fruftrer les efforts que fait un
arbre pour fe renouveller ; c'eft préférer des branches inutiles ou
près de le devenir, à des branches capables de leur fuccéder
avec avantage.

Quant aux petits bourgeons de faux bois qui ne percent que
pendant la feconde feve, & qui font ordinairement la fuite de
l'ébourgeonnement fait trop tôt ou trop rigoureufement, on n'en
conferve qu'au défaut de meilleur bois.

La plupart des défordres qui arrivent dans la végétation des
arbres venant de ce que les Jardiniers les déchargent trop, &
les taillent trop court, on demande à quelle longueur il faut
tailler, & quelle charge on peut donner. Nous l'avons déja dit :
cette queftion ne peut fe réfoudre qu'en préfence du fujet, dont
il faut voir l'efpece, l'état, la vigueur, &c. Mais nous pouvons
dire en général que fur un arbre dans fa force & en bon état, on
peut tailler toutes les branches bien placées & bien conditionnées, qui peuvent fe palifer fans confufion : que la taille de ces
branches n'eft point trop longue lorfqu'elle eft faite un peu
avant l'endroit où elles commencent à diminuer de groffeur ; la
longueur des branches à fruit fe déterminant ordinairement par la
pofition de leurs boutons à fleurs. De forte qu'un bourgeon

gourmand, ou de faux bois long de fept à huit pieds, pourra quelquefois être taillé à trois pieds & même davantage, & les autres branches à proportion. Mais n'eft-il point à craindre qu'un arbre taillé fi long, ne prenne trop d'étendue & ne fe dégarniffe? 1°. Si l'étendue eft un défaut dans un arbre, confentons qu'il foit coupé, rogné, mutilé; fi elle eft une perfection, pourquoi la lui envier, & s'oppofer à fon penchant pour l'acquérir? 2°. Il eft rare qu'un bourgeon fort n'ait pas pouffé dès la même année plufieurs petites branches dans fon étendue: on peut tailler les meilleures, & fe raffurer contre la crainte des vuides; & s'il n'en a pouffé aucune, en l'inclinant prefqu'horizontalement, la feve qui n'y coulera que modérément, agira fur la plupart de fes yeux, & en développera.

Ces obfervations, que nous avons infinuées ailleurs, étant intéreffantes pour tous les arbres, & particuliérement pour le Pêcher, nous ne pouvons nous difpenfer de les faire, malgré notre réfolution de ne rien dire de nous fur tout ce qui concerne la conduite des arbres, & d'expofer fimplement les pratiques des meilleurs Jardiniers, & quelques-uns des principes fur lefquels elles paroiffent fondées: réfolution à laquelle nous avons peu manqué, n'ayant propofé que rarement & avec réferve nos doutes, nos réflexions, ou des pratiques différentes & des fentimens particuliers.

MÉTHODE DE M. DE COMBES.

» J'APPELLE Pêchers du fecond âge, ceux qui font dans toute » leur force; les arbres du troifieme âge font ceux qui font un peu » fur le retour; ceux-ci ne fauroient être trop ménagés, il faut » les tailler court & feulement fur les meilleures branches: les » petites ne doivent point abfolument être confervées, parce » que fur de vieux fujets, elles ne donnent que du fruit éthique.

» Quand par hazard il arrive à quelqu'un de ces vieux arbres
» qu'il fort de leur pied quelque branche un peu vigoureuse,
» & capable de renouveller l'arbre, il faut la traiter dans cette
» vue, & la conferver précieufement pour remplacer les vieilles
» branches qu'on détruit peu-à-peu; mais fi elle fort de quelque
» vieille branche, il faut l'ôter. Je n'ai pas autre chofe à dire
» de ces vieux arbres, finon qu'on ne doit les ménager que quand,
» malgré leur vieilleffe, ils rapportent encore de bons fruits;
» car dès que cette condition manque, il faut les arracher.

» A l'égard des arbres du fecond âge, qui chargent abon-
» damment; comme ce font eux qui font notre richeffe, ils méri-
» tent la plus particuliere attention. La plupart des Jardiniers
» qui travaillent fans principes, fans raifonnement, & fans fe
» foucier de l'avenir, les conduifent de façon qu'ils font bientôt
» ruinés. . . . .

» L'opération de la taille eft celle de toutes qui contribue le
» plus à leur durée. Ne les point trop charger, & bien entrete-
» nir le plein, voilà tout l'art de la taille, qui paroît bien fim-
» ple, mais qui a fes difficultés, eu égard au choix des branches,
» au travail que l'arbre fait, à l'efpece de fruit, & à bien d'autres
» circonftances fur lefquelles on peut établir quelques regles.
» Je ne parlerai point de certains cas fur lefquels on ne peut
» ftatuer que vis-à-vis de fon objet, & que la pratique feule
» peut enfeigner.

» Chacun a fa méthode, & dirige fa taille fuivant fes idées.
» Les uns taillent court fur toutes branches. (*Ils renoncent à*
» *l'abondance du fruit, & fatiguent les racines de leurs arbres.*)
» Les autres alongent les branches qu'ils deftinent à donner du
» fruit, & laiffent des courfons pour leur donner du bois l'année
» fuivante. (*C'eft la méthode du Frere Philippe.*) La mienne eft
» toute différente. . . . . .

» Trouvant mon arbre en bon état, après qu'il eft dépaliffé,

» je commence à faire une recherche des branches uſées, qu'il
» eſt aiſé de connoître à leur maigreur, & aux mauvais jets qu'el-
» les ont faits; je retranche la branche uſée juſqu'à la groſſe
» branche d'où elle ſort; à moins que dans ſon étendue elle
» n'ait pouſſé quelque bonne branche, ſur laquelle je la ravale,
» s'il n'y a rien dans le voiſinage pour remplir la place. Je paſſe
» enſuite aux branches de l'année, & je ſupprime toutes les
» groſſes, s'il en a pouſſé. Par groſſes branches, j'entends toutes
» celles qui excedent la moyenne groſſeur; je ſupprime de même
» toutes les petites, à moins que quelqu'une ne me ſoit néceſ-
» ſaire pour garnir quelque vuide, ou pour me ſervir de reſſour-
» ce, auquel cas je la taille à l'épaiſſeur à peu près d'un écu.
» J'excepte toujours les petits bouquets.

» Ce premier retranchement fait, il ne me reſte plus que des
» branches égales en force; je vois clair alors dans mon ouvrage.
» Je n'ai plus enfin qu'une réforme à faire dans la quantité, &
» voici ſur cela ma regle. Je n'en laiſſe qu'une de toutes celles
» qui ont pouſſé ſur la branche que j'ai taillée l'année précédente,
» & c'eſt la plus baſſe que je laiſſe, parce qu'elle eſt toujours
» bonne, au moyen des précautions que j'ai priſes au temps de
» l'ébourgeonnement. Ceux qui n'auront pas fait cette opération,
» choiſiront la meilleure des plus baſſes.

» Après cette ſeconde réforme, je paſſe à la troiſieme, qui eſt
» la taille de ces branches. J'examine alors ſi mon arbre a beau-
» coup chargé l'année précédente, & de quelle eſpece il eſt:
» ſuivant ces deux cas, je raccourcis ou j'alonge ma taille. Si
» mon arbre a beaucoup chargé, je le ménage: & ſi c'eſt, par
» exemple, une Madeleine ou une Violette, comme ces arbres
» ſont plus vigoureux que les autres, je leur donne plus de char-
» ge: mais ſi mon arbre eſt de toute autre eſpece, & qu'il n'ait
» pas été fatigué de la charge, j'alonge ma taille juſqu'à huit
» pouces ſi la place le permet; mais ſi je me trouve reſſerré,

» & fi je n'ai rien au-deffous pour remplacer ce qui fe trouve
» épuifé, je tiens ma taille courte, & je ne lui donne que trois ou
» quatre pouces. Il fe trouve communément par la différente dif-
» pofition des places, que la moitié de mes branches eft alon-
» gée, & que l'autre eft retenue courte. Par-là je maintiens le
» plein de mon arbre, & je ne le fatigue point».

Les habitans de Montreuil retranchent pareillement toutes les
branches foibles ; & même ils n'en confervent de moyennes
qu'au défaut de fortes : c'eft fur celles-ci qu'ils taillent par pré-
férence. Ils déchargent beaucoup leurs arbres, & alongent leur
taille fur les fortes branches jufqu'à trois ou trois pieds & demi,
& fouvent ils taillent pour fruit une partie des petites branches
forties de ces fortes branches. Comme ils fe propofent avec
raifon d'avoir de beaux fruits, cette méthode de ne tailler que
fur les branches vigoureufes & capables de le bien nourrir, eft
propre à bien remplir leur objet. Mais leurs arbres, malgré leur
attention à les ouvrir, fe dégarniffent bientôt par le bas. De
jeunes Pêchers plantés entre les vieux, couvrent en peu de temps
le vuide que ceux-ci laiffent fur l'efpalier, & réparent leur défaut. Mais on fait combien il eft rare de trouver un terrein femblable à celui de Montreuil, & des Cultivateurs auffi intelli-
gents & auffi expérimentés. Au refte leur pratique n'eft pas abfolument uniforme ; elle varie fuivant les vues des particuliers,
dont les uns ne s'occupent que du produit de leurs arbres, &
d'autres étendent leur attention fur leur forme & leur durée.

Quant aux autres opérations, paliffages, ébourgeonnement,
&c. il eft inutile de répéter ce qui en a été dit Tom. I. Cult. gén.

Les Pêchers élevés de noyau, la Bourdin, & quelques autres
qui réuffiffent affez bien en plein-vent, foit en tige, foit en
buiffon, & qui dans les années favorables y donnent d'excellents
fruits, devroient être taillés, ébourgeonnés, & conduits comme ceux d'efpalier. Mais on fe contente, & il fuffit ordinairement

de les décharger des branches gourmandes, des branches mortes, ufées, trop foibles ; & de tailler les bonnes branches, moins dans la vue de donner à ces arbres une forme réguliere, que de pro-longer leur durée, entretenir leurs forces & les employer à la nutrition des productions utiles.

Les Pêches doivent être découvertes avec beaucoup de pré-caution, & accoutumées peu-à-peu aux rayons du foleil qui eft néceffaire pour leur donner une belle couleur & perfectionner leur goût. Il ne faut les cueillir que dans leur parfaite maturité, qui fe connoît aifément à leur couleur & à la facilité avec laquelle elles fe détachent. Il eft bon de leur faire paffer au moins quel-ques heures dans un lieu frais avant que de les manger. Celles même qui doivent être tranfportées, ne doivent être cueillies que très-peu de temps avant leur parfaite maturité. Car fi les Pêches font bien leur eau hors de l'arbre dans une Fruiterie ou ailleurs, c'eft fouvent une eau défagréable, & toujours inférieure en bonté à celle qu'elles font fur l'arbre.

USAGES.

On donne aux enfants, comme vermifuge, du lait dans le-quel on a fait bouillir des feuilles de Pêcher. Les fleurs de Pê-cher mangées en falade ou autrement font très-purgatives ; on en fait un fyrop qui a la même vertu. L'amande des Pêches a les mêmes qualités que l'amande amere.

Les Pêches fe mangent crues, fans fucre ou avec du fucre ; cuite dans l'eau bouillante (on les y laiffe à peu près autant de temps qu'il en faut pour cuire un œuf frais) & faupoudrées de fucre ; en beignets ; en compote ; confites en marmelade ; confites à l'eau-de-vie ; féchées au four ; confites au vinaigre comme les cornichons : pour ces deux derniers ufages, on pré-fere les Pavies aux Pêches fondantes.

Le goût réunit tous les fentiments fur la bonté des Pêches crues ; les eftomacs les partagent fur leurs qualités ; les uns les trouvant fiévreufes & de difficile digeftion, à moins qu'elles ne foient corrigées par le vin & le fucre, ou même la cuiffon ; les autres les digérant facilement, fur-tout les Pêches fondantes, les regardent comme un fruit très-fain.

PRUNUS,

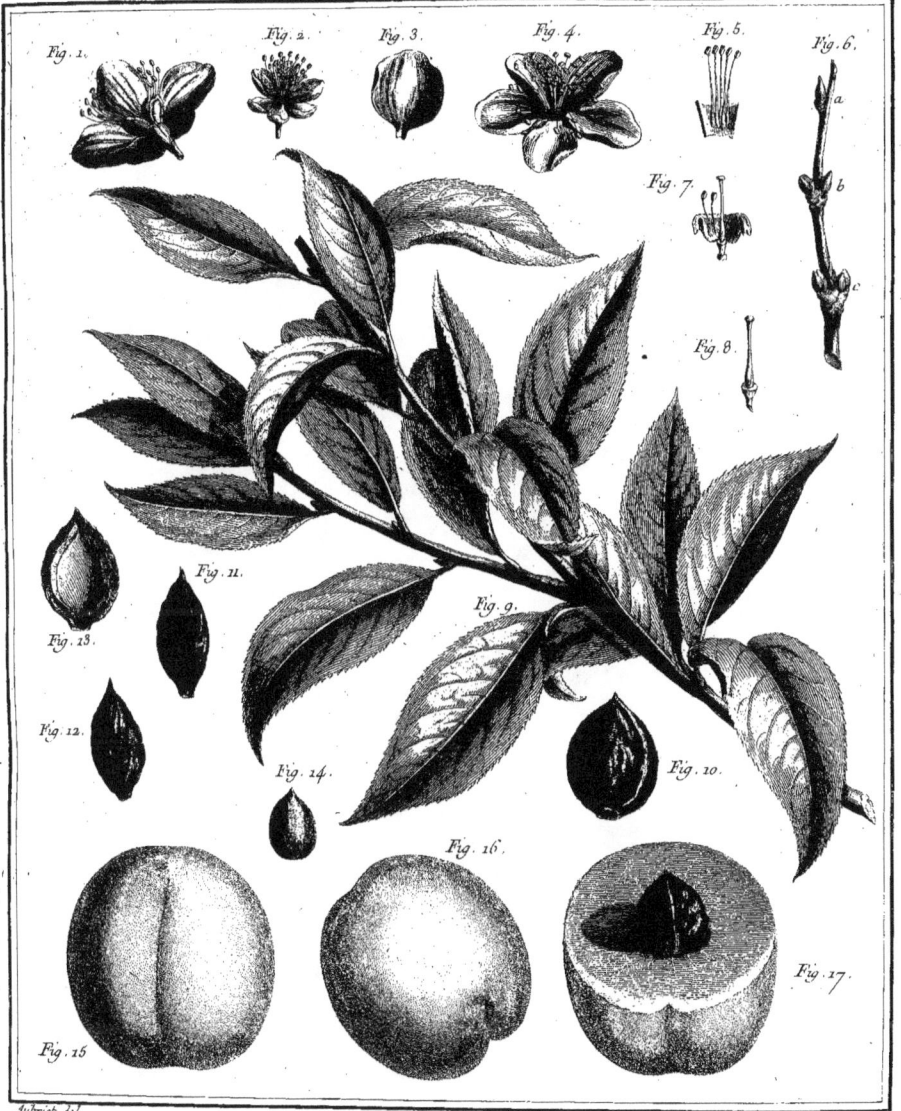

Fig. 1. *Fig. 2.* *Fig. 3.* *Fig. 4.* *Fig. 5.* *Fig. 6.*

a

Fig. 7. *b*

c

Fig. 8.

Fig. 11.

Fig. 13. *Fig. 9.*

Fig. 12. *Fig. 10.*

Fig. 14.

Fig. 16.

Fig. 17.

Fig. 15.

Aubriet del. *C.te Haussard Sculp.*

Pêcher.

Avant Pêche Blanche.

Aubriet del.   E.th Haussard Sculp.

Avant - Pêche rouge.

Aubriet del.

C.^{ne} Haussard Sculp.

Double de Troies.

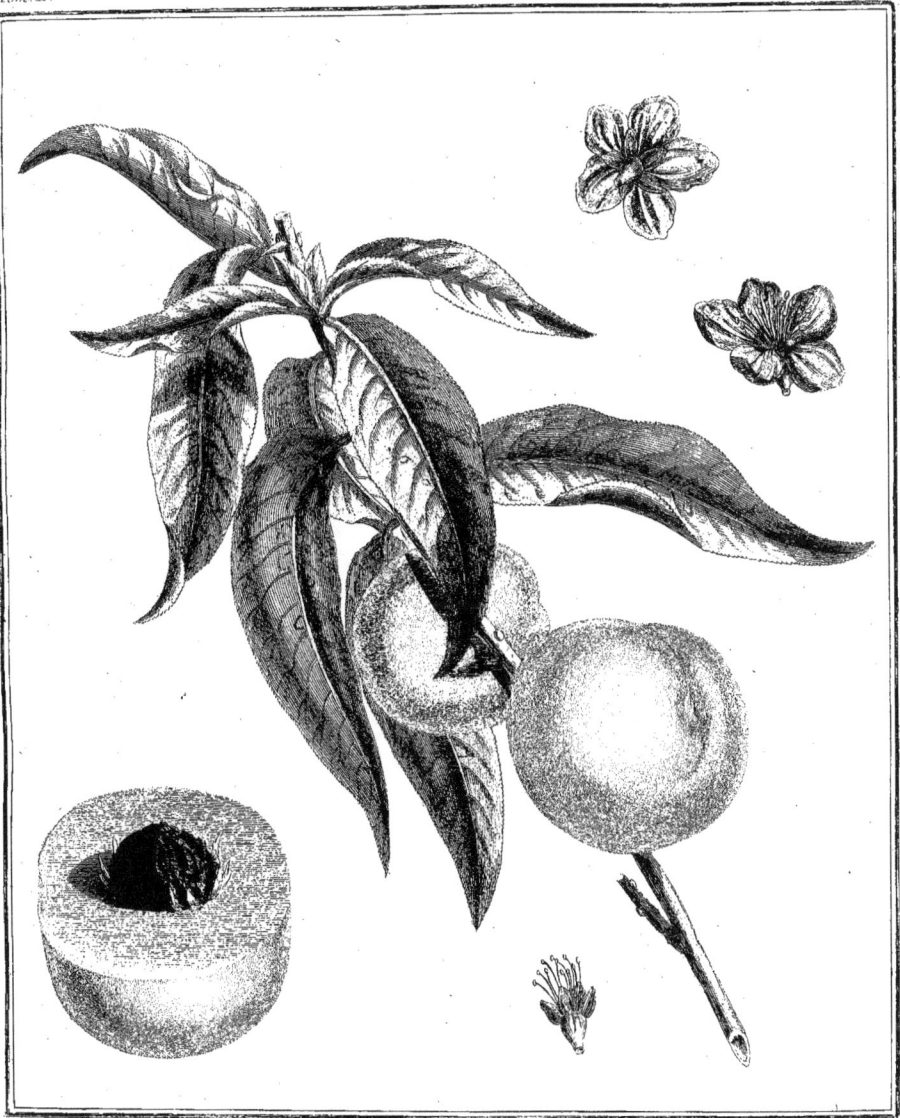

Aubriet del.   *Loyer Sculp.*

Alberge Jaune.

Madeleine Blanche.

Aubriet del.   E.th Haussard Sculp.

Madeleine Rouge.

L.B. *del.*   Herisset *Fils Sculp.*

Veritable Pourprée Hative.

Pourprée Tardive.

Aubriet del.   Loyer Sculp.

Aubriet del.   *Loyer Sculp.*

Grosse Mignone.

Aubriet del.   *Loyer Sculp.*

Pourprée Hâtive, ou Vineuse.

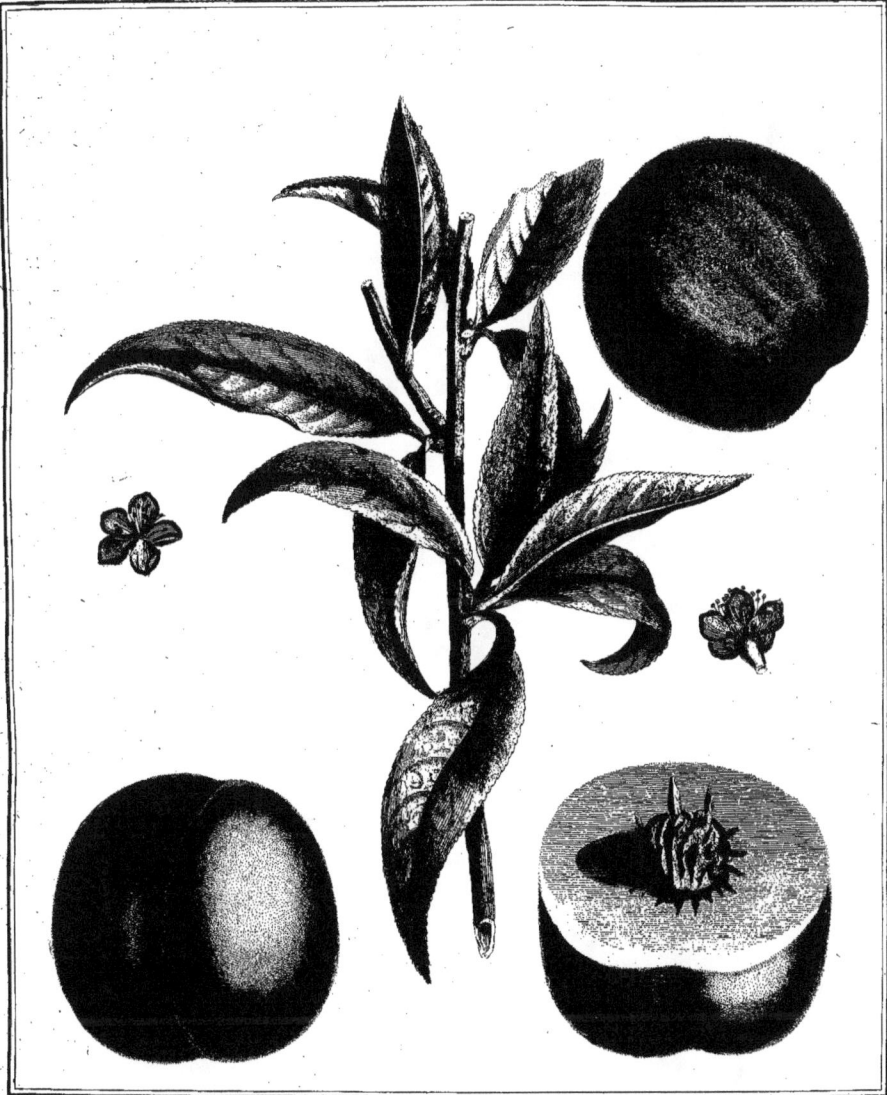

Bourdin.

Aubriet del.

Loyer Sculp.

Chevreuse Hative.

Pl. XIV.

Aubriet del.

Loyer Sculp.

Chevreuse Tardive.

I. B. del.   F.th Haussard Sculp.

Peche - Cerise).

Aubriet del.

Fig. 2.

Violette Hâtive.

Aubriet del.

Violette Tardive.

Aubriet del.

Brugnon Musqué.

Magd. Basseporte del.   C.ne Haussard Sculp.

Jaune Lisse.

Aubriet del.   Loyer Sculp.

Bellegarde.

Pl. XXI.

Aubriet del.

Admirable.

Aubriet del.   *Abricotée.*   *Herissel Fils Sculp.*

L.B. del.   *P. L. Cor Sculp*

Teton de Venus

Royalle.

Aubriet del.

Belle de Vitry.

Aubriet del.   Loyer Sculp.

Pavie de Pomponne.

Pl. XXVII.

Magd. Basseporte del.   Loyer Sculp.

Teindou.

Aubriet del. P.L. Cor Sculp

Nivette.

Aubriet del.   *Herissot fils Sculp.*

Persique.

L. B. del.   *B. L. Henriquez Sculp.*

Pêcher à fleur semidouble.

Magd. Basseporte del.

Cardinale.

L.B. del.   E.th Haussard Sculp

Pêcher Nain.

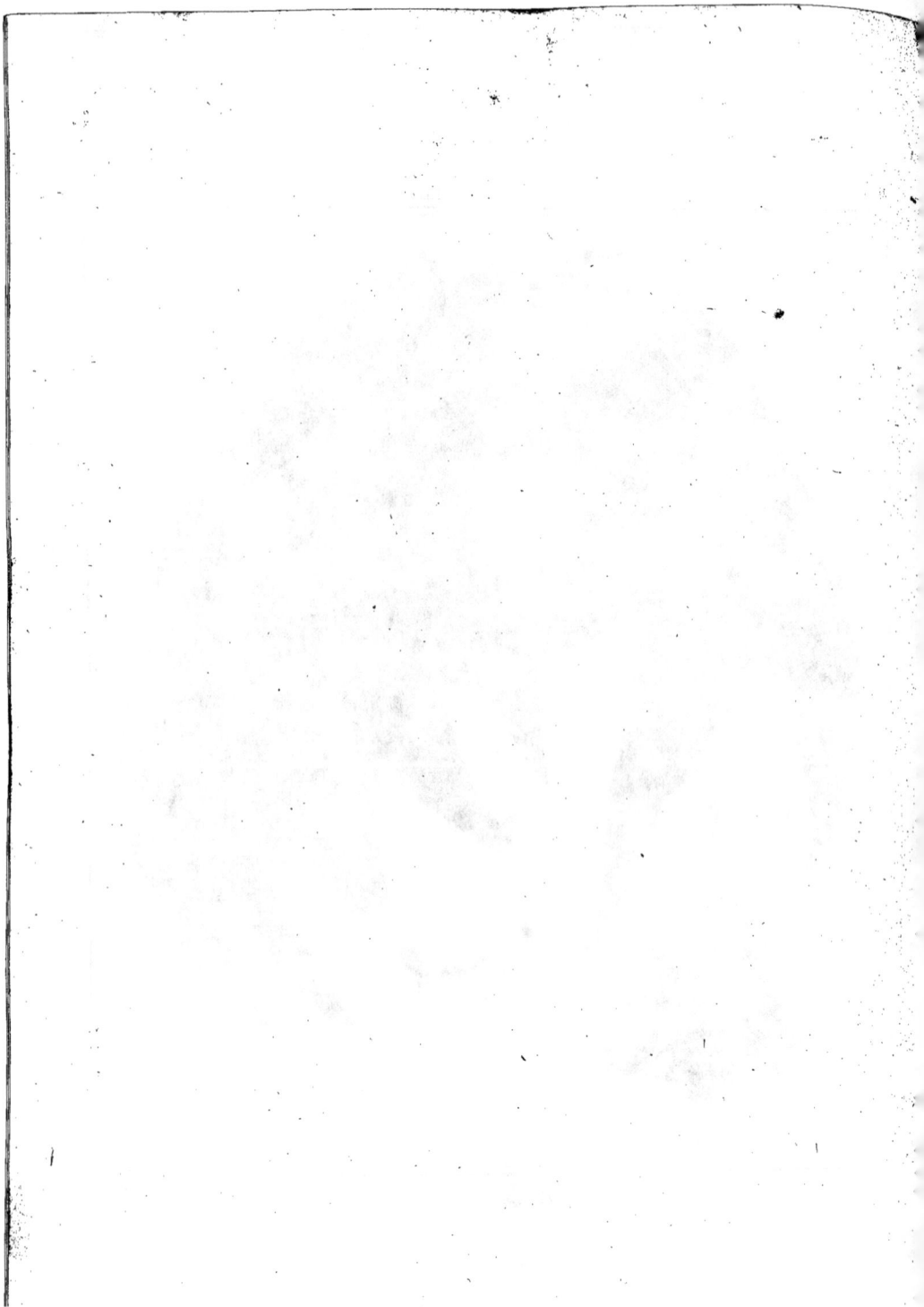

PRUNUS,
PRUNIER.

DESCRIPTION GÉNÉRIQUE.

LE PRUNIER, arbre de moyenne grandeur, pousse des branches droites & vigoureuses, qui lui donnent un port assez agréable pendant sa jeunesse. Mais son bois fragile rompant sous le poids de ses fruits, ou succombant aux efforts des vents, il se défigure bientôt, & ne présente plus qu'un arbre tortu, mutilé, sans forme, sans régularité.

Ses feuilles sont pliées les unes sur les autres dans les boutons. Elles sont simples, attachées alternativement sur la branche par des queues fermes, grosses, & de peu de longueur. Leur forme est ovoïdale, terminée en pointe par les deux extrémités. Elles sont plus ou moins grandes; & la dentelure des bords est plus ou moins profonde, obtuse, &c. suivant l'espece. Le dehors des feuilles est relevé de nervures saillantes; & le dedans est creusé de sillons profonds correspondants aux nervures; ce qui rend leur surface rude & inégale.

Sa fleur est composée 1°. d'un calyce d'une seule piece, creusé en godet peu profond, divisé par les bords en cinq échancrures ovales, creusées en cuilleron, quelquefois renversées sur le godet: 2°. de cinq pétales disposés en rose, de couleur blanche, de grandeur & de forme différentes suivant les especes, quelquefois creusés en cuilleron: 3°. de vingt à trente étamines blanches, terminées par des sommets jaunes: 4°. d'un pistil, dont le ftyle furmonté d'un ftigmate, repofe fur un embryon charnu.

Son fruit varie de groffeur & de forme fuivant les efpeces. Il eft vêtu d'une peau liffe & fans aucun duvet, mais couverte d'une efpece de poufliere blanchâtre qu'on nomme *fleur*: la couleur, la confiftance & la faveur de la peau varient: elle eft adhérente aux uns, facile à enlever aux autres. Sa chair eft fucculente, & varie aufli de confiftance, de couleur & de goût. Au centre du fruit, on trouve un noyau ligneux, dur, applati, raboteux, quelquefois un peu ruftiqué, de forme & de groffeur différentes. Il renferme une amande amere couverte d'une peau, & compofée de deux lobes & d'un germe. La plupart des Prunes pendent à la branche par des queues longues & menues, qui s'implantent à l'extrémité du fruit dans une cavité plus ou moins creufée. Les unes font applaties & divifées de la tête à la queue par une rainure; d'autres font rondes fuivant leur diametre. Ce font toutes ces différences dans le fruit, la fleur & la feuille, qui conftituent les efpeces & les variétés du Prunier. Nous en omettrons un grand nombre qui n'intéreffent ni par les fruits, ni par aucune fingularité utile.

ESPECES ET VARIETES.

I. *PRUNUS fructu parvo, longo, cereo, præcoci.*

PRUNE jaune hâtive. PRUNE de Catalogne. (*Pl. I.*)

CE Prunier devient d'une grandeur médiocre; il eft très-fertile.

Ses bourgeons font menus, très-longs, d'un gris-clair; la pointe eft violette.

Ses boutons font petits; & les fupports peu faillants.

Ses fleurs ont treize lignes de diametre; le pétale eft longuet, ayant fix lignes, fur trois lignes.

Ses feuilles font d'un vert-clair, alongées & étroites, dentelées réguliérement & peu profondément. Elles font longues de
trois pouces & demi, & larges de deux pouces. Depuis la plus
grande largeur, qui eft à un tiers de leur extrémité, elles diminuent confidérablement, & réguliérement vers la queue, qui eft
longue d'environ dix lignes.

Son fruit eft petit, ayant environ quatorze lignes de hauteur
fur douze lignes de diametre; alongé, plus gros du côté de la
tête que du côté de la queue; ordinairement divifé fuivant fa
longueur par une gouttiere peu profonde; quelquefois par une
côte peu faillante, au lieu de la gouttiere. La queue eft très-
menue, longue de quatre à cinq lignes, plantée dans une très-
petite cavité. La tête du fruit eft terminée par un petit enfoncement.

La peau eft jaune, aigrelette, tendre ou caffante lorfque le
fruit eft bien mûr.

La chair eft mollaffe & un peu groffiere.

L'eau eft fucrée; quelquefois un peu mufquée; fouvent fade
& peu abondante.

Le noyau eft long de huit lignes, large de quatre lignes &
demie, épais de trois lignes, raboteux; il quitte la chair prefqu'entiérement.

Cette Prune mûrit au commencement de Juillet en efpalier
au midi; vers la mi-Juillet en plein-vent: on en fait d'affez
bonnes compotes.

II. *PRUNUS fructu parvo, ovato, nigro, præcoci.*

P R É C O C E de Tours.

L'ARBRE eft vigoureux & fertile.

Les bourgeons font forts & d'un violet très-foncé.

Les fleurs ont un pouce de diametre. Le pétale eft bien arrondi

I ij

par le bord, un peu plus large que long, creusé en cuilleron.

La feuille est longue de près de quatre pouces, large de deux pouces six lignes; beaucoup plus étroite vers la queue où elle se termine en pointe, que vers l'autre extrémité; dentelée finement & peu profondément; sa queue est grosse, longue de neuf à quinze lignes, d'un vert-clair.

Le fruit est petit, ovale, diminuant également vers la tête, & vers la queue; bien arrondi sur son diametre, sa rainure n'étant presque point sensible. La queue est menue, longue de six lignes, placée dans un très-petit enfoncement. Sa hauteur est de treize lignes & demie, & son diametre est de onze lignes & demie.

La peau est noire, très-fleurie, coriace, un peu amere, & très-adhérente à la chair.

La chair tire sur le jaune; elle a quelques traits légérement teints de rouge le long de l'arrête du noyau.

L'eau est assez abondante & agréable, ayant un peu de parfum, lorsque l'arbre est planté dans un terrein sec & chaud.

Le noyau est très-raboteux, adhérent à la chair, long de sept lignes & demie, large de quatre lignes & demie, épais de trois lignes & demie, beaucoup plus large vers la queue du fruit que vers la tête.

Cette Prune mûrit avant la mi-Juillet, & n'est pas méprisable pour une Prune précoce.

III. *PRUNUS fructu medio, longo, pulchrè violaceo; præcoci.*

GROSSE NOIRE hâtive. NOIRE de Montreuil.

CETTE Prune, que l'on confond souvent avec le gros Damas de Tours, est de moyenne grosseur, ayant seize lignes de hauteur, sur quatorze lignes de diametre. Sa forme est alongée.

Sa peau est d'un beau violet, très-fleurie, coriace, & très-aigre quand on la mâche.

Sa chair eſt ferme, aſſez fine, d'un vert-clair tirant ſur le blanc. Elle jaunit dans la parfaite maturité.

Son eau eſt aſſez agréable, relevée d'un peu de parfum, qui fait que, quoiqu'elle ne ſoit pas ſucrée, elle n'eſt pas fade.

Son noyau quitte la chair, excepté au bout & à l'arrête, où il en demeure un peu. Il eſt long de huit lignes, large de cinq lignes & demie, épais de trois lignes & demie.

Elle mûrit vers la mi-Juillet; ce qui la fait eſtimer, quoique ſujette aux vers. La Jaune hâtive lui eſt bien inférieure en bonté.

On donne auſſi le nom de *Groſſe Noire hâtive* à une Prune ronde, plus groſſe que la précédente, de même couleur, preſqu'auſſi hâtive; mais d'un goût fade, & d'une chair groſſiere.

IV. *PRUNUS fructu medio, longulo, ſaturè violaceo.*

Gros Damas de Tours.

Ce Prunier devient grand; ſa fleur eſt ſujette à couler, lorſqu'il eſt planté en plein-vent.

Ses bourgeons ſont gros & très-longs, rougeâtres du côté du ſoleil, verts tirant ſur le jaune du côté de l'ombre, couverts d'un fin épiderme blanchâtre.

Ses boutons ſont petits, très-pointus; les ſupports ſont gros & ſaillants.

Ses fleurs ont onze lignes de diametre. Du même bouton il en ſort deux ou trois, ſouvent avec deux petites feuilles. Les pétales ſont ronds.

Ses feuilles ſont grandes, longues de trois pouces neuf lignes, larges de deux pouces; ſe terminent en pointe à la queue qui eſt violette, longue de huit à dix lignes. L'autre extrémité eſt preſqu'elliptique. La dentelure eſt aſſez fine & profonde.

Son fruit eſt de moyenne groſſeur, alongé; la hauteur eſt de quatorze lignes, & le diametre de treize lignes. On n'apperçoit prefque point de rainure qui le divife fuivant fa hauteur.

La peau eft d'un violet foncé, très-fleurie, aigre, un peu co-riace, adhérente à la chair.

La chair eft prefque blanche, ferme & fine.

L'eau eft fucrée, & a le parfum des bons Damas ; fi la peau qui ne peut fe féparer de la chair, ne communiquoit pas une aigreur défagréable à l'eau, cette Prune feroit excellente.

Le noyau eft raboteux, & ne quitte pas bien la chair.

Sa maturité eft à la mi-Juillet, ou peu après.

V. *PRUNUS fructu medio, longo, violaceo.*

D AMAS violet. (*Pl. II.*)

L'ARBRE eft vigoureux; mais il donne peu de fruit.

Le bourgeon eft gros & long, rouge-brun-foncé tirant fur le violet, plus clair du côté de l'ombre, chargé d'un duvet blanc-fale.

Le bouton eft couché fur la branche ; il eft fouvent double ou triple dans le gros du bourgeon. Le fupport eft cannelé.

Les fleurs ont treize lignes de diametre ; leurs pétales font ovales-alongés. Il en fort deux ou trois du même bouton ; & fouvent deux pédicules font collés enfemble prefque dans toute leur longueur.

Les feuilles font longues de trois pouces, larges de vingt-fix lignes ; beaucoup plus étroites vers la queue que vers l'autre extrémité où elles s'arrondiffent. La dentelure eft très-peu pro-fonde, & forme des fegments de cercle. La queue, longue de dix lignes, & une partie de l'arrête, font teintes de rouge.

Le fruit eft de moyenne groffeur, alongé, ayant treize lignes & demie de diametre, fur quinze lignes & demie de hauteur. Sa queue affez groffe & un peu velue, longue de quatre à fix lignes, eft placée au fond d'une petite cavité. Le diametre du fruit eft beaucoup moindre par cette extrémité que par la tête. Il n'y a point de gouttiere fenfible, mais feulement un petit applatiffement fans enfoncement.

La peau eft violette, très-fleurie; elle peut fe détacher de la chair, lorfque le fruit eft très-mûr.

La chair eft jaune & ferme.

L'eau eft très-fucrée; ayant cependant un peu d'aigreur.

Le noyau n'eft adhérent à la chair que par un petit endroit fur le côté. Il eft long de huit lignes, large de fix lignes, épais de quatre lignes.

Cette Prune, qui peut être mife au nombre des bonnes, mûrit vers la fin d'Août.

VI. *PRUNUS fructu parvo, fubrotundo, è viridi cereo.*

Petit Damas blanc. (*Pl. III.*)

Ce fruit eft petit, prefque rond, ayant environ un pouce fur chaque dimenfion. Il eft attaché à des queues menues, longues de quatre lignes, qui n'entrent prefque pas dans le fruit. Ordinairement il a un peu plus de hauteur que de diametre; il eft plus renflé vers la tête que vers la queue; fon diametre eft applati, de forte que pris de la gouttiere au côté oppofé, il eft plus large d'une ligne que fur l'autre fens; fa gouttiere eft rarement fenfible.

Sa peau eft coriace, d'un vert-jaunâtre, chargée de fleur blanche.

Sa chair eft jaunâtre, fucculente.

Son eau eft affez fucrée; mais elle a un petit goût de fauvageon; cependant elle eft agréable.

Son noyau, long de fept lignes, large de quatre lignes & demie, épais de trois lignes & demie, n'eft point adhérent à la chair.

Cette Prune mûrit au commencement de Septembre.

VII. *PRUNUS fructu medio , oblongo , è viridi cereo.*

GROS DAMAS blanc. (*Pl. III. Fig. 2.*)

LE gros Damas blanc est de móyenne grosseur , un peu alongé, & plus renflé du côté de la tête que du côté de la queue , divisé d'un coté suivant sa hauteur par un applatissement plutôt que par une rainure. Il a quatorze lignes de diametre & quinze lignes & demie de hauteur. Sa queue est longue de cinq à six lignes, assez grosse , & plantée dans une très-petite cavité. Son eau est plus douce & meilleure que celle du petit Damas. La peau & la chair sont de même couleur & consistance. Sa maturité prévient un peu celle du petit Damas , qui paroît être une variété du gros.

VIII. *PRUNUS fructu medio ; ovato , hinc saturè , indè pallidè rubro.*

DAMAS rouge.

CE Prunier est peu fertile.

Ses bourgeons sont très-longs, d'une grosseur médiocre, rougeâtres , presque de couleur de lacque vers la pointe.

Ses boutons sont petits, pointus, couchés sur la branche , peu éloignés les uns des autres. Les supports sont assez élevés.

Ses fleurs ont onze lignes de diametre. Les pétales sont ovales, plats , quelques-uns un peu froncés par les bords.

Ses feuilles sont longues de deux pouces dix lignes , larges de dix-sept lignes , larges vers l'extrémité , diminuant régulièrement & se terminant en pointe à la queue qui est d'un vert-blanc, longue de huit à dix lignes. La dentelure est fine, aiguë, peu profonde.

Son fruit est de moyenne grosseur , de forme ovale, assez réguliere ; son diametre est de quatorze lignes , & sa hauteur de

seize

feize lignes. Il n'a point, ou prefque point de gouttiere qui le partage fuivant fa longueur. La queue longue de fix lignes, affez bien nourrie, eft plantée à fleur du fruit, ou dans un très-petit enfoncement.

Sa peau eft bien fleurie, rouge-foncé du côté du foleil, rouge-pâle du côté oppofé, affez fine, peu adhérente à la chair.

Sa chair eft jaunâtre, fine & fondante, fans être mollaffe.

Son eau eft très-fucrée.

Son noyau quitte la chair. Il eft petit, ayant fept lignes de longueur, cinq lignes de largeur, & quatre lignes d'épaiffeur.

Ce fruit, un peu fujet à être verreux, mûrit à la mi-Août.

Il y a un autre Damas rouge plus petit, moins alongé, & plus tardif que le précédent; il mûrit vers la mi-Septembre.

IX. *PRUNUS fructu parvo, longulo, nigricante.*

D a m a s noir tardif. (*Pl. XX. Fig. 4.*)

Cette Prune eft petite, de forme alongée, ayant treize lignes & demie de hauteur, douze lignes & demie de diametre. Sa queue eft menue, longue de quatre lignes, plantée dans une petite cavité affez profonde. La rainure qui s'étend de la tête à la queue n'a aucune profondeur, & n'eft remarquable que par fa couleur. Le côté de la tête eft un peu moindre que celui de la queue.

La peau eft d'un violet très-foncé, prefque noire, très-fleurie, dure, & difficile à détacher de la chair.

La chair tire fur le jaune du côté où le foleil a frappé le fruit, & fur le vert de l'autre côté.

L'eau eft abondante & affez agréable, quoiqu'elle ait un peu d'aigreur.

Le noyau eft long de fept lignes, large de cinq lignes & demie, épais de quatre lignes. Le côté oppofé à l'arrête eft creufé d'une rainure profonde. Il ne tient point du tout à la chair.

Ce fruit mûrit vers la fin d'Août. Il eſt préférable à pluſieurs eſpeces qu'on cultive davantage.

X. *PRUNUS fructu parvo, undique compreſſo, ſaturatiùs violaceo.*

DAMAS muſqué. (*Pl. XX. Fig.* 3.)

Ce Prunier eſt d'une grandeur & d'une fertilité médiocres.

Le bourgeon eſt gros, aſſez long, gris-jaunâtre, rouge-brun très-foncé par l'extrémité.

Les boutons ſont petits, pointus, peu éloignés l'un de l'autre, preſque couchés ſur la branche.

Les fleurs ont onze lignes de diametre ; leurs pétales ſont ovales ; elles ſortent deux ou trois du même bouton.

Les feuilles ſont longues de trois pouces trois lignes ; larges de deux pouces ; dentelées peu profondément & aſſez finement. Leur plus grande largeur eſt plus vers l'extrémité que vers la queue où elles ſe terminent réguliérement en pointe. La queue, longue de huit à onze lignes, & la plus grande partie de la groſ-ſe nervure, ſont de couleur rouge-ceriſe.

Le fruit eſt petit, applati ſur ſon diametre, & par la tête, & par la queue. Une gouttiere très-profonde le diviſe ſuivant ſa hauteur. Sa queue, longue de ſix lignes, menue, blanche, eſt plantée dans une cavité peu profonde. Sa forme eſt peu régu-liere. Son grand diametre eſt de quatorze lignes ; ſon petit dia-metre eſt de douze lignes & demie ; & ſa hauteur de douze lignes.

La peau eſt d'un violet très-foncé, preſque noire, très-fleurie.

La chair eſt jaune & aſſez ferme.

L'eau eſt abondante, d'un goût relevé & muſqué.

Le noyau eſt long de ſix lignes, large de ſix lignes, épais

de quatre lignes; il quitte entiérement la chair.

Cette Prune, que quelques-uns nomment *Prune de Chypre*, ou *Prune de Malte*, mûrit à la mi-Août.

XI. *PRUNUS fructu parvo, longo, è viridi flavefcente.*

DAMAS DRONET. (*Pl. XX. Fig. 2.*)

LE Damas Dronet eſt une petite Prune alongée, ayant douze lignes & demie de hauteur fur onze lignes de diametre. Elle n'a ni rainure ni applatiſſement fenſible qui la diviſe fuivant ſa hauteur, mais feulement une ligne qui eſt prefqu'imperceptible. La queue eſt menue, longue de fix lignes, plantée dans une cavité très-étroite & aſſez profonde.

Sa peau eſt d'un vert-clair, qui tire fur le jaune lorfque le fruit eſt mûr; elle eſt peu fleurie; un peu coriace, mais elle fe détache facilement de la chair.

La chair tire fur le vert; elle eſt tranſparente, ferme & fine. L'eau eſt très-fucrée & d'un goût agréable.

Le noyau eſt petit, long de fix lignes, large de quatre lignes, épais de trois lignes. Il n'eſt point du tout adhérent à la chair.

Ce petit fruit mûrit vers la fin d'Août; il eſt très-bon.

Je ne fais quelle eſt la Prune de Damas Dronet de Merlet; elle n'a aucune reſſemblance avec celle que je viens de décrire.

XII. *PRUNUS fructu medio, propè rotundo, dilutè violaceo.*

DAMAS d'Italie. (*Pl. IV.*)

L'ARBRE eſt vigoureux, fleurit beaucoup, & noue bien fon fruit.

Ses bourgeons font gros, d'un violet-foncé du côté du foleil, plus clair du côté de l'ombre.

Ses boutons font gros; & les fupports très-faillants & canelés.

K ij

Ses fleurs ont onze lignes de diametre; il en fort jufqu'à quatre d'un même bouton; les pétales font alongés.

Ses feuilles font rhomboïdales ou de la forme d'une lofange alongée; dentelées finement, réguliérement, peu profondément. Leur longueur eft de trois pouces & demi; leur largeur eft de vingt-cinq lignes. La queue eft longue de cinq à huit lignes.

Son fruit eft de groffeur moyenne; prefque rond; fon diametre eft de quinze lignes & demie, & fa hauteur de quinze lignes. Il eft un peu applati du côté de la queue, qui eft longue de huit lignes, médiocrement groffe, & placée au fond d'une cavité affez profonde & très-évafée. Le côté de la tête eft arrondi, & un peu moins gros que l'autre. La gouttiere qui divife le fruit fuivant fa longueur, eft ordinairement bien marquée, fans être profonde.

Sa peau eft coriace, très-fleurie, d'un violet clair, qui brunit beaucoup lorfque le fruit eft très-mûr.

Sa chair tire un peu fur le jaune, & plus fur le vert.

Son eau eft très-fucrée, & de fort bon goût.

Son noyau ne tient prefque point à la chair; il eft long de huit lignes, large de fix lignes, & épais de quatre lignes.

Cette Prune eft très-bonne. Elle mûrit à la fin d'Août.

XIII. *PRUNUS fructu magno, propè rotundo, dilutè violaceo, punctis fulvis diftincto.*

DAMAS de Maugerou. (*Pl. V.*)

L'ARBRE eft grand & affez fertile.

Les bourgeons font gros, courts, cannelés, de couleur d'amarante.

Les boutons font courts, gros par la bafe, peu pointus, appliqués & comme collés fur la branche. Les fupports font faillants & très-larges.

Les fleurs ont treize lignes & demie de diametre. Le pétale eſt ovale, long de ſix lignes, large de quatre lignes, un peu froncé par les bords.

Ses feuilles ſont grandes, alongées, beaucoup plus étroites vers la queue où elles ſe terminent en pointe, que vers l'autre extrémité. Leur longueur eſt de quatre pouces, leur largeur de deux pouces. Les bords ſont dentelés très-peu profondément. La queue eſt longue d'un pouce.

Le fruit eſt gros, preſque rond, ayant dix-ſept lignes de diametre, ſur ſeize lignes & demie de hauteur. La queue longue de dix lignes, menue, d'un vert-jaunâtre, s'implante au milieu d'un très-petit enfoncement. On n'apperçoit preſque pas de rainure qui diviſe le fruit ſuivant ſa longueur, mais un applatiſſement qui reſſerre le diametre du fruit ſur ce côté d'une ligne & demie. Il eſt un peu applati par la tête & par la queue.

La peau eſt d'un violet clair, très-adhérente à la chair, à moins que le fruit ne ſoit très-mûr; elle eſt fleurie, & ſemée de très-petits points fauves.

La chair eſt ferme tirant un peu ſur le vert.

L'eau eſt ſucrée & agréable.

Le noyau ne tient point à la chair; il a neuf lignes de longueur, ſept lignes & demie de largeur, & quatre lignes & demie d'épaiſſeur.

Cette Prune, un peu ſujette aux vers, eſt excellente; elle mûrit vers la fin d'Août.

XIV. *PRUNUS fructu parvo, oblongo, ſaturè violaceo, ſerotino.*
Damas de Septembre. Prune de Vacance. (*Pl. VI.*)

Ce Prunier eſt vigoureux; & manque rarement de donner beaucoup de fruit.

Ses bourgeons font très-longs, médiocrement gros, rougeâtres, couverts d'un duvet blanchâtre.

Ses boutons font petits, très-pointus ; les fupports peu élevés. Ce Prunier a des yeux fimples, doubles, & triples.

Sa fleur a onze lignes de diametre. Les pétales font de la forme d'une raquette.

Ses feuilles font de grandeur moyenne, minces, longues de deux pouces neuf lignes, larges de vingt lignes ; dentelées finement & très-peu profondément ; plus larges vers la pointe que vers la queue, qui eft longue de fept ou huit lignes.

Son fruit eft petit, un peu alongé, foutenu par une queue menue, longue de quatre à cinq lignes, plantée dans une cavité étroite & affez profonde. Un de fes côtés eft divifé fuivant fa hauteur par une gouttiere fenfible, quoique très-peu profonde. Sa hauteur eft de treize lignes, & fon diametre de douze lignes.

Sa peau eft fine, d'un violet-foncé, bien fleurie, adhérente à la chair.

Sa chair eft jaune & caffante. Elle a affez d'eau lorfque les automnes font fort chauds.

Son eau eft d'un goût relevé, agréable, fans aigreur.

Son noyau quitte la chair. Il eft long de huit lignes, large de cinq lignes & demie, épais de trois lignes & demie. Le côté oppofé à l'arrête eft creufé d'un fillon profond, comme celui du Damas noir tardif. Il eft terminé par une pointe très-aiguë.

Cette Prune mûrit vers la fin de Septembre.

XV. *PRUNUS fructu magno, globofo, pulchrè violaceo.*

MONSIEUR. (*Pl. VII.*)

L'ARBRE eft affez grand, vigoureux, & produit beaucoup de fruit.

Les bourgeons font gros & forts; leur écorce eft d'un rouge-brun-foncé, tirant fur le violet, prefqu'entiérement couverte d'un épiderme blanc du côté du foleil; vert, femé de très-petits points jaunes du côté de l'ombre.

Les boutons médiocrement gros, très-pointus, font avec la branche un angle très-ouvert. Les fupports font fort larges & élevés.

Les fleurs s'ouvrent bien; leur diametre eft de onze lignes; les pétales font un peu plus longs que larges. Les fommets des étamines font de couleur d'aurore.

Les feuilles font grandes, d'un beau vert, elliptiques, longues de trois pouces quatre lignes, larges de vingt-cinq lignes, finement dentelées par les bords, & foutenues par des queues longues de quatorze lignes.

Le fruit eft gros, prefque rond, bien fleuri; fon diametre eft de dix-huit lignes, & fa hauteur de feize lignes. La queue eft groffe, longue de fept lignes, plantée au milieu d'une cavité affez profonde, à laquelle fe termine une gouttiere ordinairement peu confidérable qui divife le fruit en deux.

La peau eft d'un beau violet, fine, fe détache aifément de la chair; quelquefois elle fe fend, & le fruit n'en eft que meilleur.

La chair eft jaune, affez fine, & fondante lorfque le fruit a acquis une parfaite maturité.

L'eau eft un peu fade, à moins que ce Prunier ne foit planté dans une terre chaude & légere.

Le noyau n'a que huit lignes de longueur, fept lignes de largeur, quatre lignes d'épaiffeur. Il eft un peu raboteux, applati vers l'extrémité qui répond à la tête du fruit, & ne tient point à la chair.

Cette Prune eft eftimable non-feulement par fa beauté, mais

encore parce qu'elle mûrit de bonne heure, vers la fin de Juillet.

XVI. *PRUNUS fructu magno, subrotundo, saturè violaceo, præcoci;* MONSIEUR hâtif. (*Pl. XX. Fig.* 1.)

CE Prunier eft une variété du précédent qui lui reffemble beaucoup, même par le fruit; il en differe principalement par le temps de la maturité du fruit. Le Monfieur hâtif mûrit vers la mi-Juillet, & par conféquent précede l'autre d'environ quinze jours.

Ce fruit eft gros, prefque rond, quoiqu'il paroiffe un peu alongé. Sa hauteur eft de dix-fept lignes; fon grand diametre de dix-fept lignes, & fon petit diametre de feize lignes. Une gout-tiere peu profonde s'étend fur un des côtés, de la tête à la queue. La queue eft menue, longue de quatre lignes & demie, plan-tée dans une cavité étroite & affez profonde. A l'autre extré-mité du fruit, il y a un petit applatiffement très-peu enfoncé.

La peau eft d'un violet-foncé, très-fleurie, très-amere; mais elle fe détache facilement de la chair.

La chair eft fondante; d'un jaune tirant fur le vert.

L'eau eft affez abondante & peu relevée.

Le noyau, long de neuf lignes, large de fix lignes, épais de quatre lignes, eft jaune & un peu raboteux. Du côté de la queue du fruit, il fe termine en pointe obtufe; dans le refte il eft ovale,

XVII.

XVII. *PRUNUS fructu magno, subrotundo compresso, hinc violaceo, indè rubello.*

Royale de Tours. (*Pl. XX. Fig. 8.*)

Ce Prunier est fort & vigoureux; fleurit beaucoup & noue assez bien son fruit.

Ses bourgeons sont très-gros, courts, d'un vert-brun, rougeâtres par la cime, tiquetés de petits points gris.

Ses boutons sont gros, en grand nombre, écartés de la branche. Les supports sont très-renflés.

Sa fleur a treize lignes de diametre. Les pétales sont un peu plus longs que larges. Les sommets des étamines sont d'un jaune-brun.

Ses feuilles sont longues de trois pouces quatre lignes, larges de deux pouces trois lignes, terminées en pointe presqu'égale par les deux extrémités. La dentelure est aiguë, assez profonde; la queue est longue de six lignes. Les petites feuilles ont presque la forme d'une raquette.

Son fruit est gros, divisé suivant sa hauteur par une gouttiere bien marquée, quoique peu profonde, qui applatit son diametre; de sorte qu'il a dix-huit lignes sur son grand diametre, seize lignes du fond de la gouttiere au côté opposé, & dix-huit lignes de hauteur. Vu sur son petit diametre, il paroît d'une forme un peu alongée. La queue est bien nourrie, d'un vert très-clair, plantée dans une petite cavité étroite & peu profonde. La tête est un peu applatie, & même enfoncée.

La peau est d'un violet peu foncé, très-fleurie, semée de très-petits points d'un jaune presque doré. Du côté de l'ombre, elle est plutôt rouge-clair que violette.

La chair est d'un jaune tirant sur le vert, fine & très-bonne.

L'eau est abondante, sucrée, plus relevée que celle de la Prune de Monsieur.

Tome II.   L

Le noyau eft grand, plat, très-raboteux, long de dix lignes & demie, large de huit lignes, épais de quatre lignes.

Cette Prune mûrit vers la fin de Juillet. C'eft un fort bon fruit. Lorfqu'il n'a pas acquis toute fa maturité fur l'arbre, ou que l'arbre n'eft pas planté à une bonne expofition, fa peau eft d'un rouge affez clair, & non pas violette.

XVIII. *PRUNUS fructu maximo, rotundo, dilutè violaceo.*
PRUNE de Chypre.

CETTE Prune eft très-groffe, prefque ronde, ayant dix-neuf lignes de hauteur, fur dix-neuf lignes & demie de diametre. Une rainure prefqu'imperceptible la divife fuivant fa longueur, & fe termine à un petit enfoncement à la tête, & à un autre plus confidérable à l'autre extrémité, au milieu duquel la queue eft plantée ; elle eft groffe, longue de fept lignes.

Sa peau eft d'un violet-clair, bien fleurie, coriace, d'un goût très-aigre ; elle fe détache fort difficilement de la chair.

Sa chair eft ferme, verte.

Son eau eft affez abondante, & fucrée ; mais elle a une aigreur & un goût de fauvageon qui eft défagréable : cependant lorfque le fruit eft extrêmement mûr, fa chair devient tendre, fon eau perd de fon aigreur, & alors il eft affez bon.

Son noyau n'eft pas gros à proportion du fruit ; il ne tient à la chair que par un ou deux endroits ; il eft très-raboteux, & un de fes bords eft relevé d'arrêtes très-faillantes.

XIX. *PRUNUS fructu medio, globofo, pulchrè violaceo, ferotino.*
PRUNE Suiffe. (*Pl. XX. Fig.* 7.)

L'ARBRE eft grand & fertile.

Les bourgeons font menus, violet-foncé du côté du foleil,

violet-clair couvert d'une poussiere jaune-doré très-fine du côté de l'ombre. Le gros du bourgeon est verdâtre mêlé de gris-clair.

Les boutons sont gros, courts, pointus, placés près les uns des autres, faisant presqu'angle droit avec la branche. Les supports sont gros & saillants.

Les fleurs ont de onze à douze lignes de diametre; elles sont ordinairement solitaires. Le pétale est ovale-alongé.

Les feuilles sont longues de vingt lignes, larges de quinze lignes, ovales; leur dentelure est à peine sensible. Elles se creusent en bateau, & souvent se recroquevillent en différents sens; la queue est grosse, longue de cinq à huit lignes.

Le fruit est de moyenne grosseur, bien arrondi sur son diametre, n'ayant ni gouttiere ni applatissement qui le divise suivant sa hauteur. Sa queue est longue de sept lignes, & plantée dans une très-petite cavité. Sa tête est un peu applatie; & au milieu on remarque une cavité beaucoup plus évasée & presqu'aussi profonde que celle où la queue s'implante. Sa hauteur est de seize lignes, & son diametre est de seize lignes & demie.

Sa peau est d'un beau violet; elle est très-fleurie, très-dure, mais elle s'enleve facilement.

Sa chair est d'un jaune-clair, tirant un peu sur le vert du côté de l'ombre.

Son eau est abondante, très-sucrée, d'un goût plus relevé & plus agréable que la Prune de Monsieur à laquelle on la compare ordinairement.

Son noyau est adhérent par quelques endroits. Il est long de sept lignes & demie, large de six lignes, épais de quatre lignes. Son arrête est très-large, & le côté opposé est creusé d'un sillon profond, comme le noyau du Perdrigon rouge, mais les bords sont unis.

Cette Prune mûrit au commencement de Septembre, & dure presque tout ce mois.

XX. *PRUNUS fructu parvo , ovoïdali , è viridi albido , maculis rubris ad folem diſtincto.*

PERDRIGON blanc. (*Pl. VIII.*)

CE Prunier étant ſujet à couler, il convient de le planter en eſpalier.

Ses bourgeons ſont gros, courts, bruns; violets à la cime, couverts d'une pouſſiere ou duvet blanchâtre.

Ses boutons ſont gros, peu écartés de la branche. Les ſupports ſont ſaillants.

Ses fleurs ont onze lignes de diametre, s'ouvrent bien, ſortent deux ou trois d'un même œil. Le pétale eſt plat & rond.

Ses feuilles ſont longues de deux pouces dix lignes, larges de dix-neuf lignes; beaucoup plus étroites vers la queue où elles ſe terminent réguliérement en pointe aiguë, que vers l'autre extrémité qui ſe termine en pointe obtuſe. Leur dentelure eſt réguliere, aſſez grande & aſſez profonde. La queue eſt longue de neuf lignes.

Son fruit eſt petit; il a quinze lignes & demie de hauteur, & quatorze lignes & demie de diametre. Il eſt un peu longuet; & ſon diametre eſt moindre vers la queue que vers la tête. La gouttiere qui le diviſe ſuivant ſa longueur n'eſt preſque pas ſenſible. La queue, aſſez menue, longue de huit lignes, s'implante au fond d'une très-petite cavité.

Sa peau eſt coriace, d'un vert-blanchâtre, tiquetée de rouge du côté du ſoleil, chargée d'une fleur très-blanche.

Sa chair eſt d'un blanc un peu verdâtre, tranſparente, fine, fondante quoique ferme.

Son eau a un petit parfum qui lui eſt propre. Elle eſt ſi ſucrée que, lorſque le fruit eſt très-mûr, il paroît au goût comme confit.

Son noyau, long de ſept lignes, large de cinq lignes, épais

de trois lignes, n'eſt point adhérent à la chair.

Cette Prune eſt très-bonne crue & confite. C'eſt avec elle qu'on fait des Pruneaux féchés au foleil qu'on nomme *Brugnolles*, parce qu'ils viennent d'un village de Provence qui porte ce nom.

Elle mûrit au commencement de Septembre. Lorſque ce Prunier ſe trouve dans un terrein qui lui convient, ſon fruit eſt plus gros qu'il ne vient d'être décrit.

XXI. *P R U N U S fructu medio longulo, è pulchrè violaceo rubeſcente, punctis flavis diſtincto.*

Pᴇʀᴅʀɪɢᴏɴ violet. (*Pl. IX.*)

L'ᴀʀʙʀᴇ noue difficilement ſon fruit en plein-vent ; il veut l'efpalier.

Les bourgeons ſont longs & forts ; leur écorce eſt d'un violet-foncé du côté du foleil, & d'un rouge-mêlé de violet du côté oppoſé. Le gros du bourgeon eſt jaune-vert.

Les boutons ſont gros, pointus, écartés de la branche ; vers l'extrémité du bourgeon il y a ſouvent des boutons doubles & même triples. Les ſupports ſont médiocrement élevés.

Les fleurs ont onze lignes de diametre. Leurs pétales ſont ronds, & les ſommets des étamines ſont d'un jaune très-pâle.

Les feuilles ſont longues de quatre pouces, larges de deux pouces ; plus minces que celles de la plupart des autres Pruniers ; dentelées réguliérement, peu profondément, & ſurdentelées ; beaucoup plus larges vers l'extrémité que vers la queue où elles ſe terminent réguliérement en pointe. La queue eſt longue de dix à douze lignes.

Le fruit eſt un peu alongé, de moyenne groſſeur, ayant dix-ſept lignes de hauteur, ſur ſeize lignes & demie de diametre. La queue, longue de neuf lignes, eſt placée au fond d'une petite cavité, mais profonde. La gouttiere eſt peu marquée ; mais le côté fur lequel elle s'étend eft un peu applati; de forte que le diametre pris fur ce fens n'eft que de quinze lignes & demie au plus. Le côté de la tête eft plus renflé que celui de la queue.

Sa peau eft coriace, d'un beau violet tirant fur le rouge, femée d'une fleur blanche & comme argentée, tiquetée de très-petits points d'un jaune-doré.

Sa chair eft d'un vert-clair, fine & délicate.

Son eau eft fort fucrée, d'un goût très-relevé, & d'un parfum qui lui eft propre.

Son noyau eft adhérent à la chair; il eft long de huit lignes & demie, large de fix lignes, épais de trois lignes & demie.

Cette Prune qui eft une variété de la précédente, dont elle ne differe prefque que par fa couleur, & l'adhérence du noyau, mûrit vers la fin d'Août.

XXII. *PRUNUS fructu parvo; ovoïdali, pulchrè rubro, punctis fulvis confperfo.*

PERDRIGON rouge. (*Pl. XX. Fig. 6.*)

CE Prunier eft plus fertile & moins fujet à couler que les autres Perdrigons.

Les bourgeons font menus, très-alongés, bruns; leur pointe eft d'un rouge-foncé du côté du foleil, & d'un rouge-vif du côté oppofé.

Les boutons font petits, très-pointus, couchés fur la branche. Les fupports font peu élevés.

Les fleurs fortent deux ou trois d'un même bouton. Elles ont un pouce de diametre; le pétale eft ovale, plat.

Les feuilles font médiocrement grandes; de forme elliptique; un peu plus larges vers la queue que vers l'autre extrémité où elles fe terminent en pointe aiguë; dentelées réguliérement, finement & affez profondément; leur longueur eft de trois pouces,

& leur largeur de deux pouces. La queue eft longue de cinq ou ou fix lignes.

Le fruit eft petit, de forme ovale comme le Perdrigon blanc; bien arrondi fur fon diametre, n'ayant ni rainure, ni prefque d'applatiffement; fa queue, longue de neuf lignes, eft plantée dans un très-petit enfoncement; fa tête eft un peu plus obtufe ou applatie que l'autre extrémité; fa hauteur eft de quinze lignes & demie, & fon diametre eft de quatorze lignes & demie. Il eft plus gros dans les terreins où il fe plaît.

La peau eft d'un beau rouge tirant un peu fur le violet, tiquetée de très-petits points fauves; elle eft très-fleurie.

La chair jaune-clair du côté du foleil, tire fur le vert du côté de l'ombre; elle eft fine & ferme.

L'eau eft abondante, très-fucrée & relevée.

Le noyau eft long de neuf lignes, large de cinq lignes & demie, épais de trois lignes & demie; fe détache aifément de la chair. Le côté oppofé à l'arrète eft creufé d'une rainure ouverte & très-profonde.

Cette Prune eft plus tardive que les deux précédentes, elle mûrit en Septembre; c'eft un excellent fruit.

XXIII. *PRUNUS fructu medio, oblongo, hinc faturè, inde dilutè violaceo, punctis fulvis confperfo.*

Perdrigon Normand.

Ce Prunier, prefqu'inconnu dans les environs de Paris, eft grand & vigoureux; fon bois eft gros & fort caffant.

Ses feuilles font grandes, épaiffes, d'un beau vert.

Ses fleurs font belles, & peu fujettes à couler.

Le fruit eft gros, un peu alongé, plus renflé du côté de la queue que par la tête. Rarement il eft divifé fuivant fa hauteur par une gouttiere fenfible, mais feulement par un applatiffement.

Sa queue, affez groffe, longue de quatre à fix lignes, s'implante
dans une cavité ronde, étroite, peu profonde. La tête eft un
peu applatie. Il a dix - fept lignes de hauteur; autant fur fon
grand diamètre; feize lignes fur fon petit diametre. Lorfqu'il
furvient des pluies au temps de fa maturité, il fe fend, fans que
fa bonté en foit altérée.

La peau eft bien fleurie, tiquetée de points fauves. Le côté du
foleil eft d'un violet-foncé tirant fur le noir; l'autre côté eft mêlé
de violet-clair & de jaune. Elle eft coriace; mais elle fe détache
facilement de la chair, & n'a ni âcreté ni acidité, ni amertume.

La chair eft ferme, fine & délicate, d'un jaune très-clair.

L'eau eft abondante, douce & relevée.

Le noyau, adhérent à la chair par quelques endroits, à moins
que le fruit ne foit très-mûr, eft ovale, applati, prefqu'uni,
long de huit lignes & demie, large de fix lignes & demie, épais
de trois lignes & demie.

Cette Prune, qu'on peut mettre au nombre des bonnes,
mûrit après la mi-Août. L'arbre eft très-fertile, & n'a pas befoin
de l'efpalier.

XXIV. *PRUNUS fructu magno, fubrotundo-compreffo, dilutè violaceo.*

ROYALE. (*Pl. X.*)

CE Prunier devient un grand arbre.

Ses bourgeons font gros, longs, vigoureux. Leur écorce eft
violette avec des taches cendrées; le plus communément elle
eft gris-de-lin du côté du foleil, & gris-vert du côté de l'ombre.

Ses boutons font petits, très-aigus, & s'écartent de la branche.

Ses fleurs font belles, de treize lignes de diametre. Les pétales font longs de fix lignes, larges de cinq lignes, un peu
creufés en cuilleron.

Ses

Ses feuilles font très-vertes, repliées en gouttiere ; longues de trois pouces ; larges de deux pouces. Si elles se terminoient autant en pointe par l'extrémité que par la queue, elles seroient de la forme d'une losange, ou rhomboïdes. La dentelure des bords est grande, ronde, & très-peu profonde. La queue est longue de six à huit lignes.

Son fruit est gros, presque rond, son diametre étant de dix-sept lignes & demie, & sa hauteur de dix-sept lignes ; divisé suivant sa hauteur par une rainure à peine sensible ; & un peu applati sur ce sens, de sorte que son diametre pris de la rainure au côté opposé, n'est que de seize lignes. Sa convexité est un peu plus applatie du côté de la tête que du côté de la queue lorsqu'on le regarde par son grand diametre. La queue est longue de douze lignes, verte, bien nourrie, couverte d'un duvet léger, plantée dans une petite cavité.

La peau est d'un violet-clair, & si fleurie qu'elle paroît comme cendrée ; tiquetée de très-petits points fauves.

La chair est d'un vert-clair & transparent, ferme & assez fine.

L'eau a un goût très-relevé & semblable à celui du Perdrigon.

Le noyau n'est point adhérent à la chair ; il a huit lignes de longueur, six lignes de largeur, & quatre lignes d'épaisseur.

Cette Prune mûrit à la mi-Août.

XXV. *PRUNUS fructu magno, paululùm compresso, viridi, notis cinereis & rubris consperso.*

DAUPHINE, Grosse REINE-CLAUDE. ABRICOT vert. VERTE-BONNE. (*Pl. XI.*)

L'ARBRE est assez vigoureux, & charge bien.

Les bourgeons sont forts & très-gros ; leur écorce est brune

Tome II. M

& liffe ; vers l'extrémité elle eft ordinairement rougeâtre du côté du foleil , & verte du côté oppofé.

Les boutons font médiocrement gros , & peu éloignés les uns des autres ; mais leurs fupports font très-gros & faillants.

Les fleurs ont un pouce de diametre. Les pétales font ovales. Souvent deux pédicules font collés enfemble dans toute, ou prefque toute leur longueur, ce qui fait paroître beaucoup de fleurs jumelles.

Les feuilles font d'un vert-luifant foncé, larges & grandes. Celles des bourgeons ont jufqu'à cinq pouces trois lignes de longueur, fur deux pouces neuf lignes de largeur. Celles des branches à fruit font beaucoup moindres. Les bords font dentelés & furdentelés. La dentelure eft grande , affez profonde, réguliere, arrondie. La queue eft groffe , longue de fix à fept lignes.

Le fruit eft gros, rond , un peu applati par les deux bouts, ayant dix-huit lignes de diametre , fur feize lignes de hauteur. La queue, de groffeur médiocre , eft plantée au milieu d'une ca- vité affez profonde. Une gouttiere peu fenfible divife ce fruit fuivant fa hauteur. Il eft applati du côté de cette gouttiere ; de forte que fon diametre pris fur ce fens, n'eft que de feize lignes. Les gros fruits ont une ligne de plus fur chaque dimenfion. Lorf- qu'il vient des pluies au temps de fa maturité , il fe fend ; & il en devient meilleur.

Sa peau eft adhérente à la chair , fine , verte , marquée de ta- ches grifes , & frappée de rouge du côté du foleil , couverte d'une fleur très-légere.

Sa chair eft d'un vert-jaunâtre , très-fine , délicate & fondante, fans être mollaffe.

Son eau eft abondante , fucrée , & d'un goût excellent.

Son noyau eft adhérent à la chair par l'arrête , & par un endroit de deux ou trois lignes fur chaque côté de fon plat, long de huit lignes, large de six lignes & demie, épais de quatre lignes.

Cette Prune mûrit au mois d'Août. Elle est sans contredit la meilleure de toutes les Prunes pour être mangée crue. On en fait de très-bonnes compotes, & de fort belles confitures; les Pruneaux en sont de très-bon goût, mais peu charnus.

XXVI. *P R U N U S fructu medio, rotundo-compresso, è viridi albido.*

Petite R E I N E - C L A U D E.

Ce Prunier produit beaucoup de fleurs & de fruit.

Ses bourgeons sont moindres que ceux de la Dauphine; leur écorce est d'un rougeâtre-foncé du côté du soleil, verte du côté de l'ombre, couverte d'un petit duvet blanchâtre.

Ses boutons sont longs, très-pointus, presque couchés sur la branche. Les supports sont gros.

Ses fleurs ont onze lignes de diametre. Les pétales sont un peu plus longs que larges, & creusés en cuilleron. Les sommets des étamines sont fort gros.

Ses feuilles sont d'un vert-luisant, un peu farineuses par dessous, moindres que celles de la Dauphine.

Son fruit est de moyenne grosseur, rond, applati, sur-tout du côté de la queue, & divisé suivant sa hauteur par une gouttiere plus profonde que la grosse Reine-Claude. Son diametre est de seize lignes, & sa hauteur est de quinze lignes. La queue, longue de six lignes & demie, est reçue au milieu d'une cavité assez profonde.

La peau est coriace, d'un vert tirant sur le blanc, très-chargée d'une fleur très-blanche.

La chair est blanche, ferme, un peu seche, quelquefois pâteuse, quelquefois assez fondante, mais un peu grossiere.

L'eau eſt ſucrée, mais moins relevée que celle de la Dauphine; ſouvent même elle a un peu d'aigreur.

Le noyau n'eſt pas adhérent à la chair. Il eſt long de huit lignes, large de ſix lignes, épais de trois lignes.

Cette Prune mûrit au commencement de Septembre. Quoique beaucoup inférieure à la précédente, elle peut être miſe au rang des meilleures Prunes.

XXVII. *PRUNUS flore ſemi-duplici.*

PRUNIER à fleur ſemi-double. (*Pl. XII.*)

CE Prunier eſt une variété de la Dauphine; il eſt auſſi vigoureux; mais il produit beaucoup moins de fruit.

Les bourgeons ſont gros & forts, d'un violet-foncé du côté du ſoleil, d'un violet-clair mêlé de vert du côté oppoſé.

Les boutons ſont aſſez gros, pointus, s'écartent peu de la branche. Les ſupports ſont gros & ſaillants.

La fleur a un pouce de diametre. Elle eſt ſemi-double, compoſée de douze à dix-huit pétales, dont les cinq ou ſix extérieurs ſont preſque ronds, ayant environ cinq lignes ſur chaque dimenſion, plats & non froncés par les bords. Les intérieurs ſont moindres & de diverſe grandeur. Le calyce eſt vert en dehors & en dedans, ce qui fait paroître vert le centre de la fleur. Le piſtil eſt gros. Les étamines ſe couchent ſur les pétales.

Les feuilles ſont d'un vert-brillant, aſſez grandes; longues de trois pouces & demi, larges de deux pouces trois lignes; beaucoup moins larges du côté de la queue que vers l'autre extrémité. La dentelure eſt aſſez fine, réguliere, arrondie, & peu profonde.

Le fruit eſt moins gros que celui de la Dauphine; ſouvent même beaucoup moins que celui de la petite Reine-Claude, dont

il a la forme; de forte que dans bien des terreins, il n'a que
quatorze lignes de diametre & treize de hauteur. Sa gouttiere n'eft
pas plus profonde que celle de la Dauphine. Sa queue eft plantée
dans une cavité affez large & profonde.

Sa peau eft verte; fouvent elle devient jaune au temps de fa
maturité.

Sa chair eft plus groffiere que celle de la petite Reine-Claude,
jaune lorfque la peau prend cette couleur.

Son eau eft médiocrement bonne; elle devient très-fade lorfque le fruit eft extrêmement mûr.

Son noyau eft adhérent à la chair.

Ce Prunier mérite plus d'être cultivé pour fa fleur que pour
fon fruit, qui mûrit en même temps que la Dauphine.

Le fruit du Prunier à fleur femi-double que nous cultivons à
Denainvilliers eft gros, applati par l'extrémité, où la queue longue de trois à quatre lignes, eft placée dans une cavité large &
très-profonde. Le côté de la tête eft beaucoup moindre que celui
de la queue. Le diametre de ce fruit eft de dix-neuf lignes, &
fa hauteur eft de dix-huit lignes. La gouttiere eft bien marquée,
& quelquefois affez profonde. L'eau eft très-abondante & agréable, quoique peu relevée. De forte que fi ce Prunier étoit plus
fertile, il mériteroit bien d'être cultivé pour fon fruit.

Ses feuilles font petites, & prefque rondes.

XXVIII. *PRUNUS fructu magno, rotundo-compreffo, hinc è viridi
albido, indè non nihil rubente.*

Abricotée. (*Pl. XIII.*)

L'arbre devient grand.

Ses bourgeons font gros, longs & vigoureux, bruns, couverts d'un duvet blanchâtre; la pointe eft d'un violet-foncé du
côté du foleil, verte du côté de l'ombre.

Ses boutons font de moyenne groffeur, peu éloignés les uns des autres, comme collés fur la branche ; les fupports font larges, cannelés, & affez élevés.

Sa fleur a treize lignes de diametre ; le pétale eft plus long que large, prefqu'ovale.

Ses feuilles font d'un vert-luifant, longues de trois pouces quatre lignes, larges de dix-fept lignes, beaucoup plus étroites & plus pointues vers la queue que par l'autre extrémité. Leur dentelure eft fine, réguliere, aiguë, peu profonde. Leur queue eft longue de fept lignes. Les feuilles des bourgeons font figurées en raquette courte, ayant vingt-cinq lignes de longueur, fur vingt lignes de largeur vers l'extrémité oppofée à la queue. La dentelure en eft à peine fenfible.

Son fruit eft plus gros & plus alongé que la petite Reine-Claude à qui il reffemble beaucoup. Son diametre eft de dix-huit lignes, & fa hauteur de feize lignes & demie. Sa queue eft courte & placée prefqu'à fleur du fruit, ou dans un très-petit enfoncement. La gouttiere qui le divife fur un côté fuivant fa hauteur, eft large & profonde, fur-tout du côté de la tête où elle fe termine à un petit enfoncement.

Sa peau eft aigre, coriace, d'un vert-blanchâtre du côté de l'ombre, frappée de rouge du côté du foleil.

Sa chair eft ferme, jaune.

Son eau eft mufquée, affez agréable, & abondante lorfque le fruit eft bien mûr ; mais elle conferve prefque toujours un petit goût de fauvageon.

Son noyau n'eft point adhérent à la chair. Il eft long de fept lignes & demie, large de fix lignes & demie, épais de trois lignes & demie.

Cette Prune mûrit au commencement de Septembre. C'eft un fort bon fruit, prefque comparable à la Reine-Claude.

La Prune d'Abricot eft plus longue que l'Abricotée. Sa peau

eft jaune, tiquétée de rouge : fa chair eft plus jaune & plus feche.

XXIX. *PRUNUS fructu parvo (vel minimo) rotundo oblongo , fuccineo colore.*

PRUNUS fructu parvo, ex viridi flavefcente. Inft.

Mirabelle. (*Pl. XIV.*)

Ce Prunier ne devient que d'une taille médiocre ; mais il eft très-touffu, & donne beaucoup de fruit par bouquets.

Les bourgeons font menus, d'un rouge-violet à la pointe, gris-clair dans le refte.

Les boutons font affez gros, placés les uns près des autres ; ils font avec la branche un angle très-ouvert. Les fupports font faillants.

Les fleurs font abondantes, il en fort deux ou trois d'un même bouton. Elles ont neuf lignes de diametre ; leurs pétales font ovales.

Les feuilles font petites, d'un vert affez foncé, ovales, très-alongées, dentelées finement par les bords, longues de vingt-huit lignes, larges de quatorze lignes, attachées par des queues affez menues, & longues de neuf lignes.

Le fruit eft petit, rond un peu alongé, ayant treize lignes de hauteur & douze lignes de diametre. Il n'y a point de rainure fenfible qui le divife fuivant fa longueur. La queue, longue de fept lignes, eft plantée à fleur du fruit, ou dans un très-petit enfoncement.

Sa peau eft un peu coriace, jaune, devient de couleur d'ambre dans la parfaite maturité du fruit, & tiquetée de rouge lorfque le foleil l'a frappée.

Sa chair eft jaune, ferme, & un peu feche. Cependant elle acquiert de l'eau, en laiffant bien mûrir le fruit.

Son eau eft fort fucrée.

Son noyau eft petit, tendre & ne tient point à la chair. Il eft long de fix lignes, large de quatre lignes & demie, épais de trois lignes.

Cette Prune mûrit vers la mi-Août. Elle eft affez bonne crue; mais elle eft principalement eftimée pour les confitures & pour les compotes, parce qu'elle prend un parfum très-agréable dans le fucre : on en fait encore de jolis Pruneaux.

La petite Mirabelle eft de même forme, un peu plus jaune, plus hâtive, plus feche, & moins groffe, n'ayant que dix lignes & demie de hauteur, fur neuf lignes & demie de diametre.

XXX. *PRUNUS fructu parvo, rotundo, flavo, maculis rubris confperfo.*

DRAP-D'OR. MIRABELLE double.

LES bourgeons font courts, affez gros, d'un vert-brun du côté du foleil, verts du côté de l'ombre. La pointe eft d'un violet-foncé du côté du foleil, aurore du côté oppofé.

Les boutons font petits, pointus, couchés fur la branche. Les fupports font très-faillants.

La fleur a onze lignes de diametre; fes pétales font longs & étroits.

La feuille eft ovale, longue de trois pouces, large de deux pouces trois lignes, d'un vert un peu pâle, dentelée par les bords, foutenue par des pédicules longs de huit lignes.

Le fruit eft petit, prefque rond, de la forme d'une petite Reine-Claude; fa hauteur eft de douze lignes, & fon diametre de treize lignes; la rainure qui le divife fuivant fa hauteur eft prefqu'imperceptible; fa queue eft menue, longue de fix lignes, placée au fond d'une petite cavité.

Sa peau eft fine, jaune, marquetée de rouge du côté du foleil.

Sa chair eft jaune, fondante, & très-délicate.

Son

Son eau eft fort fucrée, & d'un goût très-fin.

Son noyau eft petit, long de fix lignes, large de cinq lignes, épais de quatre lignes; il n'eft pas adhérent à la chair, cependant il ne la quitte pas net.

Cette Prune, qui paroît comme tranfparente, mûrit vers le douze d'Août.

Je crois que Merlet a eu raifon de mettre le Drap-d'or & la Mirabelle au rang des Damas.

XXXI. *PRUNUS fructu parvo, longiori, utrinque acuto, è viridi luteo.*

Bricette. (*Pl. XX. Fig. 5.*)

C'est une petite Prune dont la hauteur eft de quinze lignes & le diametre de douze lignes & demie. Elle fe termine en pointe aux deux extrémités; mais le côté de la tête eft plus alongé que celui de la queue. Elle n'a point de gouttiere fenfible; feulement le côté où elle devroit s'étendre fuivant la hauteur du fruit, eft un peu applati. La queue, affez nourrie, longue de huit lignes & demie, eft plantée prefqu'à fleur, fur un petit applatiffement plutôt que dans un enfoncement. Sa peau eft d'un vert-jaune, très-chargée de fleur, ce qui la fait paroître blanche: elle eft dure; mais elle fe détache de la chair lorfque le fruit eft bien mûr. Sa chair eft ferme, tirant fur le jaune. Son eau eft affez abondante, un peu aigrelette. Son noyau eft long de huit lignes, large de cinq lignes & demie; épais de trois lignes & demie: il n'eft point du tout adhérent à la chair. Cette Prune dure long-temps: dans certaines années les premieres mûriffent au commencement de Septembre, & les dernieres à la fin d'Octobre.

XXXII. *PRUNUS fructu magno, ovato, dilutè violaceo.*
IMPÉRIALE violette (*Pl. XV.*)

L'ARBRE eſt très-vigoureux.

Le bourgeon eſt gros & long, rouge-brun, tiqueté de très-petits points gris. La cime tire ſur le violet-clair.

Le bouton eſt gros, pointu, très-écarté de la branche; les ſupports ſont peu élevés.

La fleur a un pouce de diametre; ſes pétales ſont ronds; le ſtyle du piſtil eſt très-long. Souvent la fleur a ſix, ſept, huit pétales, & alors les uns ſont ronds, les autres alongés.

Les feuilles ſont longues de trois pouces, larges de deux pouces; la dentelure eſt grande, réguliere, peu profonde; leur forme eſt elliptique, également pointue par les deux extrémités. Leur queue eſt longue de huit ou neuf lignes.

Le fruit eſt gros, long, ovale, un peu plus renflé du côté de la tête que du côté de la queue. Sa hauteur eſt de dix-neuf à vingt lignes, & ſon diametre eſt de quinze à ſeize lignes. Il pend à une queue aſſez menue, longue de neuf à dix lignes, qui s'implante au milieu d'une petite cavité aſſez profonde. La gouttiere qui le diviſe ſuivant ſa longueur, eſt ordinairement très-ſenſible.

Sa peau eſt un peu coriace, d'un violet-clair, très-fleurie, ſe détache difficilement de la chair.

Sa chair eſt ferme & un peu ſeche, d'un vert-blanchâtre & tranſparent.

Son eau eſt ſucrée, & d'un goût relevé.

Son noyau pointu, long de dix lignes, large de ſix lignes, épais de quatre lignes, n'eſt point adhérent à la chair.

Cette Prune mûrit vers le vingt d'Août; elle eſt ſujette à être attaquée des vers.

XXXIII. *PRUNUS foliis ex albo variegatis.*

Impériale violette à feuilles panachées.

Ce Prunier eſt une variété du précédent.

Ses bourgeons ſont gros & forts pour un arbre panaché; d'un beau violet du côté du ſoleil, panachés de vert & de blanc du côté de l'ombre, cannelés au-deſſous des boutons.

Les boutons ſont triples dans toute la longueur du bourgeon. Les ſupports ſont gros & ſaillants.

Ses feuilles ſont petites, n'ayant que deux pouces de longueur ſur ſeize lignes de largeur; elles ſe terminent en pointe aiguë, ſont dentelées réguliérement, profondément & aſſez finement; le dedans eſt panaché & comme ſablé de blanc & de vert; le dehors eſt preſque tout blanc: les queues, longues de quatre à cinq lignes, ſont violettes d'un côté, & d'un vert-blanc de l'autre.

Le fruit eſt ordinairement difforme, mal conditionné & comme avorté. Il eſt d'un violet très-clair, peu fleuri, attaché à une queue menue, longue de ſix lignes: de ſorte que cet arbre convient mieux dans des jardins d'ornement que dans les vergers.

Il y a une autre Impériale dont le fruit eſt très-gros, & très-alongé, ayant deux pouces de hauteur, ſur dix-huit lignes de diametre, de la forme d'une olive, un peu plus pointu du côté de la queue que du côté de la tête. Sa rainure n'eſt preſque pas ſenſible. La queue eſt placée preſqu'à fleur du fruit.

Sa peau eſt coriace; mais elle ſe détache aiſément de la chair.

Sa chair eſt un peu jaunâtre, tranſparente, & plus fondante que celle de la précédente.

Son eau eſt ſucrée & agréable, quoiqu'elle conſerve un peu d'aigreur, même dans ſon extrême maturité.

Son noyau quitte bien la chair; il eſt raboteux, fort long, pointu & plat, n'ayant que ſix lignes & demie de largeur,

N ij

& trois lignes d'épaisseur, fur quatorze lignes de longueur.

Cette Prune, qui eft très-belle, mûrit un peu plutôt que la précédente.

XXXIV. *PRUNUS fructu magno, longiori, dilutè violaceo.*

JACINTHE. (*Pl. XVI.*)

CET arbre eft vigoureux.

Ses bourgeons font de moyenne groffeur, longs & droits, rougeâtres par la cime ; dans le refte comme marbrés de diverfes couleurs, blancs, verts, jaunes, &c.

Ses boutons font petits, courts, couchés fur la branche ; leurs fupports font faillants.

Ses fleurs font de grandeur moyenne, très-abondantes ; fouvent il en fort fix ou fept d'un même nœud ; les pétales font ovales.

Ses feuilles font longues de trois pouces trois lignes, larges de deux pouces, un peu moins larges vers la queue que vers l'autre extrémité. La dentelure des bords eft arrondie & peu profonde. La queue eft longue de fix lignes.

Son fruit eft gros, alongé, ayant vingt lignes de hauteur, fur dix-fept lignes de diametre, un peu plus renflé du côté de la queue que du côté de la tête, ce qui lui donne prefque la forme d'un cœur, lorfque la différence du renflement eft confidérable, ce qui n'eft pas ordinaire. Il eft divifé fuivant fa longueur par une gouttiere peu fenfible qui fe termine ordinairement du côté de la tête à un petit enfoncement. La queue eft verte, courte, bien nourrie, attachée au fond d'une cavité étroite, mais affez profonde.

La peau d'un violet-clair, fleurie, un peu épaiffe & dure, fe fépare difficilement de la chair.

La chair eft jaune, ferme, moins feche que celle de l'Impériale,

L'eau eft affez relevée, un peu aigrelette.

Le noyau, long de neuf lignes & demie, large de fix lignes, & épais de quatre lignes, ne tient à la chair que par quelques endroits fur le côté.

Cette Prune, qui reffemble beaucoup à l'Impériale, mûrit vers la fin d'Août ; vers la mi-Août dans les terres chaudes & légeres.

XXXV. *PRUNUS fructu quàm maximo, ovato, albo.*

Impériale blanche.

Ce Prunier produit peu de fruit, & mérite peu d'être cultivé. Il eft très-vigoureux. Ses bourgeons font gros, forts & blanchâtres. Ses fleurs font très-grandes. Ses feuilles font grandes & longues.

Son fruit eft très-gros, ovale, de la forme, & prefque de la groffeur d'un œuf de poule d'Inde. La peau eft blanche, coriace, adhérente à la chair, qui eft blanche, ferme & feche. L'eau eft aigre & défagréable. Le noyau eft long, pointu, & ne quitte point la chair.

Ce fruit, que je crois être la groffe Datte, n'a de mérite que fa groffeur & fa belle forme ; il ne vaut rien cru, ni en Pruneaux. Avec beaucoup de fucre, on peut en faire de belles compotes.

XXXVI. *PRUNUS fructu medio, longiori, violaceo.*

Diaprée violette. (*Pl. XVII.*)

L'arbre donne beaucoup de fruit.

Ses bourgeons font gros, médiocrement longs, gris-clair, couverts d'un duvet blanchâtre très-épais.

Ses boutons font gros, triples, quadruples comme ceux de l'Abricotier. Les fupports font très-faillants.

Ses fleurs ont un pouce de diametre. Les pétales font ovales,

Souvent les sommets de quelques étamines se développent un peu. Je ne sais si quelqu'autre Prunier fleurit aussi abondamment.

Ses feuilles sont longues de trois pouces & demi, larges de deux pouces sept lignes; terminées en pointe vers la queue; leur plus grande largeur étant vers l'autre extrémité; elles sont d'un assez beau vert, dentelées finement & très-peu profondément: elles se recroquevillent & se replient en divers sens. Celles des branches à fruit sont beaucoup moindres: elles ont à peine deux pouces sur treize ou quatorze lignes.

Son fruit est de moyenne grosseur, alongé, ayant dix-huit lignes de hauteur, sur quatorze lignes de diametre; un peu plus renflé du côté de la queue que du côté de la tête. La gouttiere qui s'étend suivant sa longueur est à peine sensible. Il est soutenu par une queue menue, longue de six lignes au plus, placée presqu'à fleur.

La peau est mince, violette, très-fleurie, se détache facilement de la chair.

La chair est ferme, délicate, d'un jaune tirant sur le vert.

L'eau est sucrée & agréable.

Le noyau est fort alongé, quitte bien la chair. Il est long de dix lignes, large de cinq lignes, épais de trois lignes & demie; terminé en pointe très-aiguë.

Cette Prune mûrit au commencement d'Août. Elle est très-charnue, bonne crue, & excellente en Pruneaux.

XXXVII. *PRUNUS fructu medio*, *longiori*, *cerasi colore*, *punctis fuscato*.

DIAPRÉE rouge. ROCHE-CORBON. (*Pl. XX. Fig.* 12.)

L'ARBRE est beau & vigoureux; fleurit abondamment.

Ses bourgeons sont gros, longs, bien arrondis, couverts d'un duvet fin, velouté, sensible au toucher, gris-clair, qui cache une couleur de brun-violet du côté du foleil , & jaunâtre du côté de l'ombre.

Ses boutons font petits, larges par la bafe , couchés fur la branche ; les fupports font élevés.

Ses fleurs ont onze lignes de diametre ; il en fort deux ou trois d'un même bouton. Les pétales font prefque ronds , un peu creu-fés en cuilleron. Les fommets des étamines font d'un jaune-au-rore.

Ses feuilles font petites, prefque rondes, un peu moins lar-ges vers la queue que vers l'autre extrémité. Leur dentelure eft très-peu profonde & n'eft qu'un petit fegment de cercle. La longueur eft de feize lignes , & la largeur de quatorze lignes. La queue eft longue de fix lignes.

Son fruit eft de groffeur moyenne , long, ayant dix-huit lignes de hauteur, & quatorze lignes & demie de diametre. Il eft ordinairement applati fur fon diametre ; de forte que fur fon applatiffement , il n'a que douze lignes deux tiers de diametre : cet applatiffement eft fenfible fur les deux côtés oppofés, & plus confidérable vers la tête que vers la queue. Il n'a point de gouttiere, mais feulement une ligne qui s'étend de la tête à la queue , & paffe fur un côté du grand diametre , & non pas fur un des côtés applatis. La queue , longue de quatre lignes, eft placée dans une cavité peu profonde.

La peau eft d'un rouge-cerife , très-tiquetée de points bruns qui rendent fa couleur terne. Elle s'enleve aifément.

La chair eft jaune , ferme & fine.

L'eau eft affez abondante & d'un goût relevé & très-fucré.

Le noyau eft long de dix lignes ; large de cinq lignes & demie, épais de trois lignes ; il n'eft point adhérent à la chair.

Cette Prune mûrit au commencement de Septembre.

XXXVIII. *PRUNUS fructu parvo, ovato-longo, è viridi albido.*

DIAPRÉE blanche. (*Pl. XX. Fig.* 11.)

Les bourgeons de ce Prunier font gros & longs, bien arrondis, d'un violet-foncé du côté du foleil, & prefque lilas du côté oppofé.

Les boutons font petits, très-pointus, couchés fur la branche. Les fupports font gros & larges.

Les fleurs ont dix lignes de diametre; leurs pétales font longs de quatre lignes & demie, & larges de trois lignes. On en trouve à fix & à fept pétales, dont un n'eft ordinairement qu'un fommet d'étamine un peu développé.

Les feuilles font longues, étroites, terminées en pointe aux deux extrémités; cette pointe eft beaucoup plus alongée vers la queue, qui eft menue, longue de onze lignes; les bords font dentelés très-peu profondément. Leur longueur eft de trois pouces deux lignes, & leur largeur de treize lignes.

Le fruit eft petit, de forme ovale-alongée; fa hauteur eft de quinze lignes, & fon diametre eft de dix lignes & demie. Il eft rond fuivant fon diametre, n'ayant ni rainure ni applatiffement; mais feulement une ligne verte qui s'étend de la tête à la queue. Sa queue eft longue de quatre à cinq lignes, & plantée à fleur du fruit.

La peau eft d'un vert prefque blanc, couverte d'une fleur blanche; dure, amere; mais elle fe détache affez facilement de la chair.

La chair eft d'un jaune très-clair, ferme.

L'eau eft très-fucrée, d'un goût relevé & très-fin, lorfque l'arbre eft planté en efpalier.

Le noyau eft long de neuf lignes & demie, large de quatre lignes, épais de deux lignes & demie.

Cette

Cette Prune mûrit au commencement de Septembre ; en efpalier elle mûrit plutôt.

XXXIX. *P R U N U S fruƈlu medio , longiori , utrinque acuto , pulchrè*
violaceo , ſerotino.

IMPÉRATRICE violette. (*Pl. XVIII.*)

CE Prunier a quelque reſſemblance avec le Prunier de Perdrigon.

Les bourgeons ſont médiocrement forts ; leur écorce eſt
rougeâtre.

Les boutons ſont gros, pointus , peu éloignés l'un de l'autre ,
peu écartés de la branche ; beaucoup ſont doubles ou triples. Les
ſupports ſont gros & larges.

Les fleurs ſont petites & s'ouvrent bien. Leurs pétales ſont
ovales.

Les feuilles ſont de médiocre grandeur , longues de deux
pouces dix lignes , larges de vingt lignes. Leur plus grande largeur eſt à peu près au milieu ; & les deux extrémités ſe terminent en pointe. La dentelure eſt grande & profonde. La queue
eſt longue de ſix lignes. Les nervures ſont couvertes d'un duvet
épais.

Le fruit eſt de groſſeur moyenne , long , pointu par les deux
extrémités. Souvent ſon contour n'eſt pas régulier ſur un côté
ſuivant ſa longueur. Sa queue eſt bien nourrie , longue de ſix à
ſept lignes , plantée preſqu'à fleur du fruit. Il n'a point de rainure
ſenſible. Sa hauteur eſt de dix-huit lignes , & ſon diametre de
treize lignes & demie.

La peau eſt d'un beau violet , très-fleurie , un peu dure.

La chair eſt ferme & délicate. Elle tire ſur le jaune du côté qui
a été frappé du ſoleil , & ſur le vert de l'autre côté.

L'eau eſt aſſez douce pour une Prune tardive.

Tome II.   O

Le noyau eſt long de dix lignes, large de cinq lignes, épais
de trois lignes.

Cette Prune mûrit en Octobre, & ſeroit eſtimée, même dans
une ſaiſon moins avancée. Je crois qu'on doit la regarder comme
un Perdrigon tardif, plutôt que comme une Impératrice. La véritable Impératrice violette eſt preſque ronde, violette, très-
fleurie; auſſi tardive que la Prune de Princeſſe avec laquelle pluſieurs la confondent; un peu inférieure en bonté; d'une forme
aſſez ſemblable à la ſuivante.

XL. *PRUNUS fructu medio, oblongo-compreſſo, luteolo.*
IMPÉRATRICE blanche. (*Pl. XVIII. Fig. 2.*)

CETTE Prune eſt de groſſeur moyenne, un peu alongée, di-
viſée ſuivant ſa hauteur par une rainure peu ſenſible, qui s'étend
depuis la tête où elle ſe termine à un petit enfoncement, juſqu'à la queue qui eſt longue de deux lignes, & plantée dans une
cavité très-étroite, mais profonde. Le grand diametre eſt de quinze lignes & demie; le petit diametre (car le côté de la rainure
eſt applati) eſt de quatorze lignes un tiers; la hauteur eſt de
ſeize lignes & demie. La peau eſt d'un jaune-clair, chargée de
fleur, ce qui la fait paroître blanche. La chair eſt ferme, jaune, comme tranſparente. L'eau eſt ſucrée & agréable. Le noyau eſt long
de huit lignes & demie, large de quatre lignes & demie, épais
de trois lignes; il quitte entiérement la chair. Dans les années
chaudes & ſeches, elle commence à mûrir vers la fin d'Août.
Cette Prune eſt très-charnue & très-bonne; quelquefois un peu
pâteuſe.

XLI. *PRUNUS fructu quam maximo, ovato, luteo.*

D A M E - A U B E R T. Grosse-luisante. (*Pl. XX. Fig.* 10.)

C'est une très-grosse Prune, de forme ovale très-réguliere. Sa hauteur est de vingt-six lignes, & son diametre de vingt & une lignes & demie. Elle est divisée suivant sa hauteur par une gouttiere large & peu profonde. Sa queue, assez grosse, longue de sept ou huit lignes, droite, est plantée dans une cavité étroite & profonde, au sommet de laquelle il y a ordinairement un petit bourrelet qui embrasse la queue sans y être adhérent. Sa peau est jaune du côté du soleil, tirant sur le vert du côté opposé, couverte d'une fleur très-blanche; coriace & épaisse; mais elle se détache facilement de la chair. Sa chair est jaune & grossiere. Son eau est sucrée, mais fade lorsque le fruit est très-mûr. De sorte que cette Prune n'est supportable qu'en compotes, pourvu qu'on prévienne son extrême maturité. Son noyau est long de quinze lignes, large de huit lignes, épais de six lignes. Elle mûrit vers le commencement de Septembre.

XLII. *PRUNUS fructu magno, longissimo, viridi.*

I s l e - v e r t e. I l e v e r t. (*Pl. X X. Fig.* 9.)

Ce Prunier ne devient pas grand.

Ses bourgeons font menus & longuets, d'un gris - blanc, la pointe rougeâtre tirant sur le violet.

Ses boutons sont peu éloignés les uns des autres, arrondis, peu pointus, écartés de la branche. Les supports sont petits & saillants.

Ses fleurs ont onze lignes de diametre; leur pétale est long, étroit, & un peu creusé en cuilleron.

Ses feuilles font alongées, larges vers l'extrémité, se terminant en pointe vers la queue, qui est longue de six lignes à un pouce, d'un vert presque blanc. Leur dentelure est aiguë, assez grande & profonde. Elles ont deux pouces neuf lignes de longueur, sur douze ou treize lignes de largeur.

Son fruit est gros, très-long, souvent mal fait; tantôt un peu pyriforme, étant renflé vers la tête, & comprimé du côté de la queue qui est assez longue & menue, tantôt courbé comme un cornichon, ou contourné irrégulièrement: lorsqu'il est bien formé, il se termine un peu plus en pointe à la queue qu'à la tête; son plus grand diametre est à peu-près à la moitié de sa hauteur. Il n'a point de gouttiere; mais un applatissement qui s'étend de la tête à la queue, au milieu duquel on apperçoit une ligne d'un vert plus foncé; & ce côté est plus convexe suivant la longueur du fruit que le côté opposé. Sa hauteur est de vingt-trois lignes, & son diametre de quatorze lignes; la longueur de sa queue est de huit lignes.

La peau est aigre, coriace, verte, légérement fleurie, comme transparente.

La chair est verte, grossiere, mollasse.

L'eau est un peu aigre, cependant sucrée, mais ayant un goût de sauvageon qui est désagréable.

Le noyau est très-long, pointu, adhérent à la chair. Sa longueur est de quatorze lignes, sa largeur de cinq lignes, son épaisseur de trois lignes.

Cette Prune mûrit au commencement de Septembre. Elle n'est bonne qu'en compotes & en confitures; & la Reine-Claude & les Perdrigons lui sont de beaucoup préférables pour ces usages.

XLIII. *PRUNUS fructu medio, oblongo, cereo.*

PRUNUS fructu cerei coloris. Inft.

Sainte-Catherine. (*Pl. XIX.*)

L'arbre eft vigoureux, & produit beaucoup de fruit.

Les bourgeons font gros, longs, bien arrondis, d'un brun-clair tirant fur le violet, tiquetés de très-petits points gris.

Les boutons font de groffeur moyenne, pointus, écartés de la branche; les fupports font affez élevés.

Les fleurs ont onze lignes de diametre; les pétales font de figure ovale, applatie par les côtés; les fommets des étamines font d'un jaune-foncé.

Les feuilles font longues de trois pouces fix lignes, larges de vingt & une lignes. Leur plus grande largeur eft au milieu; & les deux extrémités fe terminent également en pointe. Les dentelures font fines & profondes. La queue eft longue de neuf lignes.

Le fruit eft de groffeur moyenne, alongé, ayant quinze lignes & demie de diametre, & dix-fept lignes de hauteur; un peu plus renflé du côté de la tête que du côté de la queue, qui eft menue, longue de neuf lignes, plantée dans une cavité étroite. Il eft divifé fuivant fa hauteur par une gouttiere large & affez profonde vers la queue, & vers la tête où elle fe termine à un petit applatiffement.

La peau eft d'un vert tirant fur le jaune, bien fleurie. Elle devient ambrée dans la parfaite maturité du fruit, & même tiquetée de rouge, lorfque l'arbre eft en efpalier. Elle eft toujours un peu coriace & adhérente à la chair.

La chair eft jaune, fondante & délicate, lorfque le fruit eft bien mûr.

L'eau eft alors très-fucrée, & d'un goût excellent.

Le noyau eſt long de huit lignes & demie, large de cinq lignes & demie, épais de trois lignes & demie. Il ne tient point du tout à la chair.

Cette Prune, excellente crue, & en confitures, mûrit vers la mi-Septembre. Elle eſt un peu ſujette aux vers.

XLIV. *PRUNUS fructu minimo, nigricante, ſine nucleo.*

PRUNUS nucleo nudo, ſegmento circuli oſſeo comitato. Act. Ac. R. P.

SANS-NOYAU. (*Pl. XX. Fig.* 14.)

LES bourgeons de ce Prunier ſont noirâtres, ou d'un violet foncé. Ses fleurs ont dix lignes de diametre ; & leurs pétales ſont ronds & très-creuſés en cuilleron. Les feuilles ſont alongées, dentelées finement par les bords, d'un vert-brun en deſſus, & d'un vert-pâle en deſſous, terminées en pointe aiguë, longues de deux pouces & demi, larges de dix-huit lignes. Leur plus grande largeur eſt à peu près au milieu de leur longueur.

Le fruit eſt petit, de la forme d'une olive, un peu moins gros du côté de la tête que du côté de la queue qui eſt longue de cinq à ſix lignes ; il a huit lignes & demie de hauteur, & ſept lignes & demie de diametre. Sa peau noire, ou d'un violet foncé, eſt fleurie. Sa chair eſt d'un jaune tirant ſur le vert. Son eau eſt aigre ; & lorſque l'extrême maturité lui fait perdre cette aigreur, elle devient inſipide. Son amande eſt amere, groſſe, bien formée, ſans noyau, ne tient point à la chair. Souvent on trouve autour un filet ligneux comme un demi-cercle, ou comme le chaton d'une lunette.

Cette Prune mûrit à la fin d'Août, & n'eſt que curieuſe.

XLV. *PRUNUS fructu magno, longulo, ceraso propè concolore, Virginiana.*

Prunier de Virginie.

Cet Arbre, qui nous a été apporté de la côte de Virginie, devient médiocrement grand, & donne peu de fruit; il eſt fort touffu, & ſes bourgeons ſont aſſez longs. Ses feuilles ſont alongées, & plus larges vers la pointe que vers la queue. Ses fleurs ſont blanches, petites, & en ſi grand nombre qu'il paroît tout blanc dans le temps de ſa fleur.

Son fruit eſt aſſez gros, longuet, ſoutenu par une longue queue plantée à fleur. La peau eſt rouge preſque comme une Ceriſe. La chair eſt aſſez blanche, ferme & un peu ſeche. L'eau a un acide peu agréable. Le noyau ne tient pas à la chair.

Cet Arbre, pour ſa fleur, mérite une place dans les Jardins d'ornement, mieux que pour ſon fruit dans les vergers.

XLVI. *PRUNUS fructu medio, rotundo, Ceraſi formâ & colore.*

Mirabolan. (*Pl. XX. Fig.* 15.)

L'arbre devient grand & très-touffu.

Ses bourgeons ſont menus, d'un rouge-brun-clair, très-garnis de boutons; chaque nœud porte ordinairement un œil à bois entre deux yeux à fruit. Les branches à fruit ſont courtes, terminées par un groupe de huit ou neuf boutons.

Ses boutons ſont très-petits & pointus.

Ses fleurs ont onze lignes de diametre. Il en porte à cinq, ſix, ſept, huit pétales: celles qui ont plus de ſix pétales, ont deux piſtils. Les échancrures du calyce ſont en même nombre que les pétales. Les pétales ſont blancs; mais les bords intérieurs du calyce étant légérement teints de rouge, le fond de la fleur paroît de cette couleur. Les pédicules ſont longs de ſix lignes;

fouvent un feul pédicule porte deux fleurs. Ces fleurs jumelles, & celles qui ont plufieurs piftils étant en très-grand nombre, & coulant ordinairement, cet arbre donne peu de fruit, quoi-qu'il fleuriffe beaucoup.

Ses feuilles font minces, très-petites, d'un vert-gai, dente-lées très-finement & peu profondément. Leur longueur eft de deux pouces au plus, & leur largeur de dix à onze lignes. La queue eft très-menue, longue de trois ou quatre lignes. Elles font très-fujettes à être mangées par les infectes.

Son fruit eft rond, de la forme de la Cerife ambrée; il a qua-torze lignes de diametre, fur treize lignes de hauteur. Il eft ap-plati vers la queue qui eft menue, longue de quatre lignes, & plantée dans une cavité unie & peu profonde. La tête eft termi-née par une petite élévation en forme de mamelon naiffant, à l'extrémité de laquelle on apperçoit le refte du ftyle defféché, comme une très-petite pointe. Ce fruit n'eft point divifé par une rainure, mais feulement par une ligne qui ne fe diftingue que par fa couleur.

La peau eft très-dure, liffe, aigre, de couleur de cerife un peu foncée, femée de très-petits points blanchâtres.

La chair, d'un jaune très-clair, & tranfparente, devient mol-laffe, lorfque le fruit eft très-mûr.

L'eau eft d'abord très-aigre, enfuite devient très-fade.

Le noyau eft un peu raboteux, adhérent à la chair en plufieurs endroits, terminé en pointe aiguë, long de fept lignes & demie, large de cinq lignes & demie, épais de quatre lignes.

Ce fruit mûrit vers la mi-Août; & n'eft bon ni crud ni cuit. Ainfi le Mirabolanier doit être mis au rang des Arbres de décora-tion plutôt que des Arbres Fruitiers.

XLVII.

XLVII. *PRUNUS fructu medio, oblongo, hinc flavo, inde virescente.*

Prune Datte.

La Prune Datte est de moyenne grosseur, un peu alongée, d'une forme réguliere & agréable. Sa hauteur est de quinze lignes & demie; son grand diametre est de quinze lignes, & son petit diametre est de quatorze lignes. Un de ses côtés est divisé suivant sa hauteur par une gouttiere, ou plutôt par un applatissement qui n'a presque point de profondeur; elle se termine à la tête par un très-petit enfoncement, & à l'autre extrémité par une cavité étroite & assez profonde dans laquelle s'implante la queue qui est bien nourrie & longue de quinze lignes.

La peau est d'un beau jaune du côté du soleil, souvent marquée de petites taches d'un rouge très-vif; le côté de l'ombre tire sur le vert. Elle est couverte d'une fleur blanche, elle est adhérente à la chair, coriace, aigre.

La chair est jaune, mollasse.

L'eau est ordinairement fade.

Le noyau est long de neuf lignes & demie, large de six lignes & demie, épais de quatre lignes; sa surface est presqu'unie.

Cette Prune mûrit vers le commencement de Septembre.

XLVIII. *PRUNUS bifera.*

Prunier qui fructifie deux fois par an. (*Pl. XX. Fig.* 13.)

Le fruit de ce Prunier, qui mérite moins d'être cultivé pour l'utilité que pour la curiosité, est long, presque de la forme d'une olive, un peu plus pointu par la tête que vers la queue; divisé suivant sa longueur par une gouttiere très-peu sensible. La queue, longue de six lignes, est plantée dans un très-petit enfoncement. Sa hauteur est de quatorze lignes, & son diametre de onze lignes.

Tome II.   P

Sa peau eſt d'un jaune-rougeâtre, très-tiquetée de brun, tranſparente, très-fleurie, facile à détacher de la chair.

Sa chair eſt groſſiere, d'un jaune-clair, excepté à l'endroit de la gouttiere, où elle eſt verte.

Son eau eſt très-fade lorſque le fruit eſt bien mûr.

Son noyau eſt preſqu'uni, terminé par une pointe très-aiguë, fort adhérent à la chair, long de neuf lignes, large de quatre lignes, épais de trois lignes.

La maturité des premiers fruits eſt vers le commencement d'Août; les ſeconds ſont fort tardifs: les uns & les autres ſont très-mépriſables.

CULTURE.

1°. Il y a peu d'arbres dont les ſemences ſoient auſſi ſujettes à varier, que celles des Pruniers. Ainſi on ne ſeme des noyaux de Prunes que pour gagner quelque nouvelle eſpece ou variété; ou pour ſe procurer des ſujets propres à recevoir la greffe de celles qu'on cultive ordinairement, & qui méritent de l'être: & ce ſecond motif ne doit pas déterminer à ſemer les noyaux des excellentes eſpeces de Prunes; car les Pépiniériſtes aſſurent que les ſujets qui en proviennent, reçoivent difficilement la greffe, & la nourriſſent mal. Mais il vaut mieux élever de noyaux que de rejets & de drageons enracinés les Pruniers de Saint-Julien, de Ceriſette, de gros & petit Damas noir, ſur leſquels on greffe avec ſuccès toute eſpece de Pruniers. Le premier eſt préférable aux autres, le petit Damas noir eſt un peu trop foible pour quelques eſpeces vigoureuſes, dont la greffe le recouvre d'un gros bourrelet, indice que les forces ne ſont pas égales des deux côtés.

On greffe auſſi ſur l'Abricotier, & même ſur le jeune Pêcher élevé de noyau les excellentes eſpeces de Prunes, la Dauphine, le Perdrigon, &c. ſur-tout lorſqu'on les deſtine pour l'eſpalier,

ou quelqu'endroit où l'on craint l'incommodité des drageons
que produifent avec excès les racines des Pruniers qui n'ont pas
été élevés de noyaux.

2°. Le Prunier fe greffe en fente au mois de Février fur les
gros fujets, & en écuffon à œil dormant depuis la mi-Juillet
jufqu'à la mi-Août fur les jeunes fujets de Prunier & d'Abricotier,
& un peu plus tard fur le Pêcher. L'écuffon réuffit mieux fur un
jet de l'année que fur le vieux bois de Prunier où fouvent il périt par la gomme.

3°. Le Prunier eft de tous les Arbres Fruitiers le moins difficile fur le terrein. Froides, chaudes, feches, humides, fortes,
légeres, toutes fortes de terres, même celles qui ont peu de
profondeur lui conviennent. Cependant il fe plaît davantage,
& fes fruits font meilleurs dans une terre légere & un peu fableufe
que dans une terre compacte & humide. Il aime les lieux dé-
couverts, & craint l'abri des grands arbres, ou des bâtiments
élevés.

Prefque tous les Pruniers fe plantent en plein-vent & en buiffon. Ceux-ci doivent être conduits & taillés felon les regles. Les
autres n'exigent que le retranchement du bois mort, du faux
bois, & de certaines productions monftrueufes de branches touf-
fues qu'on nomme *bouchons*. Ceux, comme les Perdrigons, qui
dans notre climat demandent l'efpalier, & les efpeces qui le méritent par la bonté de leur fruit qui y acquiert plus de perfection,
fe plantent mieux à l'expofition du levant ou du couchant qu'à
celle du midi où leurs fruits ont peine à nouer, & font un peu
fecs dans les années chaudes.

4°. Le Prunier fe taille fuivant les regles générales. Mais il
faut fe fouvenir que reperçant plus difficilement que la plupart
des Arbres Fruitiers, il faut le conduire de façon à éviter les
ravalements néceffaires après une taille trop longue, & les vuides qui fuivent les retranchements exceffifs : que n'aimant pas

P ij

l'abri, même des murs d'espaliers, il s'efforce de s'échapper, &
d'élever ses bourgeons vigoureux en plein-vent; & qu'ainsi il est
nécessaire pendant sa jeunesse, & jusqu'à ce que sa fecondité ait
modéré son ardeur, de ravaler la taille précédente sur les moyennes branches, de le charger de petites, même inutiles; de l'é-
bourgeonner peu; d'incliner les gros jets; en un mot, de se contenter de le préserver de la confusion. Lorsqu'il sera formé, &
en plein rapport, on le traitera suivant sa force & son état.

5°. Au lieu d'arracher un vieux Prunier, dont les branches
sont usées ou mortes pour la plupart, si sa tige est saine, on peut
essayer de le rajeunir. On ravale toutes les branches jusque sur la
tige, ou bien on scie la tige même à quatre ou cinq pouces au-
dessus de la greffe. Ordinairement il reperce des branches propres à le renouveller, & à former en peu de temps un bon Arbre; mais en même temps on doit lui avoir préparé un succes-
seur pour le remplacer, s'il ne reperce point.

USAGES.

Depuis le commencement de Juillet jusqu'à la fin d'Octobre,
les diverses especes de Prunes se succedent. Plusieurs se mangent
crues; presque toutes sont très-bonnes en compotes; les unes
sont propres à faire des Pruneaux; d'autres se confisent entieres
sans noyau ou avec le noyau. De la Dauphine on fait une excellente marmelade qui cependant a besoin d'être relevée. Les Prunes, par les différentes préparations qu'elles reçoivent dans les
Offices, paroissent sur la table pendant toute l'année.

Prune Jaune Hative ?.

Aubriet del.　　　　　　　　　　　　　F.me Tardieu Sculp

Damas Violet.

4.

Fig. 2.

Magd. Basseporte del.   Ménil Sculp.

Damas Blanc.

Aubriet del.   Ch. Milsan Sculp.

Damas d'Italie.

Damas de Maugeron.

Aubriet del.   Ch. Milsan Sculp.

Damas de Septembre.

Aubriet del.

Ch. Milsan Sculp.

Monsieur.

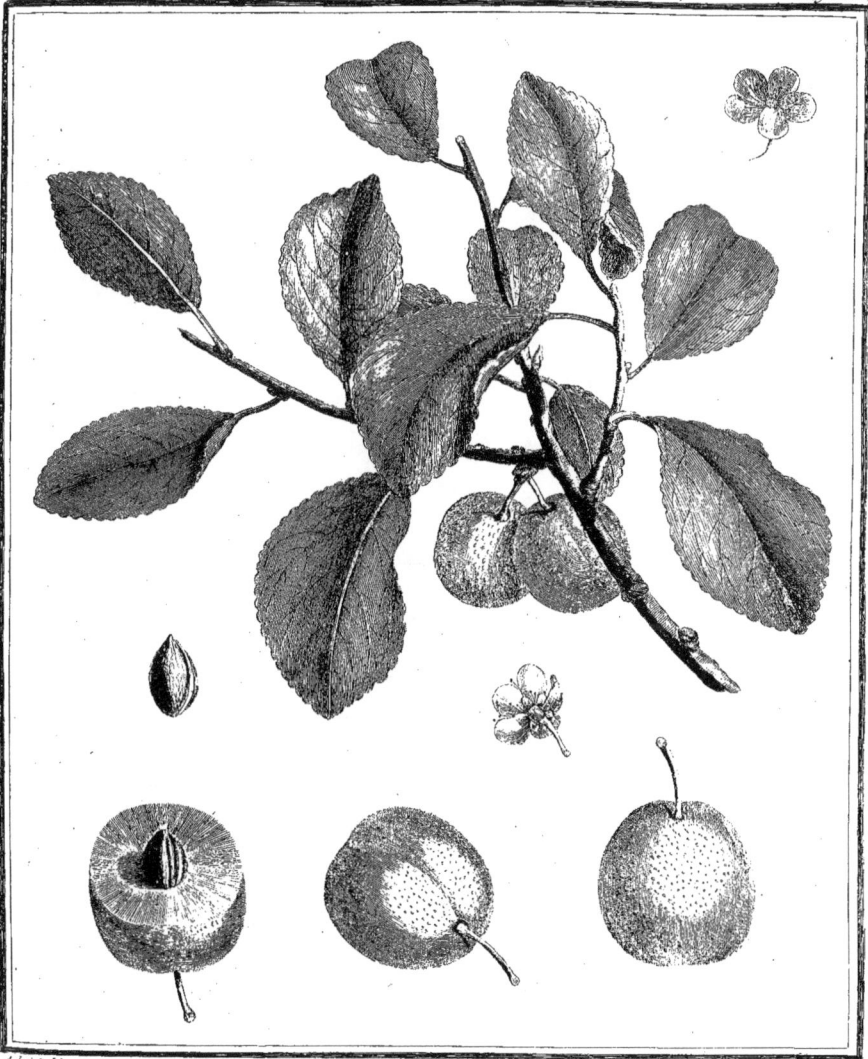

Aubriet del.   Henriquez Sculp

Perdrigon Blanc.

Aubriet del.   *Milsan Sculp.*

Perdrigon Violet.

Aubriet del. *Brcant Sculp.*

Roïale.

Dauphine.

Aubriet del.   B. L. Henriquez Sculp.

Magd. Basseporte del.   *Eth. Haussard Sculp.*

Prunier à fleur semi-double.

Aubriet del.   B.L. Henriquez Sculp.

Abricotée de Tours.

Imperiale Violette.

Aubriet del .   Poletnich Sculp

Aubriet del.   Benoist Sculp

Mirabelle.

Aubriet del.   *Poletnich Sculp.*

Jacynthe.

Diaprée Violette.

Aubriet del.   Ch. Milsan Sculp.

Mag.d. Basseporte del.

Imperatrice Violette.

Aubriet del.

Gravé par B.L. Henriquez.

Sainte Catherine.

L.B. del.   Bréant Sculp.

1. Monsieur hâtif. 2. Damas dronet. 3. Damas Musqué. 4. Damas noir tardif. 5. Bricette?.
6. Perdrigon rouge. 7. Prune Suisse. 8. Royale de Tours. 9. Isle verte. 10. Dame Aubert. 11. Diaprée
Blanche. 12. Diaprée rouge. 13. Prunier qui porte 2 fois. 14. Sans Noyeau. 15. Mirabolan?.

PYRUS,
POIRIER.

DESCRIPTION GÉNÉRIQUE.

LA nombreuse famille du Poirier est divisée en deux branches principales, dont l'une reconnoît le Poirier sauvage pour son auteur; l'autre paroît être le fruit de l'alliance du Coignassier avec le Poirier. La ressemblance des traits & de la conformation montre évidemment l'origine de l'une, & forme au moins une présomption de celle de l'autre. Les alliances multipliées entre ces deux branches, & entre les particuliers d'une même branche, ont multiplié presqu'à l'infini les variétés du Poirier. Ne pourroit-on pas encore sans témérité soupçonner le Poirier vivant solitaire dans les bois, de n'avoir pas dédaigné tout commerce avec le Cormier & la belle famille des *Mespilus*? La forme, la couleur & les caracteres de quelques Poires semblent fonder ce soupçon. Quoi qu'il en soit de ces conjectures, le Poirier en général est un grand & bel arbre qui s'éleve droit, & soutient bien ses branches. Ses variétés se distinguent par la grandeur & la force de l'arbre; la couleur des bourgeons; la forme & la grandeur des feuilles & des fleurs; & mieux par la figure, la grosseur, la couleur, le goût & la saison des fruits. Mais les caracteres suivants sont communs à toutes.

La fleur est composé 1°. d'un calyce en forme de godet peu profond, divisé par les bords en cinq échancrures épaisses, terminées en pointe, qui subsistent souvent jusqu'à la maturité du fruit : 2°. de cinq pétales un peu creufés en cuilleron ; blancs, excepté en un très-petit nombre de variétés où les bords font teints de quelques traits rouges, mais beaucoup moindres & plus légers qu'aux fleurs du Coignaffier ; leur grandeur & leur forme varient fuivant les efpeces : 3°. de vingt à trente étamines affez longues, blanches, terminées par des fommets de la forme d'une olive, fillonnés fuivant leur longueur : 4°. d'un piftil formé de cinq ftyles déliés, moins longs que les étamines, furmontés par des ftigmates ; & d'un embryon qui fait partie du calyce. Les fleurs du Poirier viennent par bouquets ; les queues font attachées le long d'une petite tige, ou rafle commune.

L'embryon devient un fruit charnu, fucculent, terminé par un œil ou ombilic bordé des échancrures defféchées du calyce ; il eft attaché par une queue plus ou moins longue & groffe fuivant l'efpece. On trouve dans l'intérieur cinq capfules ou loges féminales rangées autour de l'axe, & fermées de membranes minces & faciles à rompre ; quelquefois on n'en trouve que quatre : chaque loge contient un ou deux pepins de la forme d'une larme, compofés de deux lobes, & enveloppés d'une pellicule affez dure.

Nul autre arbre ne contient autant d'efpeces & de variétés diftinguées par la forme des fruits. Il y a des Poires pyriformes, rondes, longues, turbinées, cucurbitacées, pyramidales, &c.

Les feuilles du Poirier font entieres, attachées fur la branche dans un ordre alterne par des queues plus ou moins longues ; leurs bords font unis, ou dentelés plus ou moins profondément, fuivant les efpeces. Le dehors eft d'un vert-blanchâtre ou plus pâle que le dedans, relevé de nervures fines & peu faillantes ; le dedans eft liffe & un peu luifant, creufé de fillons étroits & très-peu profonds, correfpondants aux nervures du dehors.

ESPECES ET VARIETES.

I. *PYRUS fructu minimo, præcoci.*

Petit Muscat. Sept-en-gueule. (*Pl. I.*)

Ce Poirier pousse vigoureusement, & devient un assez grand arbre. Il se greffe sur franc & sur Coignassier.

Ses bourgeons sont gros, longs, droits, de couleur rouge-brun tirant sur le violet, semés de points gris-blancs.

Ses boutons sont gros, un peu applatis, pointus, peu écartés de la branche; c'est-à-dire, faisant avec elle un angle très-aigu; attachés à des supports larges & peu saillants.

Ses feuilles sont petites, ayant vingt-huit lignes de longueur, & dix-huit lignes de largeur, ovales, terminées en pointe longue, bordées de dents aiguës & très-petites. La grosse nervure se plie en dessous, & l'extrémité de la feuille fait la gouttiere. Le pédicule est long de vingt-trois à vingt-sept lignes.

Ses fleurs ont quatorze lignes de diametre. Les pétales sont très-creusés en cuilleron; les échancrures du calyce sont longues & très-étroites.

Ses fruits viennent par bouquets; sont très-petits, arrondis, les uns ressemblants à une toupie, les autres imitant un peu la calebasse. Tantôt ils ont la queue longue & menue; tantôt courte & grosse, presque toujours un peu charnue. Ils ont quelquefois de petites bosses auprès de la queue. Du côté de la tête ils sont ordinairement applatis. Autour de l'œil, qui est très-saillant, il y a peu d'enfoncement. Cette Poire est grosse & belle lorsqu'elle a un pouce de diametre à sa partie la plus renflée, & un pouce de longueur; souvent elle est plus petite.

Sa peau est assez fine. Lorsque le fruit est mûr, elle est d'un vert-jaunâtre du côté de l'ombre, rouge-brun du côté du soleil, presque blanche, & comme transparente auprès de la queue.

Sa chair, demi-beurrée, d'un blanc un peu jaunâtre, n'est pas très-fine.

Son eau est d'un goût agréable, relevé & musqué.

Ses pepins sont nourris, & gros par rapport au fruit; leur écorce est presque blanche.

Cette Poire mûrit au commencement de Juillet, & est estimée à cause de sa primeur. Un terrein sec, & le plein-vent lui conviennent.

II. *PYRUS fructu parvo, turbinato, scabro, è cinereo fulvastro, æstivo.*

MUSCAT ROYAL.

LE Muscat Royal est une petite Poire figurée en toupie; terminée en pointe du côté de la queue; très-arrondie par la tête, où l'œil est placé à fleur. Elle a dix-neuf lignes de longueur, & autant de diametre. La queue est assez menue, longue de quinze lignes.

La peau est un peu rude, & d'une couleur grise presque semblable à celle de la Pomme de Fenouillet.

La chair est blanche, demi-beurrée, & un peu grossiere.

L'eau est douce & musquée.

Les pepins sont gros & noirs.

Elle mûrit au commencement de Septembre.

III. *PYRUS fructu medio, pyriformi, glabro, è viridi flavescente, æstivo.*

MUSCAT Robert. POIRE à la Reine. POIRE d'Ambre. (*Pl. II.*)

CET arbre pousse vigoureusement, étant greffé sur franc, médiocrement, greffé sur Coignassier.

Les bourgeons sont de grosseur moyenne, droits, peu alongés, d'un vert-jaune du côté de l'ombre, de couleur d'aurore du côté

du

du foleil, & à la pointe; fi peu tiquetés qu'à peine y apperçoit-on quelques petits points.

Les boutons font plats, triangulaires, couchés fur la branche, fortant de fupports affez gros.

Les feuilles font d'un vert-clair; grandes, ayant trois pouces fept lignes de longueur, fur deux pouces fept lignes de largeur; dentelées profondément, & furdentelées. Leurs pédicules ont un pouce de longueur.

Les fleurs ont treize lignes de diametre. Les pétales font très-creufés en cuilleron, quelques-uns teints légérement de rouge par les bords.

Le fruit eft de moyenne groffeur; fon diametre eft de vingt-trois lignes, & fa longueur de vingt-cinq lignes; il eft figuré en poire, terminé en pointe vers la queue, autour de laquelle il y a fouvent quelques plis circulaires: cette queue eft longue de huit à dix lignes & un peu courbée. La tête eft arrondie, & l'œil eft fou-vent bordé de quelques boffes; cet œil eft grand, très-ouvert, & très-faillant.

La peau eft liffe, fine, d'un vert-clair un peu jaunâtre.

La chair tendre, c'eft-à-dire, ni beurrée ni caffante, eft affez fine, & prefque fans marc.

L'eau eft fucrée, & d'un goût très-relevé.

Les pepins font gros & noirs.

Cette Poire mûrit à la mi-Juillet.

IV. *PYRUS fructu minimo; globofo-compreffo, glabro, partim è viridi lutefcente, partim rubefcente, æftivo.*

Muscat fleuri.

C'eſt une Poire très-petite, applatie par la tête & la queue; ayant quatorze lignes de diametre, & douze lignes de hauteur; ronde, reffemblant à un petit globe applati par les pôles. La

Tome II. Q

queue, affez nourrie, quoique fort menue, a vingt & une lignes de longueur. L'œil eft très-gros, pofé à fleur du fruit, fans aucun enfoncement autour; bordé de quelques petites éminences alongées & peu faillantes.

Sa peau eft affez unie; verte, un peu jaunâtre du côté de l'ombre; rouge mêlé de fauve du côté du foleil.

Sa chair, un peu verdâtre, demi-beurrée, eft groffiere, & laiffe du marc dans la bouche.

Son eau, quoiqu'un peu mufquée, n'eft pas fort relevée.

Ses pepins font très-petits, & prefque blancs.

Elle mûrit vers le vingt Juillet.

V. *PYRUS fructu parvo, cucurbitato, hinc luteo, indè dilutè rubro, æftivo.*

AURATE. (*Pl. III.*)

CET Arbre, greffé fur franc, eft vigoureux; fur Coignaffier, il n'eft que d'une force médiocre.

Ses bourgeons font menus & petits (fur-tout fur Coignaffier;) affez droits, rouges du côté du foleil; verts-rougeâtres du côté de l'ombre; femés de très-petits points.

Ses boutons font longs, pointus, très-écartés de la branche, attachés à des fupports faillants.

Ses feuilles font rondes, plates, longues de deux pouces cinq lignes, larges de vingt & une lignes; (quelques-unes font plus grandes). Elles font dentelées très-finement & très-peu profondément. Leur pédicule eft long de feize à vingt lignes.

Sa fleur a treize lignes de diametre. Les pétales font figurés en raquette, prefque plats, ou très-peu creufés en cuilleron.

Son fruit eft petit, ayant quinze lignes de hauteur, fur autant de diametre: quelquefois il eft d'une forme approchant de la calebaffe; quelquefois il eft prefque comme une toupie. L'œil eft placé dans une cavité peu profonde. La queue eft affez nourrie, longue d'environ un pouce.

Sa peau eft fine ; d'un jaune-pâle très-clair du côté de l'ombre, rouge-clair du côté du foleil.

Sa chair eft demi-beurrée, un peu feche. Il y a quelques pierres auprès des pepins.

Son eau n'eft pas fi relevée que celle du petit Mufcat.

Ses pepins font affez nourris, couverts d'une écorce prefque blanche.

Cette Poire mûrit au mois de Juillet, prefqu'auffi-tôt que le petit Mufcat. Elle a l'avantage d'être plus groffe ; mais elle lui eft ordinairement inférieure en bonté, fur-tout lorfque le petit Mufcat eft venu fur un vieux arbre.

VI. *PYRUS fructu parvo, pyriformi, partim flavo, partim pulchrè rubro, æstivo.*

Jargonnelle.

Cette petite Poire pareît être une variété de l'Aurate ; un peu plus groffe, & plus alongée ; pyriforme ; arrondie du côté de la tête, où l'œil, affez gros, eft placé à fleur du fruit ; un peu renflée vers la queue qui eft plantée dans un très-petit enfoncement. La queue eft droite, affez groffe, longue de neuf lignes : en l'examinant de près, on apperçoit des plis qui la traverfent. Le fruit a vingt-deux lignes de hauteur, & dix-huit lignes de diametre.

La peau eft très-jaune du côté de l'ombre ; & d'un beau rouge du côté du foleil.

La chair eft affez fine, blanche, demi-caffante.

L'eau eft un peu mufquée.

Les pepins font petits, & couverts d'une écorce noire.

Elle mûrit au commencement de Septembre ; & dans cette faifon elle eft d'un mérite très-médiocre.

Q ij

VII. *PYRUS fructu medio, turbinato, è viridi citrino, æstivo.*

MADELEINE. CITRON des Carmes. (*Pl. IV.*)

L'ARBRE est vigoureux, & se greffe sur franc & sur Coignassier.

Les bourgeons sont de longueur & grosseur moyennes; de couleur rouge-brun tirant sur le violet; tiquetés de très-petits points.

Les boutons sont gros, peu pointus, peu écartés de la branche; leurs supports sont saillants.

Les feuilles sont d'un vert-foncé, dentelées peu profondément; terminées par une pointe aiguë; larges de vingt-cinq lignes, longues de trois pouces, quelques-unes sont plus longues; leurs pédicules sont longs de dix-neuf lignes.

La fleur a quatorze lignes de diametre. Les pétales sont presque ronds, creusés en cuilleron.

Le fruit est de moyenne grosseur; un peu alongé, ayant vingt-cinq lignes de longueur, sur vingt-quatre lignes de diametre; figuré en toupie. L'œil est bordé de plis; & très-peu enfoncé dans le fruit. Les queues sont longues d'environ vingt-cinq lignes; bien nourries: on apperçoit sur quelques-unes les cicatrices de l'attache de quelques petites feuilles qui sont desséchées & & tombées.

La peau est presque toute verte; elle tire un peu sur le jaune lors de la parfaite maturité du fruit; quelquefois on apperçoit une légere teinte rousse du côté du soleil.

La chair est blanche, fine, fondante, sans pierres. Un excès de maturité la rend cotoneuse, & bien-tôt molle.

L'eau est douce, relevée d'un petit aigrelet fin, & d'un léger parfum, qui la rendent agréable.

Les pepins sont noirs & bien nourris.

Sa maturité arrive au mois de Juillet, après l'Aurate.

VIII. *PYRUS fructu parvo, pyriformi, glabro, citrino, præcoci.*

Amiré Joannet.

Ce Poirier fe greffe fur franc & fur Coignaffier.

Le bourgeon eft gros, fort, long, droit, tiqueté. Dans le gros il eft tout vert; le milieu eft vert à l'ombre, rougeâtre du côté du foleil; la pointe eft rouge-brun foncé tirant fur le violet.

Le bouton eft très-petit, plat, appliqué & comme écrafé fur la branche; fon fupport eft large & très-peu faillant.

. La feuille eft plate, un peu figurée en fer de lance; longue de deux pouces neuf lignes; large de vingt lignes; dentelée très-légérement. Le pédicule eft long de quinze à vingt lignes.

La fleur eft grande, belle, très-ouverte; fon diametre eft de dix-huit lignes. Les pétales font plats, prefqu'ovales un peu pointus. Les fommets des étamines font de couleur pourpre-vif.

Le fruit eft petit, pyriforme très-régulier. Sa hauteur eft de vingt-trois lignes, & fon diametre de quinze lignes. L'œil eft placé à fleur du fruit qui eft très-bien arrondi par cette extrémité. Il diminue réguliérement de groffeur vers la queue, qui eft longue de quinze à vingt lignes, de médiocre groffeur, & plantée à la pointe du fruit qui eft un peu obtufe.

La peau eft très-liffe, d'un jaune-citron fort clair du côté de l'ombre : le côté du foleil prend quelquefois une teinte de rouffâtre imperceptible; le plus fouvent il eft d'un jaune moins lavé.

Sa chair eft blanche & tendre.

Son eau eft peu relevée; affez abondante lorfque le fruit n'eft pas paffé de maturité.

Ses pepins font petits & bruns, très-pointus.

Ce fruit mûrit vers la fin de Juin. Ordinairement il prévient le petit Mufcat, auquel fa groffeur le rend préférable.

IX. *PYRUS fructu minimo, turbinato compreſſo, glabro, luteo, æſtivo.*
HASTIVEAU.

CE POIRIER reſſemble beaucoup à celui de petit Muſcat. Il
eſt très-fertile ; & ſe greffe ſur franc & ſur Coignaſſier.

Ses bourgeons ſont aſſez forts, & rougeâtres.

Ses boutons & leurs ſupports ſont très-gros.

Ses feuilles ſont petites, rondes, d'un vert aſſez clair, longues
de vingt-ſix lignes, larges de vingt & une lignes ; dentelées très-
peu profondément. La groſſe nervure ſe plie en arc en deſſous,
& fait faire un pli à chaque extrémité de la feuille. Le pédicule
eſt long de huit lignes.

Sa fleur eſt de dix-huit lignes de diametre, très-ouverte. Les
pétales ſont preſqu'ovales, très-peu creuſés en cuilleron, froncés
& chiffonnés par les bords.

Le fruit eſt très-petit, de la figure d'une toupie applatie : ſa
hauteur eſt de quatorze lignes, & ſon diametre de quinze lignes.
L'œil eſt preſque toujours ovale ; applati ; peu ſaillant, quoiqu'il
n'y ait preſque point d'enfoncement autour, mais ſeulement quelques petits plis qui font paroître cette partie comme froncée.
La queue a environ dix-huit lignes de longueur ; elle eſt menue,
jaune d'un côté, d'un beau rouge de l'autre ; on y voit les mar-
ques de l'inſertion de quelques petites feuilles qui ont péri.

La peau eſt très-unie, jaune-clair par-tout, excepté du côté
du ſoleil où il y a quelques petites marbrures d'un rouge-vif.

La chair eſt un peu jaunâtre, demi-beurrée, aſſez groſſiere,
laiſſant du marc dans la bouche. Elle devient pâteuſe dans l'extrême maturité.

L'eau a peu de goût, quoique muſquée.

Les pepins ſont gros & noirs.

Cette Poire très-jolie, mais de médiocre valeur, mûrit vers
la mi-Juillet.

X. *PYRUS fruɛlu parvo, turbinato, glabro, hinc è viridi ſubflaveſ‑ cente, indè ſaturè & ſplendidè rubro, æſtivo.*

Gros H a s t i v e a u de la Forêt.

C'est une petite Poire de la forme d'une toupie, qui a vingt lignes de hauteur ſur dix-huit lignes de diametre ; l'œil eſt aſſez gros, placé preſqu'au niveau du fruit. La queue eſt menue, lon‑ gue de quatorze lignes.

La peau eſt unie, aſſez fine, d'un vert jaunâtre du côté de l'ombre, d'un rouge-foncé vif & éclatant du côté du ſoleil.

La chair eſt blanche tirant un peu ſur le vert, ſeche & laiſſant du marc dans la bouche.

L'eau eſt âcre & un peu aigre.

Les pepins ſont noirs.

Elle mûrit vers le dix d'Août. Ce fruit eſt plus agréable à la vue qu'au goût, ſur-tout dans cette ſaiſon abondante en excel‑ lents fruits.

XI. *PYRUS fruɛlu medio, longiſſimo, ſplendente, partim è viridi fla‑ veſcente, partim ſubobſcurè rubro, æſtivo.*

C u i s s e-M a d a m e. (*Pl. V.*)

L'arbre eſt vigoureux greffé ſur franc : il réuſſit mal ſur Coi‑ gnaſſier. Il ſe met difficilement à fruit.

Ses bourgeons ſont aſſez menus, longs, droits, rougeâtres ; quelques-uns bruns-clair.

Ses boutons ſont petits, plats, appliqués ſur la branche ; leurs ſupports ſont gros.

Ses feuilles ſont de moyenne grandeur, un peu figurées en lozange, longues de deux pouces dix lignes, larges de deux pou‑ ces trois lignes ; peu & très-légérement dentelées. L'arrête ſe plie un peu en deſſous. Le pédicule eſt long de dix-neuf lignes.

Sa fleur a onze lignes de diametre ; les pétales ſont arrondis. On trouve ſur cet arbre beaucoup de fleurs à ſix & à huit pétales.

Son fruit eft de moyenne groffeur , très-alongé , menu vers la queue où il y a prefque toujours quelques plis. Sa longueur eft de deux pouces fix lignes, & fon diametre de vingt-deux lignes. L'œil eft petit , & placé prefqu'à fleur. La queue eft longue de quinze lignes , un peu charnue auprès du fruit , & de la même couleur que la peau ; peu adhérente à l'arbre , de forte que le moindre vent fait tomber le fruit.

Sa peau eft par-tout luifante & fine , d'un vert-jaunâtre du côté de l'ombre , & d'un rouge-brun prefque couleur du Rouffelet du côté du foleil.

Sa chair eft demi-beurrée , un peu groffiere.

Son eau eft fucrée , un peu mufquée , & abondante.

Ses pepins font fouvent très-petits.

Cette Poire mûrit à la fin de Juillet. Dans les terreins fecs , elle eft petite , un peu figurée en calebaffe. Sa hauteur eft de vingt à vingt-deux lignes , & fon diametre de quinze à feize lignes. Toute la partie renflée eft bien arrondie, tant fur fon diametre , qu'à l'extrémité, où l'œil eft à fleur ; elle diminue prefque tout à coup de groffeur vers l'autre partie qui s'alonge en pointe , dont la queue femble être une extenfion , étant charnue dans un tiers de fa longueur.

XII. *PYRUS fructu medio , longiffimo , hinc luteo , indè pulchrè & faturè rubro , autumnali.*

Bellissime d'Automne. Vermillon. (*Pl. XIX. Fig.* 1.)

Cet Arbre eft vigoureux , fe greffe fur franc & fur Coignaffier.

Le bourgeon eft très-long , brun , rougeâtre , tirant fur le violet foncé , tiqueté ; il fait un petit coude à chaque nœud.

Le bouton eft de groffeur moyenne , un peu plat , aigu , écarté de la branche. Son fupport eft faillant.

La feuille eft de figure elliptique , terminée en pointe prefqu'égale par les deux extrémités ; plate ; dentelée très-finement

&

& très-peu profondément. Elle a trois pouces deux lignes de longueur, fur vingt-cinq lignes de largeur. Son pédicule a deux pouces fix lignes, & fouvent plus, de longueur.

La fleur eft très-ouverte ; fon diametre eft de feize lignes. Les
pétales font plats, de la forme d'une raquette.

Le fruit a la même forme que la Cuiffe-Madame ; mais il eft plus
alongé ; de groffeur moyenne. La tête eft arrondie, & l'œil eft
placé dans une cavité affez profonde. L'autre extrémité fe termine
réguliérement en pointe ; la queue un peu charnue à fa naiffance,
rouge du côté du foleil, verte du côté de l'ombre, longue d'un
pouce, eft fouvent plantée obliquement. La hauteur du fruit eft
de trois pouces, & fon diametre eft de vingt-deux lignes.

La peau eft affez liffe ; le côté du foleil eft d'un beau rouge
foncé très-tiqueté de points gris ; le côté de l'ombre eft partie d'un
rouge moins foncé, partie jaune, tiqueté de points fauves.

La chair eft blanche, caffante ; demi-fondante dans quelques
terreins. Il y a un peu de fable auprès des pépins.

L'eau eft douce, relevée, abondante.

Les pépins font bruns, gros & larges.

Sa maturité eft vers la fin d'Octobre.

XIII. *PYRUS fructu parvo, pyriformi, glabro, partim ex albido flavefcente, partim dilutiùs rubro, æftivo.*

Gros Blanquet, ou Blanquette.

Cet arbre eft vigoureux, & fe greffe fur franc & fur Coignaffier.

Son bourgeon eft gros, court, droit, gris-clair, tiqueté de
points peu apparents.

Son bouton eft gros, pointu ; peu écarté de la branche, arrondi, attaché à un fupport large & faillant.

Sa feuille eft belle, large, fans dentelure ; quelques-unes fe

Tome II.   R froncent un peu fur les bords. Elle eft longue de trois pouces, quatre lignes, & large de deux pouces fix lignes. Son pédicule eft long de deux pouces.

Sa fleur eft belle, bien ouverte; fon diametre eft de dix-fept lignes, les pétales font plats, ronds, ayant fept lignes & demie fur chaque dimenfion.

Son fruit eft petit, plus long que rond, ayant vingt-fix lignes de hauteur, & vingt lignes de diametre; il a bien la forme d'une poire. L'œil eft grand, très-ouvert, à fleur du fruit; les échancrures du calyce y demeurent ordinairement fort longues. Il y a fouvent quelques boffes auprès de la queue, qui eft longue d'un pouce, bien nourrie, un peu charnue; de couleur vert-clair.

Sa peau eft liffe, fine, d'un blanc un peu jaunâtre du côté de l'ombre, prenant tant foit peu de rouge-clair du côté du foleil.

Sa chair eft caffante & un peu groffiere, laiffant du marc dans la bouche.

Son eau eft fucrée & relevée.

Ses pépins font noirs & de médiocre groffeur.

Cette Poire mûrit à la fin de Juillet. C'eft un bon fruit dans cette faifon. La beauté de fa forme, la fineffe & les couleurs de fa peau le rendent très-agréable à la vue.

XIV. *PYRUS fructu parvo, turbinato, glabro, partim ex albido flavefcente, partim dilutè rubro, æftivo.*

Gros BLANQUET rond.

La Poire de gros Blanquet rond eft turbinée, c'eft-à-dire, de la forme d'une toupie; fa hauteur eft de vingt-deux lignes, & fon diametre de dix-huit lignes. La tête eft arrondie : l'œil eft affez gros, & très-peu enfoncé dans le fruit. Le côté de la queue forme une pointe obtufe, dont l'extrémité eft fouvent relevée de quelques boffes. La queue eft groffe, longue de cinq lignes.

Sa peau eſt d'un blanc jaunâtre à l'ombre, légérement teinte de rouge du côté du ſoleil.

Sa chair eſt un peu moins délicate que celle du Blanquet à longue queue.

Son eau a du parfum, & eſt plus agréable que celle du gros Blanquet.

Elle mûrit vers la fin de Juillet. Quelquefois elle reſſemble un peu au Bezy de l'Echaſſerie.

Les feuilles ſont rondes, unies & ſans dentelure ; longues de vingt-ſept lignes, larges de vingt-une.

Les bourgeons ſont menus, & preſque ſemblables à ceux du Poirier de Cuiſſe-Madame.

XV. *PYRUS fructu parvo, pyriformi-acuto, glabro, albido, æſtivo,* Blanquet à longue queue.

Le Poirier eſt vigoureux étant greffé ſur franc ; greffé ſur le Coignaſſier, il eſt médiocrement fort.

Ses bourgeons ſont gros, droits, gris de perle du côté de l'ombre ; le côté du ſoleil, & la pointe du bourgeon ſont d'un rouge-brun tirant un peu ſur le violet ; ils ſont ſemés de très-petits points. Lorſque ce Poirier eſt greffé ſur Coignaſſier, ſes bourgeons ſont ordinairement aſſez menus & longuets.

Ses boutons ſont d'une groſſeur moyenne, plats, couchés ſur la branche. Ceux de la pointe du bourgeon ſont très-petits. Les ſupports ſont étroits, & peu enflés.

Ses feuilles ſont larges de deux pouces, & longues de deux pouces neuf lignes ; dentelées par les bords finement, très-peu profondément, & peu réguliérement ; quelques-unes ſont preſque ovales ; la plupart ſont repliées en gouttiere. Leur pédicule eſt long de dix-huit lignes.

Sa fleur a quatorze lignes de diametre. Les pétales ſont plus

R ij

longs que larges, prefque plats, & ont quelques traits rouges fur les bords. Les fommets des étamines font d'un pourpre foncé.

Son fruit eft petit (un peu plus que celui du gros Blanquet.) Il vient par trochets; eft pyriforme ; arrondi du côté de l'œil, qui eft gros, placé à fleur du fruit ; terminé en pointe aiguë vers la queue qui eft longue, un peu charnue, & fouvent courbée. La hauteur du fruit eft vingt-une lignes, & fon diametre dix-neuf lignes.

Sa peau eft liffe, blanche, ou d'un vert-clair prefque blanc, quelquefois teinte très-légérement de roux du côté du foleil.

Sa chair eft demi-caffante, blanche, & affez fine.

Son eau eft abondante, fucrée, & relevée d'un parfum agréable, prefque vineufe.

Ses pepins font blancs ; quelques-uns bruns.

Cette Poire mûrit au commencement d'Août. Elle eft repréfentée fur la *Pl. VI. fig. B.*

XVI. *PYRUS fructu minimo, Elenchi formâ, glabro, ex albido flavefcente, æftivo.*

Petit BLANQUET. POIRE à la perle. (*Planche VI.*)

CE Poirier eft très-fertile, & plus vigoureux que celui de gros Blanquet. Il fe greffe fur franc & fur Coignaffier.

Les bourgeons font gros, droits, liffes, gris-clair.

Les boutons & leurs fupports font très-gros.

Les feuilles font moins grandes que celles du Blanquet à longue queue ; elles font longues de deux pouces deux lignes, larges de feize lignes ; très-peu dentelées par les bords, repliées en deffous, & non pas en gouttiere comme celles du Blanquet à longue queue. Leurs pédicules font menus, longs de deux pouces.

La fleur a dix-fept lignes de diametre. Les pétales font longs

de huit lignes, larges de fix lignes, prefque plats; leur plus grande
largeur eft près de l'onglet.

Le fruit eft très-petit, n'ayant que dix-huit lignes de hauteur
fur treize lignes de diametre ; bien arrondi du côté de l'œil qui
eft très-faillant & gros relativement au volume du fruit ; relevé
ordinairement de quelques boffes auprès de la queue, qui eft bien
nourrie, longue de fix lignes. Il a la forme d'une perle en poire.

La peau eft prefque blanche tirant un peu fur le jaune; fine,
unie, comme tranfparente.

La chair eft blanche, demi-caffante, affez fine.

L'eau eft un peu mufquée, & agréable.

Les pepins font bien nourris, couverts d'une écorce d'un brun-
clair.

Ce fruit mûrit vers le commencement d'Août, un peu avant
la Blanquette à longue queue.

XVII. *P Y R U S fruƈtu medio, longiſſimo, ſubviridi, maculis fulvis diſ-
tinƈto, æſtivo.*

ÉPARGNE. BEAU PRÉSENT. SAINT-SAMSON. (*Pl. VII.*)

CE Poirier eft vigoureux, fe greffe fur franc & fur Coignaffier.

Le bourgeon eft gros, (très-gros fur franc,) droit, peu
alongé, gris de perle du côté de l'ombre, légérement teint de
rouffâtre du côté du foleil, peu tiqueté.

Le bouton eft petit, large par la bafe, pointu, très-peu écarté
de la branche. Son fupport eft large, peu faillant.

Les feuilles font grandes, les unes terminées en pointe aiguë,
longues de quatre pouces & larges de deux pouces cinq lignes;
les autres prefque rondes, ayant cinq ou fix lignes de longueur,
plus que de largeur, dentelées très-finement & peu profondément. Leur pédicule eft long de deux pouces fix lignes.

La fleur eft très-grande; fon diametre eft de dix-neuf lignes.

Les pétales font longs de neuf lignes, larges de fept lignes, très-creufés en cuilleron.

Le fruit eft de moyenne groffeur pour fon diametre qui eft de deux pouces deux lignes; mais il eft très-long, ayant quelquefois plus de trois pouces fix lignes de hauteur. Il a un peu la forme d'une navette, diminuant de groffeur du côté de la tête & du côté de la queue, depuis fon plus grand diametre qui eft aux deux tiers de la longueur du fruit, vers la tête. Il eft relevé de quelques boffes peu faillantes. L'œil eft de médiocre groffeur, comme chiffonné, placé dans une cavité peu profonde relevée de plufieurs côtes. La queue eft groffe, & fa groffeur augmente confidérablement aux extrémités; longue de vingt-fept lignes, ordinairement inclinée. A fon attache au fruit il n'y a point de cavité, mais fouvent des plis & quelques éminences.

Sa peau eft verdâtre; prend quelquefois un peu de rouge du côté du foleil; elle eft par-tout marbrée de fauve, fur-tout auprès de la queue qui eft toute de cette couleur. Elle eft un peu épaiffe.

Sa chair eft fondante.

L'eau eft relevée d'un aigre fin très-agréable; mais quelques terreins lui donnent une âcreté qui déplaît.

Les pepins font noirs, & fouvent avortés.

Cette Poire mûrit à la fin de Juillet & au commencement d'Août. C'eft une des plus belles & des meilleures de la faifon.

XVIII. *PYRUS fructu medio, longiffimo, è flavo fubvirefcente, maculis fulvis diftincto, ferotino.*

TARQUIN.

LA Poire de Tarquin eft longue, & d'une forme très-approchante de celle de l'Epargne; un peu plus pointue vers la queue qui eft d'une longueur médiocre, renflée auprès du fruit, & comme charnue; un peu applatie du côté de la tête.

Sa peau eft fine; dans le mois d'Avril elle devient d'un jaune verdâtre, chargée de marbrures fauves. Une rainure peu profonde s'étend d'un bout à l'autre de la plupart de ces fruits.

Sa chair eft caffante fans être feche; affez fine.

Son eau eft d'un goût aigrelet affez femblable à celui de la Bergamotte de Pâque, qui eft peu fupérieure en bonté à la Tarquin.

Sa maturité eft en Avril & Mai; ce qui ajoute beaucoup à fon mérite.

XIX. *P Y R U S fructu medio, turbinato, lucido, partim flavo, partim intensè rubro, æfivo.*

Ognonet. Archiduc d'été. Amiré roux. (*Pl. VIII.*)

Ce Poirier veut être greffé fur franc, plutôt que fur Coignaffier où il pouffe très-peu. Il eft très-fertile.

Son bourgeon eft droit, de médiocre groffeur, cendré d'un côté, rouffâtre de l'autre; tiqueté de très-petits points.

Son bouton eft court, large, plat, comme colé fur la branche. Le fupport eft très-peu enflé.

Sa feuille eft grande, ronde, épaiffe, terminée par une pointe aiguë; longue de trois pouces quatre lignes, large de deux pouces onze lignes. Les dentelures font peu profondes; très-écartées, excepté vers la pointe où elles font plus profondes & plus fines. Le pédicule eft gros, long de vingt-deux lignes. L'arrête fait un petit arc en deffous.

Sa fleur a un pouce de diametre. Le pétale eft arrondi. La plupart des fleurs ont plus de cinq pétales. Il y en a qui ont jufqu'à dix grands pétales, & plufieurs fommets d'étamines développés.

Son fruit eft de moyenne groffeur, de hauteur & largeur égales, vingt-deux lignes; turbiné, c'eft-à-dire, de la forme d'une toupie; applati du côté de la tête, où l'œil de grandeur moyenne, eft placé au fond d'une petite cavité très-unie. La queue droite, longue de onze lignes, bien nourrie fans être groſſe, s'attache au fruit au milieu d'une très-petite cavité.

Sa peau eſt liſſe, brillante, jaune du côté de l'ombre, d'un rouge vif du côté du foleil.

Sa chair eſt demi-caſſante, fouvent pierreufe.

Son eau eſt relevée, d'un goût rofat.

Ses pepins font jaunes-pâles ou blanchâtres.

Ce fruit mûrit à la fin de Juillet & au commencement d'Août.

XX. *P Y R U S fruĉtu parvo, ferè pyriformi obtufo, hinc citrino, indè faturè rubro, æſtivo.*

P A R F U M d'Août.

L'Arbre eſt très-fertile; ſe greffe fur franc & fur Coignaſſier.

Le bourgeon eſt liſſe, droit, quelquefois un peu farineux, court, rougeâtre-clair du côté de l'ombre; du côté du foleil un fin épiderme gris de perle couvre une couleur rouge brun-clair tirant fur le violet. Il eſt très-peu tiqueté, & reſſemble un peu à un bourgeon de Cerifier.

Le bouton eſt gros, court, pointu, arrondi, très-écarté de la branche, attaché à un fupport plat.

La feuille eſt un peu alongée, ſes bords font dentelés très-finement & imperceptiblement, & ſe froncent un peu. Elle ſe plie ordinairement en gouttiere. Elle n'a que deux pouces huit lignes de longueur, fur dix-huit lignes de largeur. Le vert en eſt aſſez clair.

La fleur a dix-fept lignes de diametre. Les pétales font beaucoup plus longs que larges, prefque plats, figurés en truelle; on apperçoit fur les bords quelques traits rouges. Les fommets des étamines font d'un pourpre-clair.

Le fruit eſt petit, prefque pyriforme, très-renflé du côté de l'œil, qui eſt placé à fleur; ſe terminant aſſez réguliérement en

pointe

pointe obtufe ou tronquée à la queue, qui eft longue de dix-huit lignes, un peu charnue à fa naiffance, d'un jaune-clair.

La peau eft du côté du foleil d'un beau rouge-foncé tiqueté de points jaunes : l'autre côté eft jaune-citron légérement tavelé de fauve.

La chair eft un peu groffiere.

L'eau eft affez abondante, très-mufquée.

Les pepins font petits, bruns, bien nourris. Cette Poire mûrit à la mi-Août.

XXI. *PYRUS fructu medio, rotundo, cerino, maculis rufis diftincto, æftivo.*

S A L V I A T I. (*Pl. IX.*)

Ce Poirier eft vigoureux greffé fur franc. Sa greffe réuffit mal fur le Coignaffier.

Ses bourgeons font menus ; font un petit coude à chaque œil ; font tiquetés de points fi petits, qu'on les apperçoit à peine ; ils font rouges fur Coignaffier ; fur franc ils font d'un vert - brun du côté de l'ombre, d'un rouge-brun-clair du côté du foleil.

Ses boutons font gros, pointus, bruns, peu écartés de la branche, foutenus par de gros fupports.

Ses feuilles font longues de deux pouces dix lignes, larges de deux pouces deux lignes, rondes du côté de la queue, dentelées irréguliérement & affez profondément, d'un vert - gai, pliées en gouttiere ; l'arrête fe plie en arc en-deffous. Les petites feuilles font très-alongées & étroites (trente-trois lignes fur douze lignes) à peine leur dentelure eft-elle fenfible. Le pédicule a feize lignes de longueur, eft affez gros, jaune auffi bien que la groffe nervure.

Sa fleur a quatorze lignes de diametre. Les pétales font ovales-courts, très-creufés en cuilleron.

Son fruit eft de groffeur moyenne, rond ; il a vingt-trois li-

Tome II. S

gnes de hauteur, & un pareil diametre. L'œil eſt placé dans une
cavité peu profonde, bordée de quelques petites côtes : les échancrures du calice demeurent vertes quelquefois juſqu'à la maturité
du fruit. La queue eſt longue de dix - ſept lignes, plantée dans
une très-petite cavité.

Sa peau eſt belle, d'un jaune de cire, un peu rouge du côté du
ſoleil ; quelquefois tavelée de grandes taches rouſſes, & alors
elle eſt rude.

Sa chair eſt excellente, demi-beurrée, ſans marc.

Son eau eſt ſucrée & parfumée, quelquefois peu abondante.
Ses pépins ſont les uns plats, les autres longuets & arrondis.

Cette Poire mûrit en Août. Elle eſt bonne au ſucre, & à faire
du ratafia.

XXII. *PYRUS fructu parvo turbinato , è viridi ſubflaveſcente ,
æſtivo.*

POIRE d'Ange.

CETTE Poire eſt petite, de la forme d'une toupie, ayant vingt
& une lignes de hauteur, ſur dix-huit lignes de diametre. Elle
s'arrondit par la tête où l'œil qui eſt aſſez gros, eſt placé preſqu'à
fleur du fruit, au centre d'une cavité très-peu profonde. La queue
eſt menue, verte, longue de dix-ſept lignes. A l'extrémité du
fruit où elle s'attache, il y a quelques boſſes.

La peau eſt fine, d'un vert jaunâtre.

La chair eſt demi-caſſante, aſſez fine.

L'eau eſt très-muſquée.

Les pepins ſont noirs.

Cette Poire mûrit au commencement d'Août. Elle n'eſt pas
ſujette à devenir pâteuſe. On la regarde comme une variété du
Salviati, plus alongée, moins groſſe & moins bonne.

XXIII. *P Y R U S fructu medio, subrotundo, glabro, hinc luteo, indè è viridi subalbido, autumnali.*

Bezi d'Hery.

Cette Poire peu estimée & peu estimable dans la plupart des terreins, n'est pas sans mérite dans les bonnes terres fortes. Elle a quelque ressemblance avec le Salviati pour la forme. Sa grosseur est moyenne; sa forme est presque ronde; sa peau est lisse, jaune d'un côté, vert-blanchâtre de l'autre. Sa queue est droite & longue. Elle mûrit en Octobre, Novembre & Décembre.

XXIV. *P Y R U S fructu magno, ovato, glabro, hinc saturè rubro, indè dilutè viridi, autumnali.*

Poire de Vitrier. (*XLIV. fig. 4.*)

La Poire de Vitrier est grosse, ovale, de deux pouces six lignes de diametre, & de deux pouces dix lignes de hauteur. L'œil est large, bien ouvert, très-peu enfoncé. La queue médiocrement grosse, longue d'environ un pouce, est plantée à fleur du fruit entre quelques bosses.

Sa peau est lisse, teinte de rouge foncé tiqueté de points bruns du côté du soleil. Le côté de l'ombre est d'un vert-clair tiqueté de points d'un vert plus foncé.

Sa chair est blanche, peu fine.

Son eau est d'un goût assez agréable.

Ses pepins sont noirs, placés au milieu du fruit.

Ce fruit est assez beau; il mûrit en Novembre & Décembre.

Je crois que la vraie Poire de Vitrier, que j'ai trouvée connue sous ce nom dans plusieurs jardins, est un très-beau & très-gros fruit de forme turbinée, applati par la tête, terminé à la queue en pointe médiocrement obtuse. Son diametre est de trois pouces neuf lignes, & sa hauteur de trois pouces onze lignes. Sa peau est liffe, très-tiquetée de points fauves, d'un rouge affez vif du côté du foleil, & d'un jaune citron du côté de l'ombre. Les autres qualités & le temps de la maturité font à peu-près les mêmes ; mais l'odeur & le goût font un peu parfumés de mufc. Quoique l'arbre foit vigoureux, il réuffit bien étant greffé fur Coignaffier. On peut le défigner par cette phrafe.

Pyrus fructu quàm-maximo, turbinato, hinc citrino, indè intensè rubro, autumnali.

XXV. *PYRUS fructu medio, Aurantii formâ, paululùm compreffo, papulato, viridi, æftivo.*

ORANGE mufquée. (*Pl. X.*)

CE Poirier fe greffe fur franc & fur Coignaffier.

Le bourgeon eft d'une médiocre groffeur, court, un peu coudé à chaque œil, très-peu tiqueté, vert-rouffâtre du côté du foleil, gris-de-perle du côté de l'ombre.

Le bouton eft très-gros, court, arrondi, peu pointu, peu écarté de la branche, attaché à un gros fupport.

La feuille eft prefqu'ovale, terminée par une pointe affez courte & peu aiguë, dentelée irréguliérement & prefqu'imperceptiblement, fe repliant en arc en-deffous, ce qui lui fait faire un pli auprès de la queue, longue de deux pouces neuf lignes, large de deux pouces deux lignes. Les petites feuilles font longues, étroites, terminées en pointe très-aiguë par les deux extrémités, dentelées très-finement. Leurs pédicules font longs de neuf lignes. Celui des grandes feuilles eft long de dix-huit lignes.

La fleur a quinze lignes de diametre. Les pétales font ovales, creufés en cuilleron. Les échancrures du calice font très-longues & très-étroites.

Le fruit eft de moyenne groffeur, de la forme d'une Orange, un peu applati de la tête à la queue, ayant vingt & une lignes de hauteur, fur vingt-cinq de diametre. La tête eft un peu arrondie ; l'œil y eft placé dans une cavité évafée ; plus fouvent elle eft plate, & l'œil eft prefque à fleur. La queue eft groffe, longue d'un pou-ce, plantée au fond d'une petite cavité qui eft relevée de quelques éminences, dont une plus confidérable recouvre la naiffance de la queue.

La peau eft toute couverte de petits enfoncements comme les oranges de Portugal, verte, prend très-peu de rouge. Lorfque le fruit eft mûr, elle devient d'un jaune prefque blanc du côté de l'ombre, & lavée de rouge très-clair du côté du foleil.

La chair eft caffante, & devient cotonneufe, fi le fruit n'a pas été cueilli un peu vert.

L'eau eft relevée d'un mufc très-agréable.

Les pepins font noirs & bien nourris. L'axe du fruit eft creux. Cette Poire mûrit dans le mois d'Août.

XXVI. *PYRUS fructu medio, Aurantii formâ, partim cinereo, partim infigni rutilo, æftivo.*

ORANGE rouge.

L'ARBRE eft affez vigoureux ; fe greffe fur franc & fur Coi-gnaffier.

Les bourgeons font gros & droits, tiquetés, rougeâtres.

Les boutons font gros, pointus, couchés fur la branche, at-tachés à des fupports peu élevés.

Les feuilles font prefqu'ovales, longues de trois pouces fix lignes, larges de deux pouces trois lignes, diminuant de largeur vers la pointe qui eft longue & aiguë. La dentelure des bords eft grande & peu profonde. Le pédicule eft long de vingt-deux lignes. Les feuilles moyennes font prefque rondes, & leurs pédi-cules longs d'environ quatorze lignes.

La fleur a quinze lignes de diametre. Les pétales font longs & terminés en pointe.

Le fruit est de la même forme que l'Orange musquée; mais plus gros.

La peau est grise, & d'un rouge de corail.

La chair est cassante, & devient cotonneuse lorsque le fruit mûrit sur l'arbre.

L'eau est sucrée & musquée.

Cette Poire mûrit en Août.

XXVII. *PYRUS fructu parvo, Aurantii formâ, subrotundo, dilutè viridi, æstivo.*

BOURDON musqué.

Le Poirier se greffe sur franc & sur Coignassier, & est très-fertile. Mais sur franc il est lent à se mettre à fruit.

Ses bourgeons sont assez gros, peu alongés, très-coudés à chaque œil, verts-jaunâtres, très-peu tiquetés.

Ses boutons sont gros, larges par la base, applatis, terminés en pointe longue & très-aiguë. Leurs supports sont très-gros, renflés au-dessous de l'œil.

Ses feuilles sont presque rondes, ou de forme ovale raccourcie, longues de deux pouces sept lignes, larges de deux pouces quatre lignes, unies par les bords, pliées en gouttiere; l'arrête se courbe en arc en-dessous. Les pédicules sont longs d'environ quinze lignes.

Ses fleurs sont bien ouvertes; leur diametre est de quatorze lignes. Les pétales sont ronds, presque plats. Les sommets des étamines sont de couleur de rose-vif.

Son fruit est petit, presque rond, applati vers la tête, de la forme d'une Orange; ayant dix-sept lignes de hauteur, & dix-huit lignes & demie de diametre. L'œil est assez gros, placé dans une cavité large & peu profonde. Du côté de la queue qui est droite & longue de quinze lignes, cette Poire prend quelquefois un peu la forme de toupie.

Sa peau est assez fine, d'un vert-clair, tiquetée de très-petits points d'un vert plus foncé.

Sa chair est blanche, grossiere & cassante.

Son eau est assez abondante, musquée & un peu sucrée.

Ses pepins sont gros, noirs, bien nourris.

Cette Poire est une espece d'Orange hâtive qui mûrit en Juillet.

XXVIII. *PYRUS fructu magno, Aurantii formâ, partim flavo, partim pulchrè & faturè rubro, brumali.*

Poirier de Jardin. (*Pl. XIX. fig. 3.*)

La Poire de Jardin est grosse, applatie par la tête, de la forme des Poires d'Orange. L'œil est placé dans une cavité ordinairement unie & assez profonde; la queue est d'un vert-blanc, grosse à son extrémité, longue de huit ou neuf lignes, plantée dans une petite cavité, serrée & peu profonde. Son diametre est de deux pouces & demi, & sa hauteur de deux pouces trois lignes.

Sa peau est un peu boutonnée; le côté du soleil est d'un beau rouge-foncé, tiqueté de points d'un jaune doré. Le côté de l'ombre est fouetté & rayé de rouge-clair sur un fond jaune.

La chair est demi-cassante, un peu grossiere, & quelquefois un peu pierreuse autour des pepins.

L'eau est sucrée, & de fort bon goût.

Les pepins sont longs, d'un brun-foncé, logés au large. L'axe est creux.

Ce fruit est bon & mûrit en Décembre. La différence du terrein fait beaucoup varier sa grosseur.

XXIX. *PYRUS fructu medio, Aurantii formâ , compreſſo , ſpiſſiùs virente , brumali.*

ORANGE d'hiver. (*Pl. XIX. fig. 4.*)

L'ARBRE eſt aſſez vigoureux ; il ſe greffe ſur franc & ſur Coignaſſier.

Le bourgeon eſt long , menu, droit, rouge-violet-clair, un peu farineux.

Le bouton eſt court , large par la baſe, comme collé ſur la branche. Son ſupport a peu de ſaillie.

La feuille eſt alongée , arrondie vers la queue; les bords ſont ſans dentelure. L'arrête vers la pointe ſe plie en arc en-deſſous. Elle a deux pouces huit lignes de longueur, & vingt lignes de largeur. Son pédicule eſt menu, long de deux pouces quatre lignes.

La fleur eſt très-ouverte ; ſon diametre eſt de quinze lignes. Les pétales ſont longuets, figurés en raquette , aſſez creuſés en cuilleron. Les ſommets des étamines ſont d'un pourpre-clair , preſque de couleur de roſe.

Le fruit eſt de groſſeur moyenne, de la forme des autres Oranges, rond, applati par les extrémités. Sa hauteur eſt de vingt-quatre lignes, & ſon diametre de vingt-ſept lignes (quelquefois il eſt plus fort dans ces deux dimenſions). L'œil eſt très-peu enfoncé & preſqu'à fleur du fruit. La queue eſt plantée au fond d'une petite cavité. Elle eſt groſſe , & longue de ſix à ſept lignes.

La peau eſt très-fine , d'un vert-brun , qui pâlit un peu lors de la maturité, ſemée de très-petits points d'un vert plus brun, boutonnée légérement. Souvent on y trouve des verrues très-ſaillantes.

La chair eſt blanche , fine, caſſante, & ſans pierres.

L'eau eſt très-muſquée & aſſez agréable.

Les

Les pepins font bruns, alongés, pointus, bien nourris & renfermés dans de grandes loges.

Cette Poire mûrit en Février, Mars & Avril.

XXX. *PYRUS fructu magno, pyriformi-longo, glabro, viridi, brumali.*
M a r t i n-S i r e. R o n v i l l e. (*Pl. XIX. fig. 5.*)

Ce Poirier fe greffe fur franc & fur Coignaffier.

Ses bourgeons font gros & forts, droits, d'un brun rougeâtre tirant fur le violet-foncé; femés de très-petits points jaunâtres.

Ses boutons font très-plats & comme écrafés fur la branche, attachés à des fupports plats & canelés.

Ses feuilles font plates, prefqu'ovales, fans dentelure, longues de trois pouces fix lignes, larges de deux pouces deux lignes. Les bords forment quelques ondes; & l'arrête fe repliant en arc en-deffous fait faire à la feuille deux plis à fes extrémités. Leur pédicule eft gros, long de neuf lignes.

Sa fleur a feize lignes de diametre. Les pétales font prefqu'ovales, peu creufés en cuilleron. Les fommets des étamines font mêlés de blanc & de pourpre.

Le fruit eft de groffeur un peu plus que moyenne, ayant trois pouces une ligne de longueur, & deux pouces trois lignes de diametre, figuré en poire alongée, bien fait, très-arrondi dans toute fa partie vers la tête où l'œil eft placé à fleur du fruit. Le ventre eft un peu plus gros d'un côté que de l'autre. La partie qui eft vers la queue fe termine en pointe obtufe. A la naiffance de la queue qui eft affez groffe fur-tout vers fon extrémité, & longue de neuf lignes, il y a une efpece de bourrelet. La Quintynie compare la forme de ce fruit à celle d'un beau & gros Rouffelet.

Sa peau eft unie & comme fatinée, verte; elle devient jaune en mûriffant. Le côté du foleil prend une teinte de rouge très-légere, quelquefois affez vive.

Sa chair eft caffante; fouvent il y a quelques pierres auprès des pepins.

Son eau eft douce, fucrée, quelquefois un peu parfumée.

On ne trouve ordinairement dans cette Poire que quatre loges féminales dont chacune contient deux pepins larges, plats, d'un brun-clair.

Sa maturité eft en Janvier.

XXXI. *PYRUS fructu parvo, pyriformi, partim viridiori, partim obfcurè rubente, brumali.*

R OUSSELET d'hiver. (*Pl. XIX. fig.* 2.)

CE Poirier fe greffe fur franc & fur Coignaffier, & eft vigoureux fur l'un & fur l'autre.

Son bourgeon eft de moyenne groffeur, longuet, droit, brunrougeâtre, affez vif & luifant, très-peu tiqueté.

Son bouton eft plat, très-court, couché fur la branche. A la bafe qui eft large, on apperçoit deux ou trois points, ou petites écailles d'un rouge très-vif. Les fupports font très-peu faillants.

Ses feuilles font longues de deux pouces neuf lignes, larges de vingt-deux lignes; les bords font dentelés très-finement & réguliérement, & font quelques grands plis. Les pédicules font longs de deux pouces fix lignes. La forme des feuilles eft un peu elliptique.

Sa fleur a feize lignes de diametre; les pétales font prefqu'ovales, froncés & comme chiffonnés par l'extrémité, bordés de quelques traits rouges.

Son fruit eft petit, ayant deux pouces de hauteur & dix-huit lignes de diametre. Il eft pyriforme, affez reffemblant au Rouffelet de Reims, un peu moins gros & moins pointu. L'œil eft à fleur du fruit. La queue eft courbée, longue de fept lignes, implantée dans un enfoncement très-peu profond.

Sa peau eſt verdâtre du côté de l'ombre, jaunit un peu au temps de la maturité. Le côté du ſoleil eſt de la même couleur qu'au Rouſſelet de Reims, un peu plus foncée. En muriſſant elle devient plus ſemblable à celle du Martin-Sec.

Sa chair eſt demi-caſſante, & laiſſe un peu de marc dans la bouche.

Son eau eſt aſſez abondante, & d'un goût un peu relevé.

Ses pepins ſont d'un brun-clair, ronds & courts.

Cette Poire mûrit en Février & Mars.

XXXII. *PYRUS fruƈtu parvo, pyriformi, partim viridi, partim obſcurè rubentè, æſtivo.*

Rousselet de Reims. (*Pl. XI.*)

Ce Poirier pouſſe très-bien ſur franc & ſur Coignaſſier.

Le bourgeon eſt de moyenne groſſeur, long, très-liſſe, très-tiqueté de petits points, brun-rougeâtre, un peu coudé à chaque œil.

Le bouton eſt court, triangulaire, plat & comme écraſé ſur la branche, attaché à un ſupport plat.

La feuille eſt grande, ovale, terminée en pointe par les deux extrémités, plate, longue de trois pouces dix lignes, large de deux pouces quatre lignes. La dentelure eſt grande & très-peu profonde. Le pédicule eſt long de vingt lignes. Les feuilles moyennes ſont plus rondes, & dentelées finement.

La fleur a de treize à quinze lignes de diametre. Les pétales ſont ovales, quelques-uns un peu pointus.

Le fruit eſt petit, figuré en poire. Son diametre eſt de vingt lignes & ſa hauteur de deux pouces. Il eſt arrondi par la tête, où l'œil aſſez gros, eſt placé à fleur du fruit. La queue eſt longue de dix lignes, ſouvent moins.

La peau eſt verte du côté l'ombre : quelques endroits jau-

T ij

niffent au temps de la maturité. Le côté du foleil eft d'un rouge-brun. Elle eft par-tout lavée & tiquetée de gris.

La chair eft demi-beurrée, affez fine & excellente.

L'eau a un parfum particulier à ce fruit, un goût très-agréable, un peu mufqué.

Les pepins font larges, bruns.

Cette Poire mûrit à la fin d'Août, ou au commencement de Septembre ; & mollit très-promptement. Elle eft moins groffe, mais beaucoup meilleure en plein-vent qu'en efpalier & en buiffon.

Quoique ce Poirier s'accommode de tous les terreins, cependant les terres légeres lui conviennent mieux. Tout le monde fait combien les poires de Rouffelet recueillies dans les cours & les jardins de la ville de Reims, font fupérieures à celles de la campagne.

XXXIII. *PYRUS fructu parvo, pyriformi, hinc intensè rubro, indè flavo, æftivo.*

ROUSSELET hâtif. POIRE de Chypre. PERDREAU.

L'ARBRE eft affez vigoureux; il fe greffe fur franc & fur Coignaffier.

Le bourgeon eft menu, court, affez droit, brun-rougeâtre tirant un peu fur le violet, très-peu tiqueté, couvert comme d'une pouffiere grife-blanche.

Le bouton eft court, prefque plat, large par la bafe, appliqué fur la branche, attaché à un gros fupport.

La feuille eft ronde, longue de trois pouces, large de deux pouces huit lignes, terminée par une pointe aiguë, repliée en gouttiere. La dentelure des bords eft grande & peu profonde. Le pédicule eft long de fix lignes. Les feuilles moyennes font alongées, larges vers la queue qui eft longue de douze lignes, dentelées très-légérement & irréguliérement.

La fleur a un pouce de diametre. Les pétales font arrondis à l'extrémité, peu creufés en cuilleron. Quelques fleurs ont jufqu'à neuf pétales.

Le fruit eft petit, pyriforme, ayant vingt-deux lignes de hauteur & vingt lignes de diametre, arrondi par la tête où l'œil eft placé dans un petit enfoncement uni & fans plis. La queue eft d'un vert-jaunâtre, affez groffe, un peu charnue, longue d'environ treize lignes.

La peau eft fine, jaune du côté de l'ombre, rouge-vif femé de taches grifes du côté du foleil.

La chair eft un peu jaune, demi-caffante. Il y a du fable ou de très-petites pierres autour des pepins.

L'eau eft très-parfumée & fucrée.

Les pepins font bruns-clair, peu nourris.

Cette Poire mûrit vers la mi-Juillet. Elle reffemble beaucoup au Rouffelet de Reims; mais elle n'a pas autant de goût & de parfum. On peut en faire de fort bonnes compotes.

XXXIV. *PYRUS fruЁu medio, pyriformi-acuto, fcabro, hinc fpiffiùs virente, inde obfcurè rubente, æftivo.*

Roy d'été. Gros Rousselet. (*Pl. XII.*)

Ce Poirier eft vigoureux, & fe greffe fur franc & fur Coignaffier.

Ses bourgeons font gros, longs, forts, très-tiquetés de petits points d'un blanc-jaune; très-coudés à chaque nœud; d'un brun rougeâtre tirant fur le violet-foncé.

Ses boutons font plats, triangulaires, ayant plus de bafe que de hauteur, peu écartés de la branche, attachés à des fupports peu faillants.

Ses feuilles font grandes, larges de deux pouces huit lignes, longues de trois pouces fix lignes, plates, dentelées irréguliérement & très-peu profondément. Leurs pédicules font longs de dix-huit à vingt lignes.

Sa fleur a quinze lignes de diametre. Les pétales font plus longs que larges, fe roulent en-deffous. Les fommets des étamines font très-gros.

Son fruit eft de groffeur moyenne, fa longueur étant de deux pouces neuf lignes, & fon diametre de deux pouces trois lignes, de la même forme que le Rouffelet de Reims; mais beaucoup plus gros, & un peu plus pointu vers la queue qui eft brune, longue de dix-neuf lignes: à l'endroit de fon implantation, il y a fouvent quelques petites boffes. Le côté de la tête eft applati, & l'œil eft placé au centre d'une cavité large & profonde.

Sa peau eft rude, tiquetée de petits points gris; d'un vert-foncé du côté de l'ombre; le côté du foleil eft rouge-brun, comme le Rouffelet; elle eft lavée de gris en plufieurs endroits.

Sa chair eft demi-caffante & peu fine.

Son eau eft bonne, parfumée & un peu aigrelette.

Ses pepins font longuets, arrondis.

Le temps de fa maturité eft la fin d'Août, ou le commencement de Septembre.

XXXV. *PYRUS fructu medio, pyriformi-longo, partim pallidè viridi, partim flavo, maculis fanguineis evanidis confperfo, æftivo.*

POIRE fans peau. FLEUR de Guignes. (*Pl. XIII.*)

CE Poirier eft vigoureux greffé fur franc; greffé fur Coignaffier il eft d'une force médiocre.

Le bourgeon eft long, droit, gris du côté de l'ombre; rougeâtre du côté du foleil, & à la pointe; très-tiqueté.

Le bouton eft plat, large par la bafe, pointu par le fommet, appliqué fur la branche, attaché à un fupport plat.

La feuille eft grande, longue de trois pouces huit lignes, large

de deux pouces six lignes, plate. Les bords forment quelques plis
en ondes, & font garnis de dents très-écartées l'une de l'autre, aiguës, très-peu profondes. Le pédicule est gros, long de vingt-
deux lignes ; les bords des feuilles moyennes font garnis de dents
fines, aiguës & peu profondes.

La fleur a quinze lignes de diametre. Les pétales font longs,
plus larges vers le calyce que vers l'autre extrémité ; creusés en
cuilleron, teints de quelques traits rouges fur les bords. Les fommets des étamines font d'un pourpre-clair.

Le fruit est de groffeur prefqne moyenne (vingt & une lignes
de diametre, fur vingt-neuf de hauteur.) Il est fouvent relevé de
boffes, & tant foit peu renflé vers la queue, qui est droite, bien
nourrie, longue de dix-huit lignes, plantée dans un enfoncement.
L'œil est affez gros, & placé dans le fond d'une cavité relevée
de côtes. Quelquefois la partie la plus renflée du fruit est prefqu'au
milieu de fa longueur, & il va en diminuant vers les deux extrémités ; ce qui lui donne la forme d'une navette un peu plus alongée vers la queue que vers l'œil, & alors il reffemble à une petite
poire d'Epargne. Quelquefois il a la forme du Rouffelet, mais
plus alongée. La Quintynie l'y compare.

La peau est fine, d'un vert-pâle marqueté de gris du côté de
l'ombre, & jaune marqueté d'un rouge de fang-pâle du côté du
foleil.

La chair est fondante ; ne laiffe aucun marc dans la bouche.
L'eau est très-bonne, douce, parfumée.

Cette Poire mûrit au commencement d'Août. Elle paffe fort
vîte.

XXXVI. *PYRUS fructu medio, pyriformi-acuminato, hinc melino, indè intensè rubro, autumnali.*

MARTIN-SEC. (*Pl. XIV.*)

CE Poirier se greffe sur franc & sur Coignassier. Il est très-fertile.

Le bourgeon est de médiocre grosseur, très-coudé à chaque nœud dans le bas, droit vers la pointe, peu tiqueté, gris-de-perle du côté de l'ombre, brun-rougeâtre un peu vineux, & luisant du côté du soleil.

Le bouton est très-menu, arrondi, long, pointu, un peu écarté de la branche, soutenu par un gros support.

La feuille est alongée, pliée en gouttiere, quelquefois en batteau, dentelée réguliérement, très-finement, & très-peu profondément ; longue de deux pouces dix lignes, larges de vingt & une lignes. Son pédicule est menu, long de vingt lignes.

La fleur a dix-sept lignes de diametre. Les pétales sont presque ronds, creusés en cuilleron : quelques-uns ont sur les bords des traits légers de rouges.

Le fruit est de moyenne grosseur, ayant deux pouces de diametre, & deux pouces sept lignes de hauteur, pyriforme, assez ressemblant au Rousselet, moins arrondi par la tête ; l'œil est fermé, placé dans un petit enfoncement bordé de plis, & d'élévations assez sensibles. Il se termine en pointe du côté de la queue, qui est courbée, & longue de sept à huit, & quelquefois jusqu'à dix-huit lignes.

Une belle Poire de Martin-sec bien faite & bien conditionnée, a près de deux pouces & demi de diametre sur trois pouces deux ou trois lignes de hauteur. Son plus grand renflement est vers la tête, qui s'alonge un peu ; & l'œil est placé presqu'à fleur sur une éminence formée par cinq petites bosses qui répondent aux cinq

échancrures

échancrures. L'autre extrémité ne diminue pas réguliérement de groffeur ; mais elle imite un peu la Calebaffe , & fe termine en pointe médiocrement aiguë. La fuperficie de ce fruit eft inégale.

La peau eft tendre , de couleur ifabelle, ou noifette-claire du côté de l'ombre, d'un rouge-vif du côté du foleil, femée de petits points blancs très-apparents fur le rouge.

La chair eft affez fine, caffante, quelquefois un peu pierreufe. L'eau eft fucrée, un peu parfumée & agréable.

Les pepins font d'un brun-foncé, médiocrement gros & longs. Sa maturité eft en Novembre , Décembre & Janvier.

XXXVII. *PYRUS fructu parvo , pyriformi-cucurbitato , autumnali.*

ROUSSELINE. (*Pl. XV.*)

Le Poirier de Roufseline ne veut point être greffé fur Coignaf-fier ; mais feulement fur franc.

Ses bourgeons font menus, affez droits, d'un gris-vert du côté de l'ombre, très-légérement teints de rouffâtre du côté du fo-leil, peu tiquetés.

Ses boutons font gros par la bafe, arrondis, très-pointus, écartés de la branche ; leurs fupports font faillants.

Ses feuilles font petites, la plupart rondes, fans dentelure fur les bords, longues de deux pouces quatre lignes, larges de vingt-deux lignes, plates ; leurs pédicules font longs de quatorze à feize lignes.

Ses fleurs font très-ouvertes, petites; leur diametre n'eft que de dix lignes. Les pétales font un peu plus longs que larges, creufés en cuilleron. Quelques-uns font légérement teints de rouge fur les bords. Les fommets des étamines font d'un pourpre-foncé.

Son fruit eft petit, ayant dix-huit lignes de diametre fur vingt-fept lignes de hauteur. Du côté de la queue qui eft longue de

Tome II. V

treize à dix-huit lignes, il eft pyriforme, pointu; quelquefois il fait un peu la Calebaffe. Le ventre eft très-renflé. La tête n'eft point arrondie, mais alongée, beaucoup moins groffe que le ventre, & comme étranglée; l'œil eft placé à l'extrémité dans un petit enfoncement bordé de plis.

Sa peau eft de couleurs beaucoup plus claires que le Rouffe-let, & même que le Martin-fec.

Sa chair eft demi-beurrée, fine & délicate.

Son eau eft fucrée, mufquée, & très-agréable.

Cette Poire mûrit en Novembre. Tous les Auteurs qui ont dé-crit ce fruit, le comparent au Rouffelet. En raffemblant tous fes caractères, on peut trouver quelque reffemblance entre ces deux Poires; mais on ne peut l'établir uniquement & précifément fur la forme, ou fur la couleur, ou fur le goût.

XXXVIII. *PYRUS fructu medio, ferè pyriformi obtufo, hinc citrino, indè rubello & punctis rubris diftincto, æftivo.*

AH! MON DIEU.

CE Poirier eft très-fécond; reffemble à celui de Rouffelet de Reims; & fe greffe fur franc & fur Coignaffier.

Son fruit eft de moyenne groffeur, ayant de vingt-deux à vingt-quatre lignes de diametre, fur vingt-fept ou vingt-huit li-gnes de hauteur. Il eft bien arrondi dans fa partie la plus renflée, qui eft plus près de la tête que de la queue. Quelquefois la tête eft un peu alongée. L'œil eft à fleur, bordé de boffes peu fail-lantes placées vis-à-vis des échancrures; les filets des étamines teints de rouge-vif y fubfiftent jufqu'à la maturité du fruit. La partie vers la queue s'alonge & diminue de groffeur affez régu-liérement, & fe termine en pointe obtufe. La queue longue de quinze à dix-huit lignes, un peu charnue à fa naiffance, eft plantée à fleur entre quelques petites boffes ou bourrelets. Si la pointe de ce fruit étoit .aiguë , il feroit pyriforme.

Sa peau eſt liſſe ; d'un jaune-citron-clair du côté de l'ombre. L'autre côté eſt lavé de rouge-clair , & tiqueté de petits points d'un rouge-vif.

Sa chair eſt blanche, demi-caſſante, peu fine , & ſujette à mollir.

Son eau eſt aſſez abondante, ſucrée, & un peu parfumée dans les terreins ſecs.

Ses pepins ſont bien nourris , terminés en pointe très-aiguë.

Sa maturité eſt au commencement de Septembre. Ce fruit eſt plus eſtimable pour ſon abondance , que pour ſa bonté. Dans quelques provinces on appelle Poire *Ah ! mon Dieu, la Poire d'Amour, n°. 105.*

XXXIX. *P Y R U S fruĉtu medio , turbinato-truncato , glabro , partim è viridi ſubflaveſcente , partim intenſè & ſplendidè rubro , æſtivo.*

F i n-O r d'Été.

Cette Poire eſt de moyenne groſſeur, de la forme d'une toupie, un peu tronquée par la queue qui eſt aſſez groſſe , longue de ſeize lignes. Elle eſt plate du côté de la tête, où l'œil qui n'eſt pas fort gros, eſt placé au fond d'une petite cavité.

La peau eſt très-unie; d'un rouge-foncé brillant du côté du ſoleil ; d'un vert-jaunâtre tiqueté de rouge du côté de l'ombre.

La chair eſt fine, verdâtre, demi-beurrée.

L'eau n'en eſt pas déſagréable, quoiqu'elle ait un peu d'aigreur.

Les pepins ſont noirs & aſſez nourris.

Elle mûrit vers la mi-Août.

XL. *PYRUS fructu magno, pyriformi, glabro, lætè virente, maculis dilutè rubris distincto, æstivo.*

FIN-OR de Septembre.

CETTE Poire est grosse, ayant deux pouces neuf lignes de hauteur, sur deux pouces quatre lignes de diametre. Elle a la forme d'une Poire. Le côté de la tête n'est pas applati comme au Fin-Or d'été; au contraire, il est relevé de quelques bosses peu saillantes, & au milieu est un petit enfoncement où l'œil est placé. La queue a environ quatorze lignes de longueur.

Sa peau est lisse, unie, d'un vert-gai du côté de l'ombre, lavée de rouge parsemé comme des marbrures du côté du soleil.

Sa chair est blanche, beurrée, fine.

Son eau a un aigrelet agréable; elle ressemble beaucoup à celle de la poire de Beau-présent.

Elle mûrit à la fin d'Août, ou au commencement de Septembre.

XLI. *PYRUS fructu medio, pyriformi, hinc melino, indè dilutiùs rubente, æstivo.*

CHAIR A DAME. CHERÉ ADAME. (*Pl. XVI.*)

CE Poirier est assez fertile & vigoureux; il se greffe sur franc & sur Coignassier.

Les bourgeons sont courts, de moyenne grosseur, coudés à chaque nœud, les uns presqu'isabelle, la plupart gris-de-lin, très-tiquetés; mais les points sont peu apparents, se confondant presque avec la couleur du bourgeon.

Les boutons sont gros, pointus, applatis, couchés sur la branche, attachés à des supports larges & assez saillants.

Les feuilles sont longuettes, pliées en gouttiere; pendantes, d'un vert-pâle & brillant, longues de trois pouces, larges de vingt

& une lignes ; la dentelure eſt aſſez fine , très-peu profonde , & peu aiguë. Les pédicules ſont longs de deux pouces à deux pouces ſix lignes.

La fleur a dix-ſept lignes de diametre. Le pétale eſt de la forme d'une raquette, étant arrondi à l'extrémité, ſe rétréciſſant réguliérement, & ſe terminant en pointe au bord du calyce.

Le fruit eſt de groſſeur moyenne, un peu alongé, ayant vingt-ſix lignes de hauteur, ſur vingt-deux lignes de diametre, figuré en Poire, arrondi par la tête où il y a un œil gros, preſque ſaillant. La queue eſt groſſe & courte , ayant au plus neuf lignes de longueur. Le fruit a preſque toujours quelques boſſes à l'extrémité où elle s'attache, & ſouvent elle eſt recourbée, ou couchée à cet endroit ; de ſorte qu'elle s'inſere obliquement dans le fruit, & comme s'enveloppant de la boſſe où elle s'implante.

La peau eſt griſe , de couleur iſabelle ; peu teinte de rouge du côté du ſoleil. Lorſque le fruit eſt bien mûr, la peau eſt jaune, tachetée de gris ; & marbrée de rouge-clair du côté du ſoleil.

La chair eſt demi-caſſante, peu fine.

L'eau eſt douce, relevée d'un petit parfum agréable.

Les pepins ſont noirs & alongés.

Cette Poire mûrit à la mi-Août.

XLII. *PYRUS fruſtu parvo , ovi formâ , æſtivo.*

POIRE D'ŒUF.

L'ARBRE eſt beau & vigoureux étant greffé ſur franc. Il réuſſit mal ſur Coignaſſier. Sa fertilité eſt très-médiocre.

Son bourgeon eſt un peu farineux, très-long & menu, très-coudé à chaque nœud, vert-rouſſâtre du côté de l'ombre, plus teint de roux du côté du ſoleil , tiqueté.

Son bouton eſt court, plat, comme colé ſur la branche, ſoutenu par un ſupport plat.

Ses feuilles font un peu blanchâtres, rondes, repliées en divers fens, recourbées en-deffous, dentelées peu finement & très-peu profondément; longues de deux pouces fix lignes, & larges de deux pouces trois lignes. Leur pédicule eft long de quinze lignes.

Sa fleur a quatorze lignes de diametre. Les pétales font pref-qu'ovales, creufés en cuilleron.

Son fruit eft petit, à peu-près de la forme & de la groffeur d'un œuf de poulette, ovale, un peu pincé par le petit bout. Son diametre eft de quinze lignes, & fa longueur de dix-neuf lignes. L'œil eft placé dans un petit enfoncement, dont le bord eft un peu plus relevé d'un côté que de l'autre. La queue menue, d'égale groffeur dans toute fon étendue, garnie de quelques pe-tites pointes vers l'extrémité par laquelle elle s'attache à la branche, & fe pliant un peu en crochet par cette extrémité, eft longue d'en-viron un pouce, & plantée dans un petit enfoncement en enton-noir.

Sa peau du côté de l'ombre eft verte, un peu jaune, comme la Verte-longue; mais femée de taches rouffes de couleur de fon; d'un rougeâtre mêlé de vert du côté du foleil.

Sa chair eft fine, demi-fondante, comme le Rouffelet; quel-quefois tendre & demi-beurrée.

Son eau eft fucrée, douce, un peu mufquée, d'un goût agréa-ble fans âcreté.

Ses pepins font les uns blancs, les autres noirs.

Cette Poire mûrit entre la mi-Août & le commencement de Septembre, avec le Roi d'été & l'Epargne.

XLIII. *PYRUS fructu medio, pyriformi, cucurbitato, glabro, lucido, partim lætè virente, partim dilutè rubescente, æstivo.*

Inconnu Cheneau. Fondante de Brest. (*Pl. XVII.*)

Ce Poirier fertile, vigoureux fur franc & fur Coignaffier ne pouffe jamais droit.

Son bourgeon eft gros, long, très-coudé à chaque nœud, excepté la pointe qui eft droite ; très-tiqueté, gris, légérement teint de roux du côté du foleil ; rougeâtre à la pointe.

Son bouton eft large par fa bafe, court, applati, écarté de la branche, attaché à un fupport gros & large.

Sa feuille eft affez grande, longue de trois pouces trois lignes, large de deux pouces quatre lignes, dentelée finement, atta-chée à la branche par un pédicule long de deux pouces.

Sa fleur a un pouce de diametre. Les pétales font ovales, très-creufés en cuilleron.

Son fruit eft de groffeur moyenne, plus long que rond, pyri-forme, fouvent relevé de plufieurs côtes, fur-tout du côté de la tête où elles forment un enfoncement dans lequel l'œil eft placé. Ordinairement le côté de la queue eft un peu tronqué, & la queue longue de dix-neuf lignes, eft plantée à fleur du fruit. Le diamè-tre de cette Poire a deux pouces, & fa hauteur vingt-cinq lignes; elle a le ventre très-renflé.

Sa peau eft mince, liffe, brillante, & comme onctueufe au toucher ; d'un vert-gai, tiquetée finement de vert-brun du côté de l'ombre, un peu lavée de rouge du côté du foleil, (quelquefois elle prend une teinte de rouge affez forte) tiquetée de points gris-clair.

Sa chair eft fine, blanche, caffante, & non pas fondante, quoi-que cette Poire en porte le nom. Elle eft fujette à mollir.

Son eau eft fucrée, & relevée d'un petit aigre-fin affez agréable.

Ses pepins font longs, noirs, fouvent avortés.

Le temps de fa maturité eft la fin d'Août & le commencement de Septembre.

XLIV. *PYRUS fructu parvo, pyriformi, partim è viridi fubflavefcente, partim dilutè rubente, æflivo.*

CASSOLETTE. FRIOLET. MUSCAT-VERT. LECHEFRION. (*Pl. XVIII.*)

Ce Poirier eft un fort bel arbre, très-fertile; il fe greffe fur franc & fur Coignaffier.

Le bourgeon eft de moyenne groffeur, longuet, coudé à chaque nœud, gris du côté de l'ombre (greffé fur franc il eft quelquefois vert-clair); rouffâtre du côté du foleil & à la pointe.

Le bouton eft menu, arrondi, long, très-pointu, écarté de la branche, attaché à un fupport faillant & renflé.

La feuille eft longue de trois pouces deux lignes, large de vingt-fix lignes. L'arrête fe replie en arc en-deffous; les bords fe froncent & font de grands plis en ondes. Les dents font grandes, peu pointues & très-peu profondes. Quelques feuilles font prefque fans dentelure. Le pédicule eft long de feize lignes.

La fleur a quatorze lignes de diametre. Les pétales font ovales-alongés, peu creufés en cuilleron.

Le fruit eft petit, ayant vingt lignes de diametre, & vingt-quatre lignes de hauteur; figuré en Poire, arrondi par la tête, où l'œil eft prefque à fleur du fruit; le côté de la queue eft affez gros, & à l'extrémité eft un enfoncement dans lequel s'implante la queue qui eft menue, d'un vert-clair, & longue de fept lignes.

La peau eft d'un vert-tendre jaunâtre; légérement fouettée de rouge du côté du foleil.

La chair eft caffante & tendre.

L'eau

L'eau eſt ſucrée & muſquée.
Cette Poire mûrit à la fin d'Août.

Je crois que la Poire de Friolet que je vais décrire n'eſt pas
une variété de la précédente, mais la même Poire, dont les différences ne ſont occaſionnées que par le terrein.

Elle eſt de moyenne groſſeur, ſa hauteur étant de deux pouces neuf lignes, & ſon diametre de vingt-ſept lignes ; pyriforme un peu arrondie à la tête où il y a quelques boſſes, entre leſ-
quelles eſt placé l'œil aſſez gros & comme chifonné. La queue
de même couleur que le fruit, longue de treize lignes, aſſez
droite, eſt ſouvent accompagnée à ſa naiſſance d'un petit bourrelet qui défigure un peu le fruit en cet endroit où il paroît comme tronqué.

La peau eſt verte & aſſez unie, quoiqu'elle le paroiſſe peu à
cauſe d'un grand nombre de points verts-bruns dont elle eſt tiquetée. Le côté du ſoleil eſt lavé d'une petite teinte rouſſe fort
légere.

La chair eſt demi-caſſante, un peu ſeche & groſſiere.
L'eau eſt très-muſquée.
Elle mûrit au commencement de Septembre.

XLV. *PYRUS fructu magno*, *turbinato*, *ſcabro*, *lætè virente*, *punctis*
fulvis diſtincto, *æſtivo*.

BERGAMOTTE d'été. MILAN de la Beuvriere.

CE Poirier ſe greffe également bien ſur franc & ſur Coignaſſier.

Son bourgeon eſt menu, médiocrement long, coudé à chaque nœud, farineux, rougeâtre tirant ſur la lie de vin, peu
tiqueté.

Son bouton eſt gros, court, applati, peu pointu. Le ſupport eſt
gros, & cannelé.

Tome II.   X

Ses feuilles font les unes en cœur, les autres larges & rondes à leur extrémité, & pointues vers le pédicule, un peu froncées par les bords, farineufes, fans dentelure, excepté à l'extrémité où on en apperçoit quelques-unes très-peu profondes. Le pédicule eft long de quatorze à dix-huit lignes. La longueur de la feuille eft de trois pouces, & fa largeur de deux pouces trois lignes.

Sa fleur a quinze lignes de diametre. Les pétales font prefque ronds, un peu creufés en cuilleron, & chiffonnés par l'extrémité.

Son fruit eft gros, turbiné, de la même forme que la Berga-motte d'automne; fa hauteur eft de deux pouces dix lignes, & fon diametre de trente lignes. Le côté de la tête eft un peu re-levé; l'œil eft placé au fond d'une cavité bordée de côtes. La queue eft groffe, verte, longue de fix lignes, plantée au fond d'une petite cavité.

Sa peau eft rude au toucher, d'un vert-gai, tiquetée de fau-ve; quelquefois lavée d'une légere teinte rouffe du côté du foleil.

Sa chair eft demi-beurrée, prefque fondante, fujette à coton-ner fi le fruit n'eft cueilli un peu vert.

Son eau, fans être relevée, a un aigre-fin affez agréable.

Ses pepins font petits, & fouvent avortés.

Ce fruit mûrit au commencement de Septembre.

XLVI. *PYRUS fructu vix medio, turbinato-compreſſo, hinc flavo, indè rubro, æſtivo.*

BERGAMOTTE rouge. (*Pl. XIX. fig. 6.*)

CE POIRIER eft vigoureux, & fe greffe fur franc & fur Coi-gnaffier. Il eft très-fertile.

Ses bourgeons font gros & forts, d'un brun-clair-jaunâtre; femés de gros points.

Ses boutons font très-courts, petits, peu écartés de la bran-che, attachés à des fupports gros & renflés.

Ses feuilles font petites, alongées, larges vers le pédicule qui eft menu & très-long, (deux pouces fix lignes); plates, fans aucune dentelure; longues de trente-deux lignes, larges de dix-neuf lignes.

Ses fleurs ont feize lignes de diametre. Les pétales font pref-qu'ovales, creufés en cuilleron.

Le fruit eft de moyenne groffeur, ayant vingt-quatre lignes de diametre fur vingt-deux lignes de hauteur, turbiné. Le côté de la tête eft un peu applati, & l'œil eft placé dans un petit enfoncement. La queue longue de trois à dix lignes, affez groffe, eft plantée dans une cavité étroite, ou un enfoncement.

La peau eft d'un jaune-foncé. Du côté du foleil elle prend plus de rouge que les autres Bergamottes.

La chair eft prefque fondante; devient cotonneufe, & mollit promptement, fi on laiffe mûrir le fruit fur l'arbre.

L'eau eft relevée & très-parfumée; peu abondante dans l'ex-trême maturité du fruit.

Les pepins font d'un brun-clair, affez bien nourris.

Cette Poire mûrit vers la mi-Septembre; elle eft très-mufquée & un peu feche; mais très-bonne en compote. Quelques Pépi-niériftes l'appellent *Crafanne d'Eté*, parce que l'arbre a le port du Poirier de Crafanne. Comme il fe charge beaucoup de fruit, fouvent fes plus groffes Poires, n'ont que vingt & une lignes de diametre, fur dix-neuf ou vingt lignes de hauteur.

XLVII. *PYRUS fructu medio, turbinato-fubrotundo ; tæniis flavis, viridibus, & fanguineis virgato, autumnali.*

Bergamotte Suisse. (*Pl. XX.*)

Ce Poirier eft fertile, & réuffi bien greffé fur franc & fur Coignaffier.

Le bourgeon eft de médiocre groffeur, long, droit, rayé ou panaché de jaune & de vert, & d'un peu de rouge du côté du foleil.

Le bouton eft petit, arrondi, très-écarté de la branche; fon fupport eft plat.

La feuille eft alongée, large de vingt-fept lignes, longue de trente-fept lignes. Ses bords ont quelques dents éloignées les unes des autres, & à peine fenfibles; ils font des plis ou finuofités en ondes; l'arrête fe replie en arc en deffous. Le pédicule eft long de deux pouces fix lignes.

La fleur a feize lignes de diametre. Les pétales font figurés prefqu'en lozange, creufés en cuilleron.

Le fruit eft de moyenne groffeur, fon diametre étant de vingt-fept lignes & fa hauteur de vingt-huit lignes; fa queue, longue de fix à douze lignes, placée dans une très-petite cavité, & plus fouvent au milieu d'un petit applatiffement, eft de groffeur médiocre, blanche, excepté en quelques endroits du côté du foleil qui fe teignent d'aurore. Sa forme eft turbinée du côté de la queue. Le côté de l'œil diminue auffi de groffeur & s'alonge un peu; quelquefois il s'applatit.

La peau eft liffe, rayée de vert & de jaune. Le côté du foleil prend une légere teinte de rouge, qui eft beaucoup plus fenfible fur les raies jaunes que fur les vertes.

La chair eft fans pierres, beurrée & fondante.

L'eau eft fucrée, & abondante lorfque le fruit n'a pas mûri fur l'arbre.

Les pepins font d'un brun-clair, bien nourris, terminés en longue pointe.

Le mois d'Octobre eft le temps de fa maturité.

Ce Poirier n'aime pas une expofition trop frappée du foleil. Il paroît être une variété du fuivant.

XLVIII. *PYRUS fructu magno, turbinato-compreſſo, partim flaveſcente, partim dilutè rufeſcente, autumnali.*

Bergamotte d'Automne. (*Pl. XXI.*)

L'arbre ſe greffe ſur franc & ſur Coignaſſier. Il veut l'Eſpalier, devenant galeux en buiſſon & en plein-vent.

Ses bourgeons ſont courts, aſſez gros, d'un gris-clair tirant
ſur le vert, tiquetés de très-petits points.

Ses boutons ſont gros, arrondis, longs, très-pointus, très-
écartés de la branche; leurs ſupports ſont preſque plats.

Ses feuilles ſont longues; la dentelure eſt preſque imperceptible; l'arrête ſe plie en deſſous en arc. Leur longueur eſt de
trois pouces; leur largeur de dix-neuf lignes. Le pédicule eſt
long de neuf lignes; celui des feuilles moyennes eſt de deux
pouces.

Sa fleur eſt de quatorze lignes de diametre, très-ouverte. Les
pétales ſont longuets, preſque plats.

Son fruit eſt gros, applati par la tête. Il a vingt-huit lignes
de diametre & vingt-ſept lignes de hauteur. Il eſt quelquefois
plus gros, ſouvent moindre, ſuivant le terrein. L'œil eſt petit,
placé dans une cavité unie & peu profonde, ſouvent dépouillé
des échancrures du calyce. La queue, aſſez groſſe, longue de ſix
à dix lignes, s'implante auſſi dans une petite cavité.

La peau eſt liſſe, verte; devient jaune lorſque le fruit mûrit.
Le côté du ſoleil ſe teint légérement de rouge-brun tiqueté de
points gris.

La chair eſt beurrée & fondante.

L'eau eſt douce, ſucrée, relevée d'un peu de parfum, très-
fraîche.

Les pepins ſont d'un brun-clair, aſſez gros, alongés, terminés par une pointe très-aiguë.

Cette Poire mûrit en Octobre, Novembre, & quelquefois plus tard. C'eſt une des plus anciennes Poires, qui a toujours été eſtimée, & qui mérite de l'être. Elle eſt mieux repréſentée *Pl. XIX. Fig. 7.*

XLIX. *PYRUS fructu magno, rotundo, è viridi cinereo, autumnali.*

CRASANNE. BERGAMOTTE Craſanne. (*Pl. XXII.*)

CE Poirier eſt vigoureux, pouſſe beaucoup de bois, ſe greffe ſur franc & ſur Coignaſlier, mieux ſur franc; il aime un bon terrein un peu humide.

Ses bourgeons ſont longs, médiocrement gros, un peu coudés à chaque œil, gris-clair, tirant un peu ſur le vert du côté de l'ombre, teints très-légérement de rougeâtre du côté du ſoleil, tiquetés.

Ses boutons ſont ronds, aſſez gros, ſur-tout par la baſe, très-écartés de la branche, ſoutenus par des ſupports plats.

Ses feuilles ſont larges vers la queue, ſe terminent en pointe, plates, un peu pliées en deſſous, longues de deux pouces ſix lignes, larges de deux pouces trois lignes, très-peu dentelées, irréguliérement, & très-peu profondément. Le pédicule eſt long de douze à quatorze lignes. Les feuilles moyennes ſont longues, étroites, ſans dentelure, ſe froncent ou pliſſent beaucoup par les bords.

La fleur eſt très-ouverte; ſon diametre eſt de quatorze lignes. Les pétales ſont preſque ronds, peu creuſés en cuilleron.

Le fruit eſt gros, rond, quelquefois un peu turbiné; ayant deux pouces cinq lignes de hauteur, & deux pouces ſept lignes de diametre. Dans les terres très-propres à ce Poirier, on trouve des fruits qui ont juſqu'à trois pouces deux lignes de diametre, ſur trois pouces de hauteur. La queue eſt menue, un peu courbée, longue de quinze lignes, & plantée dans une

petite cavité, étroite, en entonnoir, unie. Le côté de la tête
eſt applati, & l'œil qui eſt petit, eſt placé dans une cavité profonde, unie, étroite.

Sa peau eſt d'un gris-verdâtre, quelquefois tavelée de petites
taches rouſſes: au temps de ſa maturité, elle jaunit un peu du
côté du ſoleil.

Sa chair très-fondante & beurrée, n'eſt pas ſujette à mollir.

Son eau eſt ſucrée, très-abondante, un peu parfumée, & relevée d'une petite âpreté qui ne deplaît pas, lorſqu'elle n'eſt pas
trop forte; ce qui dépend de la qualité du terrein.

Ses pepins ſont renflés & bien nourris. Quelquefois on ne
trouve que quatre loges ſéminales dans ce fruit.

Cette Poire mûrit en Novembre. Son mérite eſt reconnu de
tout le monde.

L. *PYRUS foliis per lymbos albis, fructu medio, rotundo, è viridi
cinereo, autumnali.*

CRASANNE panachée. (*Pl. XXIII.*)

La Craſanne panachée eſt une variété de la précédente, qui
n'en differe point par le fruit.

Ses bourgeons ſont très-menus & longuets.

Ses boutons ſont petits, arrondis, pointus, écartés de la
branche.

Ses feuilles ſont très-petites, bordées de blanc, longuettes,
elles ſe plient de divers ſens, & de diverſes façons: les dentelures en ſont très-fines, aiguës & peu profondes. Les pédicules
ſont menus & longs de huit à dix lignes.

Ce Poirier offre un coup d'œil très-brillant & très-agréable;
mais il ne faut pas le planter en eſpalier, ni dans un lieu trop expoſé au ſoleil qui rouſſit & gâte la bordure blanche de ſes feuilles;
elles paroiſſent alors à moitié deſſéchées, plutôt que panachées.

LI. *PYRUS fructu magno, propè pyriformi, hinc flavescente, indè dilutè rufescente, brumali.*

Bergamotte de Soulers. Bonne de Soulers. (*Pl. XLIV. Fig. 1.*)

Ce Poirier se greffe sur franc & sur Coignassier.

Les bourgeons sont gros, d'un vert-clair du côté de l'ombre, très-légérement teints de roux du côté du soleil, tiquetés de points d'un gris-blanc. Ils font à chaque nœud un coude très-sensible.

Les boutons sont gros, pointus, assez arrondis, couverts d'é- cailles, les unes grises, les autres brunes, écartés de la branche, soutenus par de gros supports.

Les feuilles sont de moyenne grandeur, ovales, presque ron- des, ayant deux pouces huit lignes de longueur sur deux pouces quatre lignes de largeur, dentelées très-légérement, souvent repliées en batteau; les pédicules sont longs d'un pouce.

La fleur a quinze lignes de diametre. Les pétales sont longuets, figurés en truelle; quelques-uns sont légérement teints de rouge par les bords.

Le fruit est de grosseur moyenne, rond; sa hauteur est de vingt-cinq lignes, & son diametre de trente lignes. Sa tête est plus arrondie que celle des autres Bergamottes; l'œil est très- peu enfoncé. La queue est assez grosse, longue de onze lignes, un peu enfoncée dans le fruit. Lorsque l'arbre est planté dans un terrein & à une exposition qui lui conviennent, son fruit est gros, ayant trois pouces de hauteur, sur trente-deux lignes de diametre, alongé, presque pyriforme; il se termine en pointe un peu obtuse à la queue. Sa tête est plutôt un peu alongée qu'ap- platie; de sorte que sa forme la plus ordinaire est très-différente de celle des autres Bergamottes.

Sa peau est lisse, luisante, d'un vert-blanc ou très-clair, ti- quetée de points d'un vert plus foncé. Elle devient jaune lorsque

le

ſe fruit mûrit. Le côté du ſoleil prend une teinte très-légere de rouge-brun.

Sa chair eſt ſans pierres, beurrée & fondante.

Son eau eſt ſucrée, & d'un goût agréable.

Ses pepins ſont gros, bien nourris, terminés en pointe longue & très-aiguë.

Sa maturité eſt en Février & Mars.

LII. *PYRUS fructu maximo, rotundo-turbinato, hinc viridi, indè leviter rufeſcente, brumali.*

BERGAMOTTE de Pâques ou d'hiver. (*Pl. XXIV.*)

CE Poirier eſt vigoureux; il ſe greffe ſur franc & ſur Coignaſſier.

Son bourgeon eſt gros, court, vert-gris, tiqueté de très-petits points peu apparents, peu coudé à chaque œil.

Son bouton eſt gros, pointu, un peu écarté de la branche, attaché à un ſupport plat.

Sa fleur a dix-ſept lignes de diametre. Les pétales ſont preſque pláts, de la forme d'une truelle.

Ses feuilles ſont longues de trois pouces quatre lignes, larges de deux pouces cinq lignes, elliptiques du côté de la queue qui eſt blanche, longue de deux pouces & demi. L'autre extrémité ſe termine réguliérement en pointe. Elles ſe plient en gouttiere, ſont d'un vert-gai, dentelées par les bords finement, réguliérement & peu profondément. Les nervures ſont peu marquées.

Son fruit eſt très-gros, ayant trois pouces de diametre & autant de hauteur. Quelquefois ſon diametre excede ſa hauteur, & eſt de deux pouces onze lignes, ſur deux pouces huit lignes de longueur. Il eſt rond. Son plus grand diametre eſt vers l'œil qui eſt petit, un peu enfoncé; ce côté s'arrondit quelquefois;

le plus souvent il est un peu applati. Le côté de la queue va en diminuant ; elle est grosse, longue de quatre ou cinq lignes, souvent un peu courbée, & inclinée, plantée dans une cavité ronde, en entonnoir peu évasé.

Sa peau est verte, tiquetée de très-petits points gris; elle jaunit un peu en mûrissant ; le côté du soleil est lavé d'une teinte très-légere de roux.

Sa chair est très-blanche, demi-beurrée, sans pierres.

Son eau est assez abondante, relevée d'un petit goût qui tire un peu à l'aigrelet ; lorsqu'il ne domine pas trop, elle est agréable, sur-tout dans la saison où cette Poire se mange.

Ses pepins sont grands, plats, pointus, bruns, souvent avortés.

Ce fruit mûrit en Janvier, Février & Mars.

LIII. *PYRUS fructu maximo, propè turbinato, viridi, maximè serotino.*

BERGAMOTTE de Hollande. AMOSELLE.

BERGAMOTTE d'Alençon. (*Pl. XXV.*)

CE Poirier pousse bien ; il se greffe sur franc & sur Coignassier.

Ses bourgeons sont longs, de grosseur médiocre, un peu coudés à chaque nœud, gris-verdâtres du côté de l'ombre, d'un jaune-brun du côté du soleil, recouverts d'un fin épiderme gris de perle-clair, semés de points peu apparents. Leur couleur & leurs boutons les font ressembler à des bourgeons de Cerisier; ils ne viennent point droits, mais ils se courbent en divers sens, à peu-près comme ceux du Poirier de Crasanne.

Ses boutons sont gros, longs, arrondis, pointus, bruns, écartés de la branche; leurs supports sont peu saillants.

Ses feuilles sont alongées, arrondies vers la queue, longues de trois pouces quatre lignes, larges de vingt-cinq lignes. L'arrête se plie en arc en deſſous. La dentelure des bords qui ſont un peu froncés, eſt ſi peu profonde qu'à peine eſt-elle ſenſible. Dans les feuilles moyennes on n'en apperçoit aucune. Les queues ſont longues de vingt-deux lignes.

Sa fleur eſt de dix-ſept lignes de diametre, très-ouverte. Les pétales ſont un peu plus longs que larges, preſque plats, un peu froncés par les bords. Les ſommets des étamines ſont d'un pourpre-clair.

Son fruit eſt très-gros, d'environ trois pouces de diametre, ſur deux pouces neuf lignes de hauteur; applati, d'une forme aſſez approchante de celle des Bergamottes. La partie la plus renflée eſt du côté de la tête qui eſt applatie; & l'œil où il ne reſte que peu des échancrures du calyce, eſt placé au ſommet d'une cavité unie, profonde & peu large. Le côté de la queue ſe termine en pointe très-obtuſe, relevée de pluſieurs petites boſſes & plis qui forment un petit enfoncement dans lequel s'implante la queue qui eſt aſſez groſſe, & longue de dix-huit lignes. La ſuperficie de ce fruit eſt relevée de quelques boſſes peu ſaillantes, qui n'empêchent pas que ſa forme ne ſoit agréable, & ſes contours réguliers.

Sa peau en automne eſt verte, marquetée de quelques taches brunes. En Février & Mars elle devient légérement ridée, d'un jaune-clair, & les taches ou points bruns ſont plus apparents.

Sa chair eſt très-bonne, quoiqu'un peu groſſiere; elle eſt demi-caſſante, & très-peu ſujette aux pierres.

Son eau eſt abondante, agréable, aſſez relevée; elle a quelque choſe du Bon-Chrétien.

Ses pepins ſont bien formés; les loges qui les contiennent ſont de médiocre grandeur; & entre ces loges l'axe du fruit eſt creux.

Cette Poire peut ſe garder juſqu'en Juin. Elle eſt une de

Y ij

celles qui méritent le plus d'être cultivées. On la croit originaire d'Alençon où elle eſt connue ſous le nom de *Bergamotte*
d'Alençon.

LIV. *PYRUS fructu magno, ſubturbinato, partim flaveſcente, partim*
leviter rubente, autumnali.

BERGAMOTTE Cadette. POIRE de Cadet. (*Pl. XLIV.* Fig. 2.)

LE Poirier eſt très-vigoureux; il ſe greffe ſur franc & ſur
Coignaſſier, & donne beaucoup de fruit.

Ses bourgeons ſont gros, courts, droits, d'un gris-jaune,
preſque ventre de biche, ſemés de gros points.

Ses boutons ſont gros, alongés, arrondis, pointus, écartés
de la branche, ſoutenus par de gros ſupports.

Ses feuilles ſont médiocrement grandes, longues de trois
pouces, larges de vingt-cinq lignes, arrondies du côté du pédicule, ſe terminant en pointe par l'autre extrémité. Les nervures
ſont très-ſaillantes, même ſur le deſſus de la feuille; la groſſe
ſe replie en arc en deſſous; & la plupart des feuilles ſe plient
en gouttiere. Les bords ſont unis & ſans aucune dentelure. Les
pédicules ſont longs d'environ neuf lignes.

La fleur a quinze lignes de diametre. Les pétales ſont arrondis, creuſés en cuilleron. La pointe des échancrures du calyce
eſt un peu teinte de rouge.

Le fruit eſt gros, ſon diametre étant de deux pouces huit
lignes, & ſa hauteur de deux pouces ſept lignes; de forme un
peu turbinée. Dans les terreins qui ne ſont pas très-propres pour
ce Poirier, le fruit n'a communément que vingt-quatre ou vingt-
cinq lignes de hauteur, ſur vingt-cinq ou vingt-ſix lignes de
diametre; il eſt plutôt arrondi & de la forme des Poires d'Orange que turbiné. Le côté de la tête eſt aſſez arrondi, & l'œil
bien ouvert, eſt placé dans un applatiſſement. La queue groſſe,

longue de huit à dix lignes, eſt plantée dans un enfoncement très-peu creuſé, & ſouvent recouvert d'une petite boſſe à ſa naiſſance.

La peau ſe teint légérement de rouge du côté du ſoleil; l'autre côté jaunit lorſque le fruit acquiert ſa maturité. Elle eſt très-liſſe.

La chair & l'eau ſont bonnes, quoiqu'inférieures à celles de la plupart des autres Bergamottes.

Les pepins ſont preſque toujours avortés. L'axe du fruit eſt creux.

Cette Poire mûrit en Octobre. Pour peu qu'elle ſoit paſſée de maturité, elle devient cotonneuſe.

LV. *PYRUS fructu magno, ſubrotundo, obſcurè flaveſcente (vel cinereo, vel albido) autumnali.*

MESSIRE-JEAN doré. (*Pl. XXVI.*)

CE Poirier ſe greffe ſur franc & ſur Coignaſſier.

Ses bourgeons ſont gros, courts, droits, gris, peu tiquetés, quelquefois un peu farineux.

Ses boutons ſont gros, courts, un peu applatis, triangulaires, très-aigus par le ſommet, peu écartés de la branche. Leurs ſupports ſont larges & peu élevés.

Ses feuilles ſont grandes, longues de trois pouces trois lignes, larges de deux pouces trois lignes. L'arrête ſe replie en arc en deſſous. La dentelure eſt grande, aſſez profonde dans les grandes feuilles, très-peu dans les autres. Les pédicules ſont longs de ſix lignes.

Sa fleur a ſeize lignes de diametre. Les pétales ſont preſqu'ovales, creuſés en cuilleron.

Son fruit eſt gros, preſque rond, plus renflé au milieu que vers les extrémités. La queue, longue de dix à quatorze lignes, est plantée dans une cavité large & peu profonde. L'œil est petit, placé dans un enfoncement uni & peu creusé. Le diametre est de deux pouces huit lignes, & la hauteur de deux pouces six lignes & demie. Les vieux arbres, dans un bon terrein, produisent quelquefois des Poires de trois pouces quatre lignes de diametre, sur trois pouces deux lignes de hauteur.

La peau est un peu rude, d'un jaune doré très-embruni par des tavelures qui le couvrent quelquefois presqu'entiérement.

La chair est cassante, souvent pierreuse, & un peu sujette à mollir.

L'eau est abondante, d'un goût très-relevé & excellent.

Les pepins sont petits, bien nourris, peu pointus, d'un brun très-clair.

Sa maturité est en Octobre.

La couleur des Poires de Messire-Jean varie suivant l'âge, la vigueur de l'arbre, & le sujet sur lequel il est greffé. S'il est vieux & languissant, le fruit est d'un jaune très-pâle, presque blanc. S'il est jeune, vigoureux, greffé sur franc, le fruit est de couleur grise; il devient moins gros & un peu plus pierreux. Ainsi le Messire-Jean gris, le blanc, le doré sont une même espece, & non trois especes, ni même trois variétés.

LVI. *PYRUS fructu parvo, turbinato-compresso, è viridi subalbido, æstivo.*

ROBINE, ROYALE d'été. (*Pl. XXVII.*)

LE Poirier a beaucoup de ressemblance avec celui de Cassolette. Il se greffe sur franc & sur Coignassier. Sur franc il se met difficilement à fruit.

Le bourgeon est assez gros, droit, vert-gris du côté de l'ombre, roussâtre du côté du soleil; (l'extrémité est verte du côté de l'ombre, rougeâtre du côté du soleil); tiqueté de points gris-clair, assez gros.

Le bouton eft gros; l'extrémité èft très-aiguë & d'un brun
clair-luifant; très écarté de la branche. Son fupport eft large
& plat.

La feuille eft grande, longue de trois pouces, large de deux
pouces cinq lignes, un peu repliée en deffous, attachée à la
branche par une queue longue de dix-fept lignes. La dentelure
eft très-fine & à peine fenfible.

La fleur eft grande, fon diametre étant de dix-neuf lignes.
Les pétales font très-alongés, aigus par les deux extrémités,
étroits, attachés par un onglet très-long.

Le fruit eft petit, arrondi, de la forme d'une toupie très-
courte, ou d'une petite Bergamotte; un peu applati du côté de
la tête où il y a un enfoncement affez profond dans lequel l'œil
eft placé; quelquefois il eft peu profond, mais très-évafé. Il n'y
a point de cavité à l'infertion de la queue, mais quelques boffes;
feulement elle eft féparée du fruit par une rainure très-ferrée;
fa groffeur eft médiocre, & fa longueur eft de dix-huit lignes.
Le fruit a vingt & une lignes de hauteur, fur vingt lignes de
diametre.

Sa peau eft d'un vert-blanchâtre, tiquetée de vert-brun; elle
jaunit au temps de la maturité du fruit.

Sa chair eft blanche, demi-caffante, un peu feche; elle n'eft
pas fujette à mollir.

Son eau eft très-mufquée & fucrée.

Ses pepins font bruns, larges, bien nourris.

Cette Poire mûrit en Août. Elle devient plus groffe lorfque
le Poirier eft greffé fur Coignaffier, que lorfqu'il eft greffé fur
franc.

LVII. *P Y R U S fructu magno, fubrotundo, compreſſo, partim è viridi flaveſcente, partim dilutè roſeo, æſtivo.*

Epine-Rose. Poire de Roſe.

Ce Poirier ſe greffe ſur franc & ſur Coignaſſier.

Son bourgeon eſt gros, peu alongé, très-coudé à chaque nœud, brun-rougeâtre tirant ſur le violet-foncé, fort tiqueté de très-petits points d'un gris-clair.

Son bouton eſt plat, très-large par la baſe, preſqu'appliqué ſur la branche; attaché à de gros ſupports.

Sa feuille eſt grande, très-large vers le pédicule, qui eſt gros, long de quinze lignes; plate; à peine apperçoit-on quelques dentelures irrégulieres, très-peu profondes, & éloignées l'une de l'autre ſur les bords. Elle eſt longue de trois pouces, & large de deux pouces ſept lignes.

Sa fleur a quinze lignes de diametre. Les pétales ſont ovales & très-plats.

Son fruit eſt gros, rond, applati de la tête à la queue, ayant dans ce ſens vingt-ſept lignes de longueur, ſur trente de diametre. Sa forme eſt approchante de celle de la Craſanne, applatie par la tête où il y a un enfoncement peu conſidérable, dans lequel eſt l'œil qui eſt aſſez gros. La queue, de couleur de bois, longue de vingt lignes, ordinairement recourbée, eſt auſſi placée dans un enfoncement.

Sa peau eſt d'un vert-jaunâtre, tiquetée & marbrée de brun; du côté du ſoleil elle eſt lavée de rouge-fauve.

Sa chair eſt blanche, tendre, demi-fondante.

Son eau eſt muſquée & ſucrée, du même goût que celle de la Poire d'Ognonnet; & c'eſt la plus grande reſſemblance qu'il y ait entre le Poirier d'Epine-Roſe & celui d'Ognonnet, quoique pluſieurs Auteurs les comparent auſſi pour le bois, les feuilles & la forme du fruit.

Ses

Ses pepins font noirs & fouvent avortés.

Cette Poire mûrit du commencement à la mi-Août. Quelques Jardiniers la nomment *Caillot-rofat*; mais celle-ci eft une autre Poire, qui mûrit à la fin de Septembre: elle eft belle, & feroit plus eftimable, fi elle ne molliffoit promptement, & fi fon eau n'étoit ordinairement relevée d'un peu trop d'acide. Merlet, qui paroît ne l'avoir pas connue, donne fon nom à trois Poires qui en font fort différentes, la Poire *d'Eau-rofe*, la Poire *Tulipée*, & la Poire *de Malte*.

LVIII. *PYRUS flore femi-pleno, fructu magno, turbinato-compreffo, glabro, partim viridi, partim intensè rubro, brumali.*

DOUBLE-FLEUR.

PYRUS flore femi-pleno, fructu magno, rotundo-compreffo, viridibus & flavis tæniis, & maculis rubris diftincto, brumali.

DOUBLE-FLEUR panachée. (*Pl. XXVIII.*)

LE Poirier de Double-fleur & fa variété panachée font très-vigoureux, & fe greffent fur franc & fur Coignaffier.

Les bourgeons font gros & forts, d'un vert-jaune du côté de l'ombre, rougeâtres du côté du foleil. Ceux de la Double-fleur panachée font rayés de rougeâtre, de brun-vert & de jaune.

Les boutons font grands & applatis.

Les feuilles font très-grandes, plates, très-larges du côté de la queue, vont en s'étréciffant vers la pointe qui eft très-aiguë; elles font épaiffes, étoffées, dentelées irréguliérement & très-peu profondément, longues de trois pouces dix lignes, larges de deux pouces fept lignes. Leurs pédicules font gros, longs de vingt lignes.

Les fleurs font grandes, belles & très-ouvertes, de dix-huit lignes de diametre. Elles ont de dix à quinze pétales, dont quatre ou cinq intérieurs font beaucoup moindres que les autres,

Tome II. Z

longs, étroits, chiffonnés par les bords. Les grands font prefque ronds, creufés en cuilleron. Les fommets des étamines font
gros, d'un pourpre-clair, mêlé de blanc.

Le fruit eft gros, rond, applati, fon diametre étant de trente
lignes, & fa hauteur de vingt-fix lignes; le côté de la tête
eft applati, & l'œil y eft placé dans un enfoncement large &
uni. La queue eft longue de onze lignes, droite, plantée dans
une cavité très-étroite. Le fruit de la Double-fleur non panachée eft plus alongé vers la queue; fon diametre eft prefqu'é-
gal à fa hauteur; & il reffemble affez à une Bergamotte. Celui
de la Double-fleur panachée eft plus arrondi du côté de la queue;
fon diametre excede fa hauteur, & fa forme approche de celle
de l'Orange d'hiver.

La peau eft verte, jaunit en mûriffant; rouge du côté du
foleil; liffe, tiquetée de quelques points & petites taches grifes.
La peau de la Double-fleur panachée, eft rayée de vert & de
jaune; fouettée de quelques gros points rouges du côté du foleil;
& tiquetée de points & petites taches grifes.

La chair eft fans pierres; prend beaucoup de couleur au feu.
Son eau eft abondante.

Ses pepins font larges, plats, d'un brun-foncé.

Cette Poire mûrit en Février, Mars & Avril. Elle eft très-
bonne cuite & en compote; c'eft fon feul ufage.

LIX. *PYRUS fructu parvo, fubrotundo, viridi, maculis fubfufcato,
autumnali.*

Bezy de Caiffoy. Roussette d'Anjou. (*Pl. XXIX.*)

L'arbre veut être planté dans une bonne terre franche un
peu forte. Il ne fe greffe point fur Coignaffier; & même greffé
fur franc, il eft très-délicat & peu vigoureux dans les terreins
légers.

Ses bourgeons font menus, longs, très-garnis d'yeux, droits, d'un brun-clair, farineux, très-peu tiquetés.

Ses boutons font gros par rapport au bourgeon, un peu applatis, écartés de la branche. Leurs fupports font gros, renflés au-deffus & au-deffous de l'œil.

Ses feuilles font petites, rondes, dentelées réguliérement & affez profondément, quelquefois farineufes; longues de vingt-trois lignes, larges de dix - neuf lignes.

La fleur a onze lignes de diametre. Les pétales font ovales, creufés en cuilleron. Les fommets des étamines font d'un pourpre très-foncé.

Le fruit eft petit, rond, un peu applati par la tête. Son diametre eft de dix-neuf lignes, & fa hauteur de dix-fept lignes. L'œil qui eft petit, eft très-peu enfoncé. La queue, droite, longue de fix lignes, eft plantée dans une cavité profonde & large relativement à la petiteffe du fruit. Les fruits font abondants, & viennent par bouquets.

La peau eft verte; à la maturité du fruit elle jaunit; mais elle eft tellement couverte de taches brunes, qu'on voit peu fa couleur.

La chair eft tendre & beurrée.

L'eau eft très-bonne, & tient beaucoup de celle de la Crafanne dont elle n'a point l'âpreté. Lorfque le Poirier languit dans un terrein qui lui eft contraire, l'eau eft infipide, ou d'un goût peu agréable.

Les pepins font petits, noirs, & fouvent avortés.

Cette Poire mûrit en Novembre. Elle eft très-eftimée en Bretagne où ce Poirier fe plaît; c'eft fa patrie.

On cultive encore en Bretagne une autre Poire de Rouffette (*Fig.* 2.) qui eft moins petite que la précédente, ayant vingt & une lignes de diametre, & vingt & une lignes de hauteur. Son

Z ij

plus grand diametre eſt vers la tête, qui eſt un peu applatie, l'œil y eſt placé à fleur du fruit, n'ayant autour qu'un très-petit enfoncement. Elle va en diminuant vers la queue qui eſt droite, longue de neuf lignes, implantée dans une cavité profonde & bordée de plis & de petites boſſes.

Sa peau eſt unie, couleur de noiſette, preſque comme le Meſ-ſire-Jean doré; quelquefois un peu griſe comme le Meſſire-Jean gris.

Sa chair eſt très-blanche, un peu caſſante; elle devient tendre dans la parfaite maturité du fruit. Il y a quelques ſables, ou très-petites pierres autour des pepins.

Son eau eſt abondante, relevée d'un peu d'âcreté, ou même d'amertume, qu'elle perd dans l'extrême maturité, & alors elle eſt douce & ſucrée.

Ses pepins ſont bien nourris, & gros par rapport au fruit. Ils ſont placés plus bas vers l'œil que je n'en ai trouvé dans au-cune Poire. L'axe eſt creux dans toute la longueur des loges, & l'ombilic eſt ouvert très-avant dans le fruit.

Cette Poire mûrit en Octobre, Novembre & une partie de Décembre. Elle participe un peu de la Craſanne pour le goût; & beaucoup du Meſſire-Jean pour la couleur de la peau, la couleur & l'odeur de la chair; mais elle eſt inférieure à l'une & à l'autre.

LX. *PYRUS fructu magno, utrinquè acutò, ſubvireſcente, maculis furfuraceis diſtincto, autumnali.*

FRANC-RÉAL.

CET arbre eſt vigoureux & fertile. Il ſe greffe ſur franc & ſur Coignaſſier.

Le bourgeon eſt long, de groſſeur médiocre, très-coudé à chaque œil, tiqueté, vert-jaunâtre, farineux.

Le bouton eſt plat, court, triangulaire, écarté de la branche,

foutenu par un gros fupport renflé au-deſſus & au-deſſous de
l'œil.

La feuille eſt aſſez grande, large vers la queue ; s'étrécit vers
l'autre extrémité & ſe termine en pointe ; elle eſt dentelée réguliérement, finement & peu profondément, farineuſe, repliée
en-deſſous par la pointe, & quelquefois par les bords. Sa longueur eſt de deux pouces dix lignes, & ſa largeur de trente-
quatre lignes. Sa queue eſt longue de ſept à huit lignes. Les
feuilles des branches à fruit ont la queue beaucoup plus longue,
& ſont unies par les bords.

La fleur a un pouce de diametre. Les pétales ſont ovales,
plats. Les ſommets des étamines ſont d'un pourpre-foncé.

Le fruit eſt gros, de hauteur & de diametre égaux ; la partie
la plus renflée eſt au milieu de ſa hauteur ; il va en diminuant
vers la tête où l'œil, qui eſt petit, eſt placé dans une cavité peu
profonde. Il diminue davantage vers la queue qui eſt groſſe,
longue de neuf lignes, & plantée preſqu'à fleur du fruit. Cette
Poire n'eſt pas d'une forme agréable. Elle a deux pouces dix lignes de diametre, & autant de hauteur. Quelquefois elle eſt
beaucoup plus groſſe, preſque pyriforme, ayant un peu plus de
hauteur que de diametre.

La peau eſt verdâtre, tiquetée de points & de petites taches
rouſſes. Elle devient jaunâtre lorſque le fruit eſt mûr.

Les pepins ſont grands, plats, d'un brun-foncé.

Cette Poire eſt très-bonne cuite ſous la cloche, & en compotes. Elle mûrit de bonne heure, en Octobre & Novembre.

LXI. *PYRUS fructu magno, longo, incurvo, partim citrino, partim*
rufeſcente, brumali.

BEQUESNE.

CE Poirier eſt grand & vigoureux, & ſe greffe mieux ſur
franc que ſur Coignaſſier.

Ses bourgeons font comme ridés, rougeâtres, tiquetés de points gris-clair.

Ses feuilles font de moyenne grandeur, minces, dentelées très-légérement (quelques-unes ne le font point du tout) ; longues de deux pouces neuf lignes, larges de vingt-deux lignes; quelquefois pliées en ondes ou finuofités par les bords : leurs pédicules font longs de onze lignes.

Son fruit eft gros, long, affez bien fait, fouvent un peu boffu d'un côté, & comme voûté de l'autre ; fon plus grand diametre eft vers la moitié de fa hauteur ; il diminue de groffeur vers les deux extrémités, & fur-tout vers la queue, ou fouvent il fe termine en pointe affez aiguë pour être pyriforme dans cette partie. Il eft ordinairement arrondi du côté de la tête où l'œil, qui eft petit, eft enfoncé dans une cavité affez large. La queue eft droite, longue de dix lignes, plantée à fleur du fruit. Le diametre de cette Poire eft de deux pouces quatre lignes, & fa hauteur de deux pouces dix lignes.

Sa peau prend une légere teinte de rouge du côté du foleil, l'autre côté devient jaune-citron en mûriffant ; mais elle eft prefqu'entiérement couverte de points & de taches grifes, fur-tout du côté du foleil.

Ses pepins font longuets & noirs.

Cette Poire eft très-bonne cuite & en compote. Sa chair eft moëlleufe , & prend une belle couleur au feu. Son eau eft très-abondante & fans âcreté, un peu fade lorfque le fruit eft très-mûr. On en mange depuis le mois d'Octobre jufqu'en Février.

LXII. *PYRUS fructu medio , pyriformi-longo , viridi , versùs pediculum flavefcente , æftivo.*

Epine d'été. Fondante mufquée. (*Pl. XXX.*)

Ce Poirier fe greffe fur franc, & fur Coignaffier.

Le bourgeon eft long, médiocrement gros, un peu coudé à chaque nœud, tiqueté de points blanchâtres, vert-clair du côté de l'ombre, légérement teint de rouſſâtre du côté du ſoleil.

Le bouton eft petit, applati, triangulaire, couché ſur la branche; ſon ſupport eft aſſez ſaillant.

La feuille eft alongée, preſque plate, grande, longue de trois pouces ſix lignes, large de deux pouces quatre lignes. La dentelure eft grande, peu profonde. La queue eft longue de dix-neuf lignes.

La fleur a quinze lignes de diametre. Les pétales ſont arrondis, un peu elliptiques par l'extrémité, creuſés en cuilleron.

Le fruit eft de groſſeur moyenne, long, ayant un pouce dix lignes de diametre, & deux pouces dix lignes de longueur. Il eft de la forme d'une Poire très-alongée; arrondi du côté de la tête: l'œil eft aſſez grand, & placé preſqu'à fleur du fruit. L'autre côté ſe termine en pointe, & la queue, longue d'un pouce, y eft plantée ſans enfoncement.

La peau eft fine, unie, liſſe, comme graſſe au toucher, de couleur vert-pré du côté de l'œil, & vert-jaunâtre du côté de la queue.

La chair eft fondante, aſſez fine, quelquefois un peu pâteuſe; L'eau eft relevée & très-muſquée.

Les pepins ſont noirs & bien nourris.

Cette Poire mûrit au commencement de Septembre: c'eft une bonne Poire. Louis XIV lui en donnoit le nom.

LXIII. *PYRUS fructu medio, pyriformi - longiori, glabro, obſcurè viridi, æſtivo.*

POIRE-FIGUE.

LA Poire-Figue reſſemble beaucoup à la précédente. Elle eft de moyenne groſſeur, pyriforme, très-alongée, ſon diametre étant d'un pouce dix lignes , & fa hauteur de trois pouces. Sa tête eft arrondie & un peu renflée ; & l'œil , qui n'eft pas gros , eft placé dans une cavité peu profonde. L'autre côté s'alonge en diminuant de groffeur. La queue , brune , groffe , boffue , longue d'un pouce , eft comme une prolongation du fruit. Le côté de la tête n'eft arrondi que fuivant fa longueur & non pas fuivant le diametre ; car cette Poire vue du côté de l'œil , paroît comme triangulaire.

Sa peau eft affez unie , & d'un vert-brun , même au temps de la maturité du fruit.

Sa chair eft blanche , fondante , & affez fine.

Son eau eft douce , fucrée , & un peu reffemblante à celle de l'Epargne.

Ses pepins font longs & noirs.

Elle mûrit au commencement de Septembre.

LXIV. *P Y R U S fruêtu magno , longo , glabro , è viridi albefcente , autumnali.*

EPINE d'hiver. (*Pl. XLIV. fig. 3.*)

LA culture de ce Poirier exige quelqu'attention. Dans les terreins fecs il veut être greffé fur franc ; & dans les terreins humides , fur Coignaffier. Si la féchereffe ni l'humidité ne regnent point dans le terrein , & que cet arbre s'y éleve bien fur Coignaffier , il faut le greffer fur Coignaffier. Le fruit en fera meilleur. Il veut une bonne expofition. Le plein-vent lui convient affez lorfqu'il eft greffé fur franc , & planté dans une terre humide.

Les bourgeons font d'une force & d'une longueur médiocres , ils font un peu de coude à chaque œil ; font tiquetés de petits points blanchâtres.

Les boutons font applatis , triangulaires , couchés fur la
branche ,

branche, attachés à des supports très-peu saillants.

Les feuilles ont à peu-près la même forme, & la même dentelure que celles de l'Epine d'été. Lorsque l'arbre est greffé sur
Coignassier, elles sont beaucoup plus petites ; longues de deux
pouces quatre-lignes, larges de vingt lignes, un peu froncées
par les bords ; les nervures sont presqu'aussi relevées dessus les
feuilles que dessous ; les pédicules sont longs de sept à huit
lignes.

La fleur a quatorze lignes de diametre. Les pétales sont longs,
aigus par les deux extrémités, chiffonnés & repliés en dedans.

Le fruit est de grosseur moyenne, alongé, ayant vingt-six
lignes de diametre, & deux pouces six lignes de longueur. Il
est quelquefois plus gros, quelquefois moindre, suivant le terrein où le Poirier est planté, & le sujet sur lequel il est greffé.
Du côté de la tête il est très-peu applati, & l'œil y est placé
presqu'à fleur du fruit. Le côté de la queue va en diminuant de
grosseur, & se termine en pointe très-obtuse. La queue est assez
grosse, longue de dix à quatorze lignes, un peu charnue à sa
naissance ; elle est quelquefois plantée à fleur du fruit, quelquefois entre plusieurs plis & petites bosses qui forment comme un
enfoncement à l'endroit de son insertion. Souvent une rainure
peu profonde, mais bien sensible, s'étend depuis la naissance de
la queue jusqu'à l'œil, ou sur la plus grande partie de la longueur
du fruit. Lorsque cette Poire est belle & bien conditionnée,
elle a trois pouces de hauteur, sur vingt-sept ou vingt-huit lignes de diametre ; elle est de forme presqu'elliptique, terminée
en pointe du côté de la queue, dont la naissance charnue est
comme une extension du fruit.

La peau est unie, comme satinée, d'un vert-blanchâtre qui
jaunit très-peu lors de la maturité du fruit. Si l'arbre est planté
dans un terrein humide, ou froid, ou à une mauvaise exposition,
la peau du fruit demeure très-verte, & ne jaunit point : alors

Tome II.   A a

c'eft une mauvaife Poire, comme l'a bien obfervé la Quintinye.

La chair eft fondante, délicate, & d'un beurré très-fin.

L'eau eft douce, mufquée, & d'un goût très-agréable.

Les pepins font très-longs, bien nourris, d'un brun-clair.

Cette Poire mûrit en Novembre, & fe conferve quelquefois jufqu'à la fin de Janvier. Rarement elle eft mufquée; mais lorfque d'ailleurs elle eft bien conditionnée, c'eft un fort bon fruit.

LXV. *PYRUS fructu medio, fubovato, albido, autumnali.*

AMBRETTE. (*Pl. XXXI.*)

L'ARBRE a le bois épineux; il fe greffe fur franc, & mieux fur Coignaffier. Il veut un terrein fec & chaud, & une bonne expofition, le plein-vent & la haute-tige, plutôt que l'efpalier & le buiffon. Les années pluvieufes, humides, froides, rendent fon fruit beaucoup moins eftimable. Ainfi fa culture demande les mêmes attentions que le précédent.

Ses bourgeons font courts, d'un vert gris-clair du côté de l'ombre, gris de-lin du côté du foleil, droits & bien arrondis.

Ses boutons font gros, arrondis, très-aigus, écartés de la branche, foutenus par des fupports peu faillants.

Ses feuilles font de grandeur médiocre, longues de deux pouces huit lignes, larges de vingt-deux lignes, fans dentelure: elles fe plient en gouttiere, & l'arrête fe replie en arc en deffous. Les pédicules font longs de dix-neuf lignes.

Sa fleur a quatorze lignes de diametre. Les pétales font ovales, creufés en cuilleron. Les fommets des étamines font d'un pourpre-clair mêlé de blanc.

Son fruit eft de moyenne groffeur, d'une forme agréable, arrondi, diminuant un peu vers la queue qui eft groffe, longue de neuf lignes, plantée dans un très-petit enfoncement dont les bords font relevés de quelques petites boffes. La tête eft bien arrondie, & l'œil y eft placé dans une cavité peu profonde bordée de quelques petites boffes. Son diametre eft de deux pouces, & fa hauteur de vingt-cinq lignes.

Sa peau eft blanchâtre dans les terres légeres; & grife dans les terres fortes ou humides.

Sa chair eft un peu verdâtre, fine, fondante.

Son eau eft fucrée, relevée, & excellente dans les années & les terreins favorables à ce fruit.

Ses pepins font noirs; & leurs loges affez larges.

Elle mûrit en Novembre, Décembre, Janvier & Février.

LXVI. *P Y R U S fructu médio, ovato, fubflavefcente, autumnali.*

E CHASSERY. B EZI de Chaffery. (*Pl. XXXII.*)

CET Arbre eft beau, fertile, fe met promptement à fruit, & le porte par bouquets; il fe greffe fur franc & fur Coignaffier. Une terre douce & légere lui convient mieux, & rend fon fruit beaucoup meilleur, que les terres fortes & humides ou froides.

Les bourgeons font menus, coudés à chaque nœud, très-tiquetés, gris d'un côté, d'un gris-vert de l'autre.

Les boutons font médiocrement gros, longuets, pointus; écartés de la branche, foutenus par des fupports petits & très-peu faillants.

Les feuilles font longues & étroites, un peu pliées en gouttiere, dentelées très-peu profondément, & groffiérement, larges de dix-fept lignes, longues de trois pouces; leur pédicule eft long de dix-huit lignes.

La fleur a feize lignes de diametre. Les pétales font alongés, terminés en pointe froncée, peu creufés en cuilleron.

Le fruit eft de moyenne groffeur, rond-ovale diminué vers la queue, affez reffemblant à l'Ambrette; quelquefois de la forme

A a ij

d'un Citron. Son diametre eft de deux pouces, & fa hauteur de deux pouces cinq lignes (fouvent il eft plus gros); quelquefois fon diametre & fa hauteur font prefqu'égaux. Le côté de la tête eft très-arrondi; l'œil y eft placé à fleur du fruit. La queue eft groffe, longue de huit à quinze lignes, plantée dans une petite cavité ordinairement bordée de quelques petites boffes.

La peau eft blanchâtre, plus claire que celle de l'Ambrette; elle devient jaunâtre lors de la maturité du fruit.

La chair eft beurrée, fondante, & fine.

L'eau eft fucrée, mufquée, d'un goût très-agréable.

Les pepins font bruns.

Cette Poire mûrit en Novembre, Décembre & Janvier; c'eft un fruit excellent lorfqu'il eft bien conditionné.

LXVII. *PYRUS fructu medio, fubovato, fcabro, fubviridi, autumnali.*

MERVEILLE d'hiver. PETIT OIN. (*Pl. XXXIII.*)

CE Poirier eft un bel arbre étant greffé fur franc; mais il réuffit mal fur Coignaffier. Il eft très-fertile.

Le bourgeon eft menu, long, peu coudé à chaque nœud, très-tiqueté de points gris; vert; la cime eft un peu rouffe du côté du foleil.

Le bouton eft triangulaire, un peu applati, peu pointu, écarté de la branche: fon fupport eft peu élevé.

Les feuilles font petites, longues de trente-quatre lignes, larges de dix-huit lignes, froncées par les bords qui ne font pas unis, quoiqu'on n'y apperçoive pas de dentelure, quelques-unes pliées en gouttiere, la plupart en batteau. Leurs pédicules font longs de vingt-trois lignes. Les feuilles moyennes font prefqu'ovales, diminuant prefqu'également de largeur par les deux extrémités. Les pédicules ne font longs que de treize à quinze lignes.

La fleur a quinze lignes de diametre. Les pétales font affez étroits, aigus par les deux extrémités.

Le fruit eft de moyenne groffeur, d'une forme peu conftante, tantôt reffemblant aux deux précédents, tantôt approchant d'une Bergamotte. Ordinairement il eft affez arrondi, ayant vingt-fix lignes de diametre fur vingt-huit lignes de hauteur. Le côté de la tête eft rond; & l'œil, qui eft grand, eft placé à fleur du fruit. La queue, menue, courte & un peu courbée, eft plantée dans un petit enfoncement; quelquefois elle eft affez longue & plantée à fleur du fruit.

La peau, un peu rude, & fouvent parfemée de petites boffes, eft verdâtre; elle tire un peu fur le jaune au temps de la maturité du fruit.

La chair eft d'un beurré très-fin, fondante, fans pierres & fans marc.

L'eau eft fucrée, mufquée, & d'un goût très-agréable.

Cette Poire mûrit en Novembre. Pour qu'elle foit excellente, il faut que le Poirier foit planté dans un terrein qui ne foit ni froid, ni humide, ni à une mauvaife expofition.

LXVIII. *PYRUS fructu medio, oblongo; glabro, viridi, autumnali.*
SUCRÉ-VERT. (*Pl. XXXIV.*)

CE Poirier eft vigoureux; il fe greffe fur franc & fur Coignaffier, eft très-fertile, & porte fes fruits par bouquets.

Ses bourgeons font gros, un peu coudés à chaque nœud, tiquetés, d'un rouge-brun très-foncé, verts au-deffous des fupports; quelquefois ils font gris, lorfque cet arbre eft greffé fur franc.

Ses boutons font triangulaires, petits, plats, couchés fur la branche; leurs fupports font plats.

Ses feuilles font très-grandes, alongées, longues de quatre

pouces deux lignes, larges de deux pouces huit lignes, pliées en gouttiere; la grosse nervure fait un arc en dessous; les bords ont quelques dents très-peu apparentes. Les pédicules sont assez gros, longs de vingt-deux lignes.

La fleur est belle, de dix-huit lignes de diametre. Les pétales sont presque ronds, peu creusés en cuilleron. Les sommets des étamines sont d'un rouge-vif.

Le fruit est de moyenne grosseur, oblong, un peu cylindrique, ayant vingt-cinq lignes de diametre, sur vingt-sept de hauteur; quelquefois son diametre est presqu'égal à sa hauteur. Le côté de l'œil est très-peu applati, & l'œil est placé dans un enfoncement très-peu profond. Le côté de la queue diminue peu de grosseur. La queue, qui est assez grosse, & longue de six à huit lignes, est plantée dans une petite cavité bordée de quelques plis; souvent elle est presqu'à fleur du fruit.

La peau est lisse, & toujours verte.

La chair est très-beurrée; elle a ordinairement quelques pierres autour des pepins.

L'eau est très-sucrée, & d'un goût agréable.

Cette Poire mûrit vers la fin d'Octobre.

LXIX. *PYRUS fructu magno, ad mali formam accedente, è viridi cinereo, brumali.*

POIRE de Prêtre.

CETTE Poire est grosse, ayant vingt-huit lignes de diametre, sur vingt-sept lignes de hauteur; presque ronde, un peu applatie par la tête & par la queue; d'une forme approchante de celle d'une Pomme. L'œil est placé dans une cavité large & peu profonde. La queue, bien nourrie, & longue d'environ neuf lignes, est reçue dans une cavité plus creusée.

La peau est assez fine, presque de la même couleur que le Messire-Jean gris, tiquetée de gris-blanc.

La chair eft blanche, demi-caffante, & affez fine ; elle a quelques pierres auprès des pepins.

L'eau a un petit goût aigrelet qui n'eft pas défagréable.

Les pepins font très-bruns, bien nourris, peu alongés; leurs loges font grandes.

Elle mûrit en Février; & a quelque mérite dans cette faifon.

LXX. *PYRUS fructu magno, turbinato, partim viridi, partim rubro, maximè ferotino.*

Poire à Gobert.

C'est un gros fruit, de la forme d'une toupie, qui a trente lignes de diametre, fur trente-trois lignes de hauteur. L'œil qui n'eft pas gros, eft placé dans une cavité peu profonde. La queue eft affez groffe, médiocrement longue, plantée à fleur du fruit.

Sa peau, frappée de rouge du côté du foleil, verte du côté de l'ombre, jaunit en mûriffant.

Sa chair eft très-blanche, demi-caffante, mufquée.

Ses pepins font ordinairement avortés; & leurs loges font petites.

Elle fe garde jufqu'au mois de Juin; c'eft un mérite.

LXXI. *PYRUS fructu magno, pyriformi, glabro, partim citrino, partim fuave-rubente, brumali.*

Royale d'hiver. (*Pl. XXXV.*)

Le Poirier fe greffe fur franc & fur Coignaffier. Lorfqu'il eft greffé fur Coignaffier, la greffe, à l'endroit de fon infertion, fait un gros bourrelet qui recouvre le fujet trop foible pour un arbre auffi vigoureux.

Le bourgeon eſt gros, droit, vert-jaune du côté de l'ombre, gris-de-lin du côté du ſoleil, ſemé de gros points. Sur Coignaſ-ſier, il eſt ordinairement rougeâtre.

Le bouton eſt gros, arrondi, long, très-aigu, rouge-brun-foncé, très-écarté de la branche ; les ſupports ſont gros à la cime du bourgeon, plats dans le reſte.

La feuille eſt large & belle, longue de trois pouces trois li-gnes, large de deux pouces deux lignes, terminée en pointe plus étroite à la queue qu'à l'autre extrémité, pliée en batteau, attachée à la branche par un pédicule long de ſept à neuf lignes. La dentelure des bords eſt très-fine, très-aiguë, & très-peu profonde.

La fleur a dix-huit lignes de diametre. Les pétales ſont lar-ges, diminuant de largeur vers l'extrémité, creuſés en cuilleron.

Le fruit eſt gros, de deux pouces ſept lignes de diametre, ſur deux pouces dix lignes de hauteur. Il s'en trouve ſouvent de très-gros, dont le diametre eſt de trois pouces, & la hauteur de trois pouces trois lignes. Il eſt pyriforme, très-renflé du côté de la tête, où il y a une grande cavité au fond de laquelle eſt placé l'œil qui eſt ordinairement petit. Il conſerve aſſez de groſſeur, & ne ſe termine pas en pointe aiguë du côté de la queue, qui eſt brune, ſouvent recourbée, plus groſſe à ſon extrémité qu'à ſa naiſſance, longue de treize lignes, & quelquefois de deux pouces.

La peau eſt unie & fine, d'un beau rouge du côté du ſoleil, jaune du côté de l'ombre, lorſque le fruit eſt mûr ; quelquefois tiquetée de points bruns ſur le rouge, & fauves ſur le jaune.

La chair eſt demi-beurrée, fondante, très-fine, ſans pierres, un peu jaunâtre.

L'eau eſt très-ſucrée dans les terreins ſecs & chauds.

Les pepins ſont ordinairement très-petits ; le plus ſouvent avortés. Cette

Cette Poire mûrit en Décembre, Janvier & Février. Elle est meilleure en plein-vent qu'en espalier.

LXXII. *PYRUS fructu magno, pyriformi, partim cinereo, partim rubro, serotino.*

M u s c a t l'Alleman. (*Pl. XXXVI.*)

CE Poirier a beaucoup de ressemblance avec le précédent. Il est vigoureux, & se greffe sur franc & sur Coignassier.

Ses bourgeons sont longs, de moyenne grosseur, assez droits, d'un vert-jaune du côté de l'ombre, d'un brun-clair du côté du soleil, tiquetés de petits points. Ils sont ordinairement rougeâtres, lorsque l'arbre est greffé sur Coignassier.

Ses boutons sont gros, longs, arrondis, pointus, très-écartés de la branche; leurs supports sont saillants.

Ses feuilles sont grandes, rondes, ayant deux pouces dix lignes de longueur, & deux pouces quatre lignes de largeur. Vers la pointe de la feuille, l'arrête se replie en dessous. La dentelure des bords est très-aiguë, très-peu profonde, à peine sensible, excepté vers la pointe de la feuille. Les pédicules sont longs de huit lignes.

Sa fleur est grande; son diametre est de dix-neuf lignes. Les pétales sont larges, creusés en cuilleron, froncés par les bords.

Son fruit ressemble beaucoup à la Royale d'hiver. Il est moins gros; ordinairement un peu plus renflé du côté de la tête. L'œil est très-petit, placé dans une cavité peu profonde. Cette Poire est plus pyriforme que la Royale d'hiver.

Sa peau est grise du côté de l'ombre, & rouge du côté du soleil.

Sa chair est beurrée, fondante, un peu jaunâtre.

Son eau est musquée, & plus relevée que celle de la Royale.

Ses pepins sont bruns, longs, & nourris.

Tome II. B b

Cette Poire mûrit en Mars & Avril, & se conserve quelquefois jusqu'en Mai. Ainsi elle est beaucoup plus tardive que la Royale d'hiver, avec laquelle plusieurs Jardiniers la confondent.

LXXIII. *P Y R U S fructu magno, longo, viridi, autumnali.*

VERTE-LONGUE. MOUILLE-BOUCHE.

C'est un Poirier très-fertile qui se greffe sur franc & sur Coignassier; mieux sur franc. Il veut un terrein chaud & léger.

Son bourgeon est de grosseur & de longueur médiocres, coudé à chaque œil, verdâtre du côté de l'ombre; le côté du soleil est rougeâtre, recouvert d'un fin épiderme de couleur gris-de-perle.

Son bouton est gros, arrondi, assez long, pointu, écarté de la branche, soutenu par un gros support.

Sa feuille est presque ronde, longue de deux pouces huit lignes, large de deux pouces une ligne. La dentelure des bords est grande & peu profonde; le pédicule long de neuf lignes. Les moyennes feuilles sont alongées, dentelées plus finement & très-légérement; leurs queues sont longues de dix-huit lignes.

Sa fleur est de quinze lignes de diametre, bien ouverte. Les pétales sont plats, arrondis. Les sommets des étamines sont gros. Les échancrures du calyce sont très-longues & étroites. Beaucoup de fleurs sont à sept pétales.

Son fruit est gros; son diametre est de deux pouces six lignes, & sa hauteur de trois pouces; long, quelquefois pyriforme, quelquefois turbiné. Sa partie la plus renflée est vers le milieu de la longueur; il diminue de grosseur du côté de la tête où l'œil est placé au milieu d'un petit enfoncement; il diminue bien davantage du côté de la queue, qui est menue, longue de deux pouces neuf lignes, & plantée à fleur du fruit, qui se termine irréguliérement en pointe obtuse.

Sa peau eſt verte, même au temps de la maturité du fruit.

Sa chair eſt très-fondante, fine, délicate, blanche, ſans pier-res ; mais elle mollit promptement.

Son eau eſt abondante, douce, ſucrée, d'un goût & d'un par-fum très-agréables.

Ses pepins ſont noirs, longs & bien nourris.

Cette Poire mûrit au commencement d'Octobre. Sa queue eſt peu adhérente à la branche, & le moindre vent l'en détache facilement.

LXXIV. *P Y R U S fructu magno, longo, viridi, tæniis luteis virgato, autumnali.*

V e r t e - l o n g u e panachée, ou Suiſſe. (*Pl. XXXVII.*)

L a Verte-longue panachée eſt une variété de la précédente, & ordinairement moins groſſe.

Les bourgeons ſont rayés de vert & de jaune.

Lorſque le Poirier eſt greffé ſur Coignaſſier, ou planté dans un terrein trop ſec, il eſt aſſez ordinaire d'y trouver quelques feuilles panachées.

La peau de cette Poire eſt rayée ſuivant ſa longueur, de jaune & de vert, & tiquetée de brun ou de vert-foncé ; quel-quefois les raies jaunes ſont légérement lavées de rouge du côté du ſoleil.

Dans tout le reſte elle ne differe point de la Verte-longue commune.

Cette Poire n'eſt connue que depuis environ quatre-vingt-dix ans. Merlet dit l'avoir découverte & fait connoître le premier.

LXXV. *PYRUS fructu maximo, ovoïdali-acuto, cinereo (aut viridi, aut rubente) autumnali.*

BEURRÉ. (*Pl. XXXVIII.*)

CE Poirier eft très-fertile, s'accommode de tous les terreins, de toutes les formes, efpalier, buiffon, éventail, plein-vent, & prefque de toutes les expofitions. Il fe greffe fur franc & fur Coignaffier.

Les bourgeons font gros, coudés à chaque nœud, tiquetés de très-petits points ; d'un rouge-brun-clair du côté du foleil, couverts d'un épiderme gris du côté de l'ombre.

Les boutons font gros par la bafe, peu alongés, écartés de la branche, foutenus par de gros fupports.

Les feuilles font grandes, alongées, larges & arrondies vers la queue, dentelées irréguliérement & très-peu profondément. L'arrête fe plie en arc en deffous. Les queues font longues de dix-huit lignes. La longueur des feuilles eft de trois pouces huit lignes, & leur largeur de deux pouces fix lignes.

La fleur a quinze lignes & demie de diametre. Les pétales font longs de fept lignes, larges de quatre lignes ; ils fe retréciffent beaucoup vers le calyce. Il y a beaucoup de fleurs à fix & à fept pétales.

Le fruit eft très-gros, ayant quelquefois deux pouces onze lignes de diametre, & trois pouces neuf lignes de hauteur, de forme elliptique ou ovoïde-alongée & pointue. Il diminue uniformément & infenfiblement vers la queue où il fe termine en pointe. La queue, longue d'un pouce, un peu charnue à fa naiffance, groffe par l'autre extrémité, s'y implante à fleur du fruit. La tête eft arrondie en diminuant de groffeur ; l'œil y eft affez enfoncé dans une cavité unie & évafée.

La peau eft fine, unie, verte, ou grife, ou frappée de rouge du côté du foleil. Cette différence de couleur ne fait pas trois variétés de Beurré, le vert, le gris, le rouge, ou d'Amboife ou Ifambert, comme on le croit communément ; c'eft un feul & même Beurré, dont la couleur varie fuivant le terrein, l'expofition, la culture, le fujet, &c. Les arbres jeunes & vigoureux, & ceux qui font greffés fur franc, donnent ordinairement leurs fruits gris. Les arbres greffés fur Coignaffier, & d'une vigueur médiocre, en produifent de verts. Ceux qui font languiffants, ou plantés dans un terrein trop fec, & à une expofition très-chaude, en produifent de rouges. Quelquefois un même arbre en porte des trois couleurs, ayant des branches de différents degrés de force ou de langueur propres à produire cette différence dans la couleur du fruit.

La chair eft fine, délicate, fondante, & très-beurrée, fans devenir jamais pâteufe.

L'eau eft très-abondante, fucrée, relevée d'un aigre fin très-délicat.

Les pepins font bruns, petits, très-pointus.

Cette Poire mûrit vers la fin de Septembre. Quelques-uns la regardent comme la plus excellente de toutes les Poires.

LXXVI. *PYRUS fructu medio, ovoïdali-acuto-longo, glabro, è cinereo viridi, æftivo.*

Angleterre. Beurré d'Angleterre. (*Pl. XXXIX.*)

Ce Poirier ne fe greffe que fur franc ; & ne réuffit point fur Coignaffier. Il manque rarement de donner du fruit.

Le bourgeon eft long, droit, vert-gris, teint légérement de quelques traits rougeâtres du côté du foleil ; femé de très-petits points.

Le bouton eft affez gros, court, arrondi, obtus, très-écarté de la branche. Son fupport eft gros & très-renflé au-deffus & au-deffous de l'œil.

La feuille eft de moyenne grandeur, longue de deux pouces fept lignes, & large de deux pouces; l'arrête fe replie en-def- fous; la dentelure des bords eft grande & très-peu profonde. Elle eft plus fine aux feuilles moyennes. Le pédicule eft long de dix lignes.

La fleur a treize lignes de diametre. Les pétales font beau- coup plus larges vers le calyce que vers l'autre extrémité. Les fommets des étamines font d'un pourpre-clair.

Le fruit eft de moyenne groffeur; fon diametre eft de deux pouces, & fa hauteur de deux pouces huit lignes; il eft de for- me ovoïde-alongée, pointue vers la queue qui eft groffe, lon- gue de treize à quinze lignes, courbée, plantée à fleur du fruit. L'œil eft auffi à fleur du fruit. Cette Poire reffemble, par la for- me, à la précédente.

La peau eft unie, d'un gris-vert, tiquetée de roux.

La chair eft tendre, demi-beurrée, fondante; mais elle mollit promptement.

L'eau eft abondante, relevée, & d'un goût agréable.

Cette Poire mûrit en Septembre. Elle eft eftimée dans les années où les bonnes Poires de la même faifon manquent.

LXXVII. *PYRUS fructu medio, pyriformi-longo, citrino, maculis flavis fuperfparfis, brumali.*

ANGLETERRE d'hiver.

L'ANGLETERRE d'hiver eft une Poire de moyenne groffeur, pyriforme-alongée, ayant environ deux pouces trois lignes de diametre, fur trois pouces deux ou trois lignes de hauteur. Elle eft très-arrondie par la tête, où l'œil, bien ouvert, eft placé au milieu d'un applatiffement ou enfoncement évafé, uni, très- peu creufé. L'autre extrémité s'alonge réguliérement (quelque- fois faifant un peu la Calebaffe) en une pointe très-peu tronquée, dans laquelle s'implante obliquement la queue affez groffe à fon extrémité, longue de huit à douze lignes.

.La peau eft unie, d'un jaune-citron, tavelée, & prefque toute recouverte de jaune, couleur de bois.

La chair eft très-blanche, très-beurrée, fans marc & fans pierres; dès que le point de fa maturité eft paffé, elle devient un peu pâteufe, & ne tarde pas à mollir.

L'eau eft peu abondante, & peu relevée, mais fort douce & agréable.

Les pepins font d'un brun-foncé, peu nourris, longuets, très-pointus. Les loges font étroites, & l'axe du fruit très-creux.

Sa maturité eft en Décembre, Janvier & Février.

LXXVIII. *PYRUS fructu magno, fubovoïdali, hinc citrino, indè pulchrè rubro, brumali.*

Bezi de Chaumontel. Beurré d'hiver. (*Pl. XL.*)

L'arbre fe greffe fur franc & fur Coignaffier.

Ses bourgeons font petits, menus, maigres, cannelés & comme ridés, coudés à chaque nœud, rougeâtres-clair du côté du foleil, couverts d'un fin épiderme gris-de-perle du côté de l'ombre, très-peu tiquetés.

Ses boutons font gros par la bafe, longs, très-pointus; les fupports font gros, larges & ridés.

Ses feuilles font petites, longues de deux pouces trois lignes, larges de vingt lignes, dentelées réguliérement & affez profondément par les bords, qui forment des ondes ou plis finueux. L'arrête fe replie par deffous en arc, & fait faire à la feuille un grand pli à la pointe & fouvent à la queue, qui eft longue de quatre à cinq lignes.

Sa fleur a quinze lignes de diametre. Les pétales font de la forme d'une raquette, beaucoup plus longs que larges, un peu creufés en cuilleron & chiffonnés par l'extrémité.

Son fruit eft gros, variant beaucoup dans fa forme & fon volume. L'un a deux pouces huit lignes de diametre, fur trois pouces cinq lignes de hauteur ; l'autre a deux pouces huit lignes de diametre, fur deux pouces dix lignes de hauteur ; d'autres ont un diametre égal à la hauteur ; quelques - uns font applatis fuivant leur longueur, & ont d'un côté deux pouces neuf lignes de diametre, de l'autre deux pouces quatre lignes, fur trois pouces cinq lignes de hauteur. L'œil eft placé dans une cavité profonde, en entonnoir fouvent applati ou ovale, bordée de boffes qui s'étendent ordinairement jufqu'à la partie la plus renflée du fruit, & y forment des côtes qui font paroître la tête du fruit comme anguleufe. Depuis le plus grand diametre du fruit, qui eft un peu plus vers l'œil que vers la queue, il diminue confidérablement vers la queue, tantôt uniformément, tantôt inégalement ; & fe termine quelquefois en pointe aiguë, quelquefois en pointe très-obtufe : de forte que les uns font pyriformes, les autres imitent un peu la Calebaffe ; le plus grand nombre eft d'une forme indéterminée. La queue eft groffe à fon extrémité, courte, n'ayant que de quatre à fix lignes de longueur, tantôt plantée à fleur du fruit, tantôt dans une petite cavité bordée de petites boffes, tantôt entre deux ou trois boffes fans cavité.

La couleur de la peau varie auffi : dans les terres légeres, lorfque l'arbre eft greffé fur Coignaffier, elle eft jaune-citron du côté de l'ombre, d'un beau rouge-vif du côté du foleil ; quelquefois elle eft jaunâtre tavelée de gris, fans aucun rouge. Dans les terres franches & fubftancieufes, elle eft de même couleur que la Crafanne.

La chair eft demi-beurrée, fondante, & très-bonne. Elle a fouvent quelques pierres très - petites. Dans les terres franches

&

& fubftantieufes, elle eft très-fondante.

L'eau eft fucrée, relevée & excellente.

Les pepins font bruns, les uns larges & plats, les autres petits & très-arrondis, la plupart avortés.

Le temps de fa maturité varie auffi. Ordinairement il s'en conferve jufqu'à la fin de Février. En 1764 il n'en reftoit aucune au commencement de Janvier.

Merlet compare le Bezi de Chaumontel, au Beurré. Si ces deux Poires ne fe reffemblent pas parfaitement, il y a au moins entre elles un air de famille qui, joint aux variations de leur couleur, & à beaucoup de caracteres communs aux arbres de Beurré & à ceux de Bezi de Chaumontel, peut faire regarder le Bezi de Chaumontel comme une variété du Beurré. Il faut être attentif pour le furprendre & le faifir dans le vrai point de fa maturité.

Les Poires repréfentées dans la Figure font venues de Chaumontel même, & m'ont été données par le Seigneur du lieu, poffeffeur du premier Poirier de Bezi de Chaumontel, qui y fubfifte encore dans la même place où il eft venu de pepin il y a environ cent ans. Le tronc & la plupart des groffes branches font creux; il a dix-fept pieds neuf pouces de tige, trois pieds huit pouces & demi de circonférence à la naiffance des racines, & trois pieds deux pouces à la naiffance des branches. Sa vieilleffe eft encore vigoureufe & féconde. Cette année 1765 il a produit un grand nombre de fort belles Poires, qui font alongées, renflées par le milieu, diminuant de groffeur vers la tête & beaucoup plus vers la queue, où elles fe terminent en pointe très-obtufe. Leur diametre eft de deux pouces neuf lignes, & leur hauteur de trois pouces.

Cette Poire devient beaucoup plus groffe & plus haute en couleur en efpalier qu'en plein-vent. Quoique la féchereffe ait été exceffive & très-longue cette année, j'en ai mefuré d'un efpalier de Chaumontel, qui avoient trois pouces quatre lignes de diametre, & trois pouces fept lignes de hauteur; elles étoient teintes des couleurs les plus belles & les plus vives.

LXXIX. *PYRUS fructu magno, ovoïdali, partim viridi, partim obfcurè rubro, tæniolis dilutiùs rubris virgato, æftivo.*

ORANGE tulipée. POIRE aux mouches. (*Pl. XLI.*)

CE Poirier fe greffe fur franc & fur Coignaffier.

Ses bourgeons font courts, très-gros, coudés à chaque œil, d'un violet très-foncé, ou brun vineux.

Ses boutons font gros, peu alongés, pointus, peu écartés de la branche; leurs fupports font très-gros.

Ses feuilles font de médiocre grandeur, prefqu'ovales, longues de deux pouces dix lignes, larges de deux pouces; dentelées finement, imperceptiblement & peu réguliérement. L'arrête fe pliant en arc en deffous, fait plier en gouttiere, quelquefois toute la feuille, quelquefois fa pointe feulement. Les pédicules font longs de feize lignes.

Sa fleur eft grande & bien ouverte, de dix-fept lignes de diametre. Les pétales font prefque ronds. Les fommets des étamines font très-gros, & de couleur pourpre-clair.

Son fruit eft gros, ayant deux pouces fix lignes de diametre, & deux pouces onze lignes de hauteur, d'une forme ovale, terminée en pointe vers la queue, reffemblant au Beurré ou au Doyenné, fuivant que fa hauteur excede plus ou moins fon diametre. La queue, qui eft groffe & courte, n'ayant fouvent que fix lignes de longueur, eft plantée dans un enfoncement bordé de quelques boffes beaucoup moindres qu'au Doyenné. L'œil eft placé au fommet d'une cavité affez large & profonde.

Sa peau eft verte du côté de l'ombre, d'un rouge-brun du côté du foleil. Entre le vert & le rouge-brun, on apperçoit des raies ou panaches rouges. Par-tout elle eft tiquetée & marbrée de gris, ce qui la rend un peu rude.

Sa chaïr eft demi-caffante, affez fine & fucculente.

Son eau eft d'un goût affez agréable, quoiqu'elle foit quelquefois un peu âcre.

Ses pepins font longs & menus.

Cette Poire mûrit au commencement de Septembre.

LXXX. *PYRUS fruĉtu parvo, ferè pyriformi, hinc pulchrè & faturè
rubro, inde citrino tæniolis rubellis virgato, æflivo.*

BELLISSIME d'été. SUPREME. (*Pl. XLII.*)

L'ARBRE eft vigoureux, & fe greffe fur franc & fur Coignaffier.

Son bourgeon eft gros, court, affez droit, brun-rougeâtre
tirant fur le violet-foncé, femé de très-petits points prefqu'imperceptibles.

Son bouton eft plat, triangulaire, très-peu écarté de la branche; le fupport eft plat.

Sa feuille eft affez grande & belle. L'arrête fe replie un peu
en deffous, fur-tout à la pointe. A peine la dentelure eft fenfible, fine fur quelques feuilles, très-écartée fur d'autres. La longueur de la feuille eft de trois pouces, fa largeur eft de deux
pouces une ligne. La longueur du pédicule eft de vingt-deux
lignes.

Sa fleur a quinze lignes de diametre. Les pétales font longs
& étroits, plus larges près de l'onglet que par l'autre extrémité.

Son fruit eft petit, n'ayant que vingt lignes de diametre, fur
vingt-quatre lignes de hauteur. La tête eft bien arrondie; l'œil
affez grand, eft placé à fleur du fruit, ou au milieu d'un applatiffement plutôt que d'un enfoncement. L'autre extrémité diminue beaucoup de groffeur, fans fe terminer en pointe aiguë;
de forte que cette Poire eft prefque pyriforme. La queue, longue

C c ij

de dix à douze lignes, eft groffe, rouge du côté du foleil, jaune ou d'un vert très-clair du côté de l'ombre, plantée un peu obliquement, & prefqu'à fleur.

La peau eft liffe & brillante, d'un très-beau rouge-foncé du côté du foleil. Le côté oppofé eft d'un vert-clair, & devient jaune-citron au temps de la maturité, fouetté de rouge-pâle. Toute la couleur rouge eft femée de très-petits points jaunes; elle s'éclaircit en s'approchant du côté jaune, & forme de petites raies ou bandes. A peine y a-t-il un quart de la peau qui foit jaune; tout le refte eft rouge.

La chair eft demi-beurrée, fujette à devenir cotonneufe, & à mollir promptement.

L'eau eft douce, d'un goût affez agréable, quoique peu relevé.

Les pepins font noirs, fouvent avortés.

Cette Poire mûrit en Juillet. C'eft une des plus belles de cette faifon. Il faut la cueillir avant fa maturité.

La Suprême de Merlet m'eft inconnue. Sa Belliffime eft une Poire de moyenne groffeur; de trente lignes de hauteur, fur vingt-fix lignes de diametre. Si elle fe terminoit à la queue en pointe moins obtufe, elle reffembleroit affez au Beurré, au moins par cette partie. Lorfqu'il y a moins de différence entre fon diametre & fa hauteur, fa forme approche beaucoup de celle du Doyenné. Elle eft applatie par la tête; & l'œil, fouvent comme chiffonné, eft placé dans une cavité peu creufée, bordée de côtes. L'autre extrémité eft une pointe tronquée. La queue, bien nourrie, de la même couleur que le fruit, longue d'environ treize lignes, fouvent relevée de boffes à fa naiffance, s'implante dans un très-petit enfoncement. Sa peau eft très-unie, fouettée de rouge du côté du foleil, verte du côté de l'ombre; & elle jaunit en mûriffant. Son eau eft relevée d'un peu de mufc. Sa maturité concourt avec celle de la précédente.

LXXXI. *PYRUS fructu magno, oblongo, citrino, autumnali.*

DOYENNÉ. BEURRÉ blanc. S. MICHEL. BONNE - ENTE.

(*Pl. XLIII.*)

Ce Poirier eſt vigoureux, & ſe greffe ſur franc & ſur Coignaſ-
fier; il eſt très-fertile.

Le bourgeon eſt gros & fort, coudé à chaque nœud, gris-
clair ſur franc; ſur Coignaſſier, rouge, & quelques endroits
verts au-deſſous des yeux; tiqueté.

Le bouton eſt arrondi, gros par la baſe, court, pointu, très-
écarté de la branche; ſon ſupport eſt très-gros & renflé.

Les feuilles ſont grandes & belles, longues de trois pouces
trois lignes, larges de deux pouces trois lignes, dentelées réguliérement & peu profondément (les moyennes ſont dentelées
finement;) elles ſe replient en deſſous. Leur pédicule eſt long
de quinze lignes.

La fleur a quinze lignes de diametre. Les pétales ſont longuets
& creuſés en cuilleron.

Le fruit eſt très-gros, ayant deux pouces onze lignes de hauteur ſur un pareil diametre. Plus communément ſon diametre
eſt de deux pouces neuf lignes, & ſa hauteur de deux pouces onze
lignes. Sa forme eſt preſque ronde. L'œil eſt petit & placé dans
une cavité peu large & peu profonde. La queue eſt très-groſſe,
longue de ſix lignes, plantée au fond d'une cavité étroite, ſouvent bordée de boſſes & de plis aſſez profonds. Quelquefois cette
Poire prend une forme un peu alongée; ſa partie la plus renflée
eſt vers la tête à un tiers de ſa longueur: les deux autres tiers
vont en diminuant vers la queue; de ſorte que cette extrémité
n'a que quatorze ou quinze lignes de diametre.

La peau eſt verdâtre, devient jaune-citron en mûriſſant. Elle
prend en eſpalier un rouge-vif du côté du ſoleil.

La chair eſt très-beurrée & très-bonne dans les années ſeches, & lorſqu'elle n'eſt point devenue cotonneuſe par excès de maturité.

L'eau eſt très-ſucrée & douce ; quelquefois relevée de beaucoup de fumet.

Les pepins ſont les uns larges, les autres longs.

Cette Poire mûrit en Octobre. C'eſt un très-beau fruit, difficile à prendre dans ſon vrai point de bonté ; parce qu'il paſſe très-promptement.

LXXXII. *P Y R U S fructu magno, rotundo-turbinato, ſpiſſiùs viridi, non nihil flaveſcente, autumnali.*

BEZI de la Motte. (*Pl. XLIV. Fig. 5.*)

CE Poirier a le bois épineux ; il ſe greffe ſur franc & ſur Coignaſſier.

Le bourgeon eſt médiocrement fort, très-tiqueté, coudé à chaque œil, gris-clair, tirant un peu ſur le vert du côté de l'ombre, gris très-légérement teint de rougeâtre du côté du ſoleil.

Le bouton eſt court, preſque plat, triangulaire, peu écarté de la branche ; ſon ſupport eſt peu ſaillant.

Les feuilles ſont longues & étroites, n'ayant que vingt lignes de largeur, ſur trois pouces deux lignes de longueur ; terminées en pointe très-aiguë ; aux unes l'arrête ſe plie en arc en deſſous ; aux autres les bords ſe froncent en ſinuoſités. La dentelure eſt aſſez fine & très-peu profonde. Les pédicules ont ſept lignes de longueur. Les petites feuilles reſſemblent à de très-petites feuilles de ſaule.

La fleur a quinze lignes de diametre. Les pétales ſont longs & creuſés en cuilleron.

Le fruit eſt gros, très-renflé du côté de la tête ; & ſi l'autre extrémité qui diminue conſidérablement de groſſeur ſe terminoit

en pointe, fa forme feroit turbinée ; fouvent il reffemble beaucoup à la Crafanne. Il a vingt-huit lignes de diametre, & autant
de hauteur. L'œil eft placé dans une cavité unie & peu profonde.
La queue, groffe, droite, longue de cinq ou fix lignes, eft plantée dans un enfoncement dont les bords font prefqu'unis. Quelquefois ce fruit eft un peu alongé, plus gros du côté de la queue ;
& alors fa forme approche de celle du Doyenné. Sur les arbres
vigoureux, il n'eft pas rare de recueillir des fruits qui ont trois
pouces de diametre, fur trois pouces & demi de hauteur ; & ces
groffes Poires font ordinairement de forme cucurbitacée du côté
de la queue ; l'autre extrémité s'alonge un peu, & l'œil y eft
placé à fleur d'une boffe ou élévation affez faillante.

La peau eft d'un vert-foncé, très-tiquetée de fort petits points
gris ; elle jaunit un peu dans la maturité du fruit.

Sa chair eft très-blanche, fondante, fans pierres.

Son eau eft douce & fort bonne.

Ses pepins font noirs, grands, plats, pointus, alongés. L'axe
eft creux ; & les loges font grandes.

Sa maturité eft en Octobre & Novembre. Elle ne réuffit bien
qu'en plein-vent.

LXXXIII. *PYRUS fructu medio, longulo, glabro, citrino, autumnali.*

BEZI de Montigny. (*Pl. XLIV. fig. 6.*)

CET arbre fe greffe fur franc & fur Coignaffier.

Les bourgeons font longs, de moyenne groffeur, un peu coudés aux nœuds, verts, tiquetés.

Les boutons font gros, pointus, rougeâtres, couchés fur la
branche, attachés à de gros fupports.

Les feuilles font rondes, longues de deux pouces fept lignes,
larges de deux pouces quatre lignes, affez plates. Les bords font
prefqu'unis, leur dentelure étant à peine fenfible. Les nervures

font prefqu'auffi faillantes fur le deffus que fur le deffous de la feuille. Le pédicule eft long de neuf lignes.

La fleur eft grande, très-ouverte, de dix-fept lignes de diametre. Les pétales font plats, larges par l'extrémité, les uns aigus, les autres arrondis, d'autres de forme irréguliere. Le fommet des étamines eft gros.

, Le fruit eft de moyenne groffeur, alongé. Son diametre eft de vingt-cinq lignes, & fa hauteur de vingt-huit lignes. Sa forme eft prefque la même que celle du Doyenné. La tête eft arrondie, & l'œil y eft placé dans une cavité peu profonde. L'autre extrémité eft beaucoup moindre en groffeur; la queue, longue de huit à dix lignes, très-groffe à fon extrémité, s'implante dans une cavité ordinairement plus profonde que celle de l'œil.

La peau eft d'un vert-clair, & devient d'un beau jaune lorfque le fruit mûrit; elle eft très-liffe.

La chair eft blanche, fans pierres, plus fondante que celle du Doyenné.

L'eau eft relevée d'un mufc agréable.

Les pepins font bruns, affez nourris, terminés en pointe aiguë.

Le temps de fa maturité eft la fin de Septembre ou le commencement d'Octobre.

LXXXIV. *PYRUS fructu medio, fubrotundo, glabro, è viridi cinereo, autumnali.*

DOYENNÉ gris. (*Pl. XLVII. Fig.* 1.)

CE Poirier fe greffe fur franc & fur Coignaffier.

Ses bourgeons font menus, droits, lavés de rougeâtre du côté du foleil, d'un gris-vert du côté de l'ombre, peu tiquetés de très-petits points.

Ses boutons font affez gros, un peu applatis, peu pointus, peu

peu écartés de la branche : leurs fupports font gros.

Ses feuilles font longues & étroites, dentelées très-finement, réguliérement & peu profondément, fouvent pliées en gouttiere, longues de trois pouces deux lignes, larges de feize lignes : la longueur de leur pédicule eft de vingt & une lignes.

Sa fleur a quinze lignes de diametre. Les pétales font ovales, prefque plats. Le fommet des étamines eft pourpre-clair.

Le fruit eft de groffeur moyenne, fon diametre étant de deux pouces trois lignes, & fa hauteur de deux pouces quatre lignes, prefque rond. Sa queue, groffe & longue de cinq lignes, eft plantée dans un enfoncement bordé pour l'ordinaire de boffes affez groffes. Son œil, petit & fermé, eft placé dans une cavité peu profonde.

Sa peau eft affez unie & grife, même au temps de la maturité du fruit.

Sa chair eft beurrée, fondante, non fujette à devenir coton-neufe.

Son eau eft très-fucrée, & d'un goût plus agréable que celle du Doyenné jaune.

Ses pepins font petits & d'un brun-clair.

Cette Poire mûrit au commencement de Novembre, ordinai-rement près d'un mois après l'autre Doyenné qui lui eft bien in-férieur en bonté. Je ne l'avois regardée d'abord que comme le Meffire-Jean gris à l'égard du Meffire-Jean doré, ou le Beurré gris à l'égard des autres Beurrés, & j'avois cru que ces différen-ces d'avec le Doyenné jaune ne provenoient que de la nature du terrein, du fujet, ou de la culture ; mais ayant obfervé aux Chartreux, & dans plufieurs autres Jardins, qu'elle varie conf-tamment pour la groffeur, le temps de la maturité & les qualités ; & qu'il y a des différences affez notables entre le bourgeon, le bouton, la feuille de l'arbre, & les mêmes parties du Poirier de Doyenné jaune ; le Poirier de Doyenné gris doit paffer pour une variété très-décidée de celui de Doyenné jaune, avec lequel il n'a presque rien de commun que la forme du fruit.

LXXXV. *PYRUS fructu medio, longo, paululùm cucurbitato, partim citrino, partim intensè rubro, autumnali.*

FRANCHIPANNE. (*Pl. XLVII. Fig. 2.*)

CE Poirier est très-vigoureux; il se greffe sur franc & sur Coignassier.

Le bourgeon est gros, droit, très-tiqueté, vert-gris du côté de l'ombre, teint très-légérement de rougeâtre du côté du soleil.

Le bouton est court, pointu, très-gros par la base, écarté de la branche. Son support est plat.

Les feuilles sont très-grandes, longues de quatre pouces, larges de trois pouces quatre lignes, faites presqu'en cœur, dentelées irréguliérement & à peine sensiblement, les unes plates, les autres faisant le batteau, épaisses & bien étoffées, attachées par des pédicules gros, & longs d'un pouce.

La fleur a seize lignes de diametre; les pétales sont presqu'o-vales, plats; la plupart bordés de rouge, quelques-uns presqu'entiérement teints. Il y a beaucoup de fleurs à six pétales.

Le fruit est de moyenne grosseur, ayant deux pouces neuf lignes de hauteur, sur vingt-cinq lignes de diametre; long, tiqueté de très-petits points. L'œil est assez grand, placé dans une cavité peu profonde, & bordé de petits plis qui ne s'étendent pas jusqu'aux bords de la cavité. La tête du fruit va en diminuant jusqu'aux bords de cette cavité. L'autre partie, vers la queue, diminue beaucoup davantage, & se termine en pointe obtuse, ou tronquée obliquement, un côté étant bien plus élevé que l'autre. La queue, grosse vers son extrémité, & longue de onze lignes, y est placée dans un petit enfoncement.

Sa peau est unie, un peu onctueuse au toucher, d'un beau

jaune-clair prefque citron du côté de l'ombre, & d'un rouge-vif du côté du foleil.

Sa chair eft demi-fondante, bonne & fans marc.

Son eau eft douce & fucrée, d'un goût particulier que l'on compare à celui de la Franchipanne.

Ses pepins font affez gros, pointus, & bien nourris.

Cette Poire mûrit à la fin d'Octobre. Elle eft très-agréable à la vue, & ne déplaît pas au goût.

LXXXVI. *PYRUS fructu magno, diametro compreffo, papulato, avellaneo colore, autumnali.*

Jalousie. (*Pl. XLVII. Fig. 3.*)

Cet arbre ne fe greffe que fur franc. Sur Coignaffier, il languit, & périt en peu d'années.

Ses bourgeons font longs, menus, très-peu coudés aux nœuds, tiquetés, légérement teints de rougeâtre.

Ses boutons font très-courts, larges par la bafe, peu écartés de la branche; leurs fupports font gros, & renflés au-deffus & au-deffous des yeux.

Ses feuilles font grandes & belles, alongées, fouvent repliées en gouttiere, dentelées finement, réguliérement & peu profondément. Elles ont trois pouces fix lignes de longueur, & deux pouces quatre lignes de largeur; leur pédicule eft long de fept lignes.

Sa fleur eft bien ouverte, belle, de dix-huit lignes de diametre. Les pétales font ovales, plats. Les fommets des étamines font d'un pourpre-foncé.

Le fruit eft gros, applati fuivant fa longueur, ayant fur un fens deux pouces dix lignes de diametre, & fur l'autre deux pouces fept lignes, & deux pouces onze lignes de hauteur. La partie la plus renflée eft à peu près à la moitié de la hauteur. Il diminue un peu vers la tête où l'œil, qui eft petit, eft placé dans une cavité étroite, bordée de quelques boffes affez faillantes. La partie vers la queue diminue tout-à-coup confidérablement de groffeur, & fe termine en pointe obtufe où la queue, longue d'un pouce, eft placée dans un petit enfoncement.

La peau eft de couleur de noifette, prefque comme celle du Martin-fec, un peu rougeâtre du côté du foleil, boutonnée, & comme grenée de très-petits boutons ronds, fenfibles au doigt & à l'œil.

La chair eft très-beurrée, lorfque le fruit a été cueilli vert; car s'il mûrit fur l'arbre, elle mollit promptement.

L'eau eft abondante, fucrée, relevée, excellente.

Les pepins font longuets & bien nourris.

Cette Poire mûrit à la fin d'Octobre.

LXXXVII. *PYRUS fructu maximo, pyramidato-truncato, partim citrino, partim dilutè rubente, brumali.*

BON-CHRÉTIEN d'hiver. (*Pl. XLV.*)

CE Poirier fe greffe fur franc & fur Coignaffier. Si on le plante en efpalier au midi, il faut qu'il foit greffé fur le franc, qui étant plus vigoureux, réfifte mieux aux tigres qui font beaucoup de tort aux Poiriers en efpalier, & fur-tout à celui-ci. Il eft tardif à fe mettre à fruit, & le produit ordinairement moins gros, moins bien fait, & moins bon. Il vaut mieux le greffer fur Coignaffier, & le planter en efpalier au couchant où il prendra affez de couleur, ou en buiffon, ou en éventail. Il ne pourroit réuffir en plein-vent dans ce climat, que dans des jardins très-abrités, & cependant bien expofés.

Le bourgeon eft gros, court, droit, gris-clair, tiqueté de points imperceptibles, très-applati au-deffous des fupports.

Le bouton eft gros, alongé, pointu, brun, écarté de la

branche ; fon fupport eft très - large & peu élevé.

Les feuilles font de moyenne grandeur, alongées, terminées en pointe, les unes dentelées finement & peu profondément, les autres ayant feulement quelques dents vers la pointe. Les bords forment de grandes finuofités. Le pédicule eft long de deux pouces, & fouvent davantage.

La fleur a quinze lignes de diametre. Les pétales font prefque ronds, creufés en cuilleron ; quelques-uns légérement teints de rouge fur les bords. Les fommets des étamines font d'un beau pourpre-vif.

Les fruits font très-gros, les uns pyriformes, les autres imitant un peu la Calebaffe, la plupart figurés en pyramide tronquée. Le côté de la tête eft très-renflé ; l'œil eft placé dans une cavité large & profonde, fouvent ovale ou applatie, bordée de boffes qui s'étendent fur une partie du fruit, & y forment des côtes, de forte qu'il eft tout anguleux. Le côté de la queue diminue beaucoup de groffeur, fans fe terminer en pointe ; il eft tronqué obliquement ; la queue eft ordinairement longue de quinze lignes, & un peu charnue à fa naiffance, elle eft plantée dans une cavité dont les bords font relevés de boffes ou côtes. Il fe trouve de ces fruits qui ont jufqu'à quatre pouces de diametre fur fix pouces de hauteur.

La peau eft fine, d'un jaune-clair tirant fur le vert du côté de l'ombre, & frappé de rouge incarnat du côté du foleil.

La chair eft fine & tendre, quoique caffante.

L'eau eft affez abondante, douce, fucrée & même un peu parfumée ou vineufe.

Ce fruit commence à mûrir en Janvier, & dure jufqu'au printemps. Une Poire de Bon-Chrétien bien conditionnée, parvenue à fa parfaite maturité, peut fe conferver un mois fans fe gâter.

Il y a de ces Poires dont la chair eft groffiere & pierreufe ; d'autres dont la peau eft rude ; d'autres qui font plates, ou arrondies, ou mal faites; d'autres qui font jaunes & bien colorées avant que d'être cueillies; d'autres qui demeurent toujours vertes; d'autres fans pepins, &c. Toutes ces différences ne conftituent point des variétés: elles ne viennent que du terrein, de la culture, du fujet, de l'expofition, de l'âge, de la force, &c. de l'arbre qui paroît plus fenfible à toutes ces chofes, que la plupart des autres Poiriers. Un Poirier de Bon-Chrétien en bon fol, bien cultivé, bien expofé, vieux, mais d'une vieilleffe verte & vigoureufe, donnera des fruits très-gros, très-beaux, très-bons, qui prendront une belle couleur jaune dans la Fruiterie, & feront ordinairement fans pepins. Ce Poirier greffé fur Coignaffier, produit des fruits plus gros, plus colorés, & d'une chair plus fine que fur franc. Si l'arbre languit, le fruit fera fans pepin, jaunira fur l'arbre, ne fera ni de garde, ni de bonne qualité. Sur un même arbre dont les branches feroient de différente force, différemment expofées, plus ou moins garnies de feuilles, &c. on pourroit trouver du Bon-Chrétien ordinaire, du vert, du doré, du long, du rond, d'Aufch, de Vernon, &c.

LXXXVIII. *PYRUS fructu magno, pyramidato-compreffo, glabro, partim rubente, partim è citrino fub-albido, brumali.*

ANGÉLIQUE de Bordeaux. (*Pl. XLVII.* Fig. 5.)

CET arbre eft très-délicat & réuffit mal fur Coignaffier; fur franc même il n'eft pas vigoureux.

Ses bourgeons font longs, de moyenne groffeur, un peu coudés à chaque nœud, tiquetés de très-petits points peu apparents, verts ou gris-clair fur franc, rougeâtres fur Coignaffier.

Ses boutons font courts, petits, pointus, écartés de la branche; leurs fupports font affez gros & larges.

Ses feuilles font remarquables par leur longueur & leur peu de largeur, étant longues de quatre pouces & larges de vingt

& une lignes. Elles fe plient un peu en gouttiere, & l'arrête fait ordinairement un arc en deffous. On apperçoit fur les bords quelques dents très-peu profondes. Le pédicule eft long de vingt & une lignes.

Sa fleur a dix-fept lignes de diametre. Le pétale eft alongé, plus large au milieu que vers les extrémités.

Son fruit eft gros, applati fuivant fa longueur ; de forte que fon grand diametre eft de deux pouces huit lignes, & fon petit diametre de deux pouces cinq lignes ; fa hauteur eft de deux pouces onze lignes. Sa forme imite celle du Bon-Chrétien d'hiver. L'œil eft petit, placé au fommet d'une cavité étroite, unie, affez profonde ; rarement les échancrures du calyce y fubfiftent jufqu'à ce que le fruit ait acquis fa groffeur. La queue, groffe, un peu charnue à fa naiffance, longue de dix-huit à vingt lignes, eft placée à fleur du fruit, quelquefois ferrée d'un côté par une rainure, ou un applatiffement.

La peau eft liffe, quelquefois tavelée de brun autour de l'œil. Elle prend les mêmes couleurs que le Bon-Chrétien d'hiver ; mais le côté de l'ombre eft d'un jaune-pâle, prefque blanchâtre.

La chair eft caffante ; & dans la parfaite maturité elle devient tendre.

L'eau eft très-douce & fucrée.

Les pepins font bruns, terminés en pointe longue & aiguë, médiocrement gros.

Cette Poire fe garde long-temps. Elle eft très-bonne dans les terreins chauds & bien expofés.

LXXXIX. *P Y R U S fructu maximo, pyramidato-acuto, hinc è viridi flavefcente, inde fplendidè rubro, autumnali.*

BON-CHRÉTIEN d'Efpagne. (*Pl. XLVI.*)

Ce Poirier fe greffe fur franc & fur Coignaffier.

Le bourgeon eft menu, longuet, vert-gris-foncé, rougeâtre du côté du foleil & à la cime, très-tiqueté, affez droit à la cime, coudé vers l'infertion.

Le bouton eft très-court & écarté de la branche. Le fupport eft gros.

La feuille eft longue de trente-quatre lignes, large de vingt-cinq lignes, pliée en divers fens; l'arrête fait un arc en deffous à la pointe de la feuille. Les bords font peu dentelés, irréguliérement & très-peu profondément. Le pédicule eft long de douze à treize lignes.

La fleur eft bien ouverte, de quinze lignes de diametre. Les pétales font ovales, un peu creufés en cuilleron. Les fommets des étamines font de couleur de rofe.

Le fruit eft très-gros, fon diametre étant de trois pouces, & fa hauteur de quatre pouces; d'une forme pyramidale un peu inclinée, & très-peu tronquée par la pointe. Depuis la partie la plus renflée qui eft environ le tiers de la hauteur, ce fruit diminue vers la tête où l'œil, qui eft petit, eft placé dans une cavité affez large & profonde, bordée de boffes qui s'étendent, les unes jufqu'au plus grand diametre du fruit, les autres beaucoup au-deffus, & y forment des côtes moins élevées que celles du Bon-Chrétien d'hiver. Les deux autres tiers de la longueur vont en diminuant prefque uniformément jufqu'à la queue qui eft longue de treize lignes, & plantée un peu obliquement dans un enfoncement ferré & peu profond, bordé de quelques boffes. Cette Poire reffemble affez à celle du Bon - Chrétien d'hiver;

mais

mais elle eft plus alongée, plus pointue, & ordinairement mieux faite.

Sa peau eft toute tiquetée de petits points bruns; d'un beau rouge-vif du côté du foleil; du côté de l'ombre d'un vert qui devient jaune-pâle au temps de la maturité du fruit.

Sa chair eft blanche, femée de quelques points verdâtres, feche, dure, caffante, ou tendre & pleine d'eau, fuivant les années & les terreins. Ce fruit veut une terre douce, légere, feche.

Son eau eft douce, fucrée & d'affez bon goût, lorfque l'arbre eft planté dans un bon terrein, à une bonne expofition, & que le fruit a acquis une parfaite maturité.

Ses pepins font longs, pointus, bien nourris, d'un brun-clair.

Cette Poire mûrit en Novembre & Décembre. On peut en faire plus de cas que la Quintinye. Au moins eft-elle une des plus belles, & très-bonne en compotes; & lorfqu'elle eft bien conditionnée, elle peut fe manger crue.

XC. *PYRUS fructu magno, pyramidato-obtufo paululùm cucurbitato, glabro, flavo, æftivo.*

Bon-Chrétien d'été. Gracioli. (*Pl. XLVII. Fig.* 4.)

L'arbre eft fertile; il fe greffe fur franc & fur Coignaffier.

Ses bourgeons font affez gros, fans coude aux nœuds; fe replient en bas en paraffol dans les arbres de plein-vent; font peu tiquetés, verdâtres du côté de l'ombre, d'un rouge-brun peu foncé du côté du foleil.

Ses boutons font gros, longs, arrondis, peu écartés de la branche; leurs fupports ont très-peu de faillie. Les boutons à fruit viennent la plupart à l'extrémité des branches; ce qui demande attention à la taille de ce Poirier.

Ses feuilles font grandes, belles, étoffées, longues de trois

Tome II. E e

pouces sept lignes, larges de deux pouces neuf lignes, dentelées assez finement, peu réguliérement & très-peu profondément.
Les moyennes sont dentelées très-finement & réguliérement. Le
pédicule est long de deux pouces quatre lignes.

Sa fleur est la plus grande de toutes les fleurs de Poirier. Elle
a vingt & une lignes de diametre. Les pétales sont longs de dix
lignes, larges de huit lignes, creusés en cuilleron.

Son fruit est gros, ayant trois pouces cinq lignes de hauteur,
& deux pouces huit lignes de diametre. Sa forme imite un peu
la Calebasse. Au milieu de la tête qui s'alonge un peu, est une cavité étroite & peu profonde où l'œil est placé. Le côté de la
queue qui est fort obtus, se termine par plusieurs grosses bosses
& plis profonds, au milieu desquels s'implante la queue longue
de près de deux pouces, grosse, charnue, quelquefois depuis sa
naissance jusqu'au-delà de la moitié de sa longueur. Tout ce fruit
est anguleux & bossu comme le Bon-Chrétien d'hiver.

Sa peau est lisse, d'un vert très-clair, tiquetée de points d'un
vert-foncé; elle jaunit au temps de la maturité du fruit.

Sa chair est blanche, tendre ou demi-cassante.

Son eau est abondante, sucrée.

Ses pepins sont très-longs, d'un brun très-clair.

Sa maturité est vers le commencement de Septembre.

XCI. *PYRUS fructu medio, pyramidato, mali cydonii formâ, è flavo non nihil rubente, æstivo.*

BON - CHRÉTIEN d'été musqué. (*Pl. XLVIII.*)

L'ARBRE est délicat, même étant greffé sur franc; il ne se
greffe point sur Coignassier.

Le bourgeon est long, de moyenne grosseur, assez droit,
très-tiqueté, brun-rougeâtre tirant sur le violet, ou brun-Mini-
me, plus clair du côté de l'ombre.

Le bouton eſt gros, large par la baſe, preſque plat. Le ſupport eſt gros, un peu renflé au-deſſus de l'œil.

Les feuilles ſont petites, longues de deux pouces neuf lignes, larges de vingt & une lignes; les unes ont les bords preſqu'unis, les autres les ont dentelés finement & aſſez profondément. La groſſe nervure ſe plie en arc en deſſous. Les pédicules ſont longs de ſept à huit lignes.

La fleur a dix-ſept lignes de diametre. Le pétale eſt arrondi, preſque plat. Les ſommets des étamines ſont mêlés de blanc & de pourpre: beaucoup de fleurs ſont à ſix & à ſept pétales.

Le fruit eſt de moyenne groſſeur, ayant vingt-ſept lignes de diametre, ſur trente-trois lignes de hauteur. Souvent ſes dimenſions ſont moindres. Il eſt long, plus reſſemblant à une Poire de Coin qu'à une Poire de Bon-Chrétien d'hiver. Quelquefois il eſt aſſez court, figuré en Poire; très-ſouvent ſa forme tient un peu de la Calebaſſe. Ordinairement il diminue de groſſeur vers la tête où il y a une cavité bordée de côtes, au fond de laquelle eſt placé l'œil qui eſt de médiocre grandeur. L'autre côté diminue tout-à-coup de groſſeur, & ſon extrémité eſt très-obtuſe. La queue, groſſe, longue de quinze lignes, eſt reçue dans une cavité bordée de boſſes. Tout le fruit eſt ſouvent relevé de boſſes & de petites côtes, quelquefois il eſt ſeulement un peu anguleux par la tête.

La peau eſt liſſe, jaune, fouettée de rouge aux endroits où elle a été frappée du ſoleil.

La chair eſt blanche, parſemée de points verdâtres, caſſante.

L'eau eſt un peu ſucrée, très-muſquée, relevée, ſans âcreté.

Les pepins ſont bruns & petits.

Cette Poire mûrit à la fin d'Août, ou au commencement de Septembre. C'eſt un bon fruit, & très-beau; mais ſujet à ſe fendre ou à ſe crevaſſer avant ſa maturité.

XCII. *PYRUS fructu magno, pyramidato-obtuso-incurvo, flavescente, maculis fuscato, æstivo.*

MANSUETTE. SOLITAIRE. (*Pl. LVIII. Fig.* 1.)

CE Poirier a quelque reſſemblance avec celui de Bon-Chrétien d'hiver. Il ſe greffe mieux ſur Coignaſſier que ſur franc.

Ses bourgeons ſont de moyenne groſſeur, longs, coudés à chaque nœud, applatis & un peu cannelés au-deſſous des ſupports, d'un gris-terne, quelquefois très-légérement teints de rougeâtre, tiquetés de très-petits points.

Ses boutons ſont ronds, très-courts; très-écartés de la branche; leurs ſupports ſont très-gros & renflés au-deſſus & au-deſſous de l'œil.

Ses feuilles ſont de moyenne grandeur, terminées en pointe, longues de trois pouces, larges de vingt-ſix lignes. Les bords ſe plient en ſinuoſités, & ſont aux unes dentelés aſſez finement & ſenſiblement, aux autres très-peu. Les nervures ſont preſqu'auſſi ſaillantes deſſus que deſſous la feuille; la groſſe ſe plie en arc en deſſous, & fait faire la gouttiere à la feuille. La queue eſt groſſe, longue de quatorze lignes.

Sa fleur s'ouvre bien, a dix-huit lignes de diametre. Les pétales ſont ovales, preſque plats. Les ſommets des étamines ont peu de couleur.

Son fruit eſt gros, long, de forme peu réguliere, approchant beaucoup de celle de Bon-Chrétien d'hiver, mais il eſt moins ſemé de boſſes & d'inégalités. Son diametre eſt de deux pouces ſept lignes, & ſa hauteur de trois pouces cinq lignes. La queue, longue de douze à quatorze lignes, groſſe & bien nourrie, eſt ordinairement plantée obliquement à fleur du fruit, ayant à ſa naiſſance un bourrelet & quelques plis ſerrés. Cette extrémité eſt obtuſe, beaucoup moins groſſe que l'autre : elle n'a que dix ou douze lignes de diametre. Il diminue aussi de grosseur à la tête où l'œil est souvent placé obliquement ; de sorte qu'on voit en même temps & sur un même côté l'œil & la queue ; il est placé dans un petit enfoncement bordé de côtes peu saillantes.

La peau est verte, tavelée de brun, & quelquefois toute couverte de cette couleur du côté de l'ombre. Le côté du soleil jaunit un peu, & même prend une légere teinte de rouge au temps de la maturité du fruit.

La chair est blanche, demi-fondante, médiocrement fine, sujette à mollir.

L'eau est assez abondante, relevée d'un peu d'âcreté.

Le pepin est petit, large, brun-clair.

Cette Poire mûrit vers le commencement de Septembre.

XCIII. *PYRUS fructu magno, pyramidato propè pyriformi, flavescente, autumnali.*

Marquise. (*Pl. XLIX.*)

Ce Poirier est un des plus vigoureux ; il est beau, fertile, & se greffe sur franc & sur Coignassier.

Son bourgeon est gros, long, droit, non tiqueté, gris du côté de l'ombre, très-légérement teint de roussâtre du côté du soleil : la cime est d'un rouge-brun.

Son bouton, dans le gros du bourgeon, est assez gros, pointu, très-arrondi ; & son support très-plat. Vers la cime il est très-petit, pointu, peu écarté de la branche ; & son support est gros.

Ses feuilles sont de moyenne grandeur, longues de deux pouces sept lignes, larges de deux pouces deux lignes, pliées en gouttiere ; les bords sont presqu'unis, la dentelure étant à peine sensible. Les queues sont longues d'un pouce.

Sa fleur a dix-sept lignes de diametre. Les pétales sont plats, plus longs que larges, très-froncés par les bords.

Son fruit eft gros, alongé en pyramide. Son diametre eft de deux pouces & demi, & fa hauteur de deux pouces neuf lignes. Il a peu de reffemblance avec le Bon-Chrétien d'hiver auquel Merlet le compare pour la figure, étant plus pointu vers la queue, fans boffes fur fa furface, & n'étant point en Calebaffe. Sa tête eft ordinairement bien arrondie fuivant fon diametre, quelque-fois un peu anguleufe. L'œil eft tantôt placé prefqu'à fleur, tantôt enfoncé dans une cavité affez profonde. Sa queue, lon-gue de douze à quinze lignes, eft auffi tantôt plantée à fleur, tantôt au fommet d'une cavité; elle eft groffe & unie. Il n'eft pas rare de trouver des Poires de Marquife de trois pouces de diametre fur trois pouces quatre lignes de hauteur. Ces gros fruits font ordinairement très-renflés par le milieu, diminuent beaucoup de groffeur vers la queue, & s'y terminent en pointe peu alongée, tronquée ou très-obtufe; & leur forme n'eft pas pyramidale.

La peau eft verte, très-tiquetée de points d'un vert plus foncé; elle devient jaune lorfque le fruit mûrit; quelquefois le côté du foleil prend une très-légere teinte de rouge.

La chair eft beurrée & fondante.

L'eau eft fucrée, douce, quelquefois un peu mufquée.

Les pepins font gros, terminés en pointe aiguë.

Le temps de fa maturité eft en Novembre & Décembre. La grande vigueur de l'arbre exige qu'on le charge à la taille.

XCIV. *PYRUS fructu maximo, pyramidato ad turbinatum accedente, hinc viridi, indè dilutiùs rubente, brumali.*

COLMART. POIRE MANNE. (*Pl. L.*)

CE Poirier fe greffe fur franc & fur Coignaffier.

Le bourgeon eft de groffeur & longueur médiocres, droit, jaune de couleur de bois d'un côté; un peu brun de l'autre, ti-queté très-finement.

Le bouton eft gros, pointu, un peu plat, peu écarté de la branche; fon fupport eft peu faillant.

Les feuilles font grandes, longues de trois pouces dix lignes, larges de deux pouces deux lignes. L'arrête fe pliant en arc en deffous fait faire la gouttiere à la feuille. Les bords fe froncent un peu & font unis dans la plupart des grandes feuilles; les moyennes font dentelées finement, réguliérement, & affez profondément. Le pédicule eft long de feize lignes.

La fleur eft bien ouverte, de feize lignes de diametre. Les pétales font figurés en truelle, prefque plats. Quelques uns ont un peu de rouge à la pointe. Les fommets des étamines font de couleur de rofe.

Le fruit eft très-gros, ayant deux pouces neuf lignes de diametre, & trois pouces de longueur; affez applati du côté de la tête où l'œil, qui eft de moyenne groffeur, eft placé au fond d'une cavité. Le côté de la queue diminue peu de groffeur; la queue, brune, groffe, ordinairement un peu renflée du côté du fruit, longue de dix ou onze lignes, y eft plantée quelquefois prefqu'à fleur du fruit, fouvent au fond d'une cavité affez profonde, & bordée de quelques boffes. Ce fruit eft plus turbiné que pyriforme; il a de la reffemblance avec le Bon-Chrétien d'hiver, fur-tout lorfqu'il s'alonge. Souvent on apperçoit fur un des côtés une petite gouttiere qui s'étend de la tête à la queue.

Sa peau eft très-fine, verte, tiquetée de petits points bruns, & devient un peu jaune lorfque le fruit mûrit; légérement fouettée de rouge du côté du foleil; elle a quelquefois un petit œil farineux ou blanchâtre.

Sa chair eft un peu jaunâtre, très-fine, beurrée, fondante, excellente, fans pierres.

Son eau eft très-douce, fucrée, & relevée.

Ses pepins font bruns, pointus, de médiocre groffeur, fouvent avortés.

Cette Poire se mange en Janvier, Février, Mars, & même en Avril.

XCV. *PYRUS fructu magno, pyramidato - obtuso, glabro, citrino, brumali.*

VIRGOULEUSE. (*Pl. LI.*)

L'ARBRE est le plus, ou un des plus vigoureux Poiriers, lent à se mettre à fruit ; mais fertile, peu difficile sur le terrein & l'exposition : cependant l'espalier au midi lui convient peu, parce que son fruit s'y crevasse & s'y défigure. Il se greffe sur franc & sur Coignassier.

Les bourgeons sont longs & très-forts, garnis d'ergots par le bas, un peu coudés à chaque œil, verts, très-tiquetés de points gris ; quelques-uns, sur-tout lorsque le Poirier est greffé sur Coignassier, ou planté à une exposition chaude, sont rougeâtres, au moins du côté du soleil.

Les boutons sont gros, arrondis, pointus, très-larges par la base, écartés de la branche : les supports sont plats.

Les feuilles sont grandes & belles, larges du côté de la queue, diminuant assez uniformément & se terminant en pointe ; longues de trois pouces cinq lignes, larges de deux pouces six lignes, dentelées finement & très-peu profondément. Les nervures sont menues ; la grosse se plie en arc en dessous ; la feuille se ferme en gouttiere, ou ses bords se froncent en sinuosités. Le pédicule est long d'un pouce.

La fleur a quatorze lignes de diametre. Les pétales sont peu creusés en cuilleron, ovales-aigus.

Le fruit est gros, son diametre étant de deux pouces cinq lignes, & sa hauteur de trois pouces ; long & d'une assez belle forme. Son plus grand diametre est plus vers l'œil que vers la queue. L'œil est petit, placé au sommet d'une cavité peu profonde

&

& affez large. Le côté de la queue va en diminuant, & ne fe termine pas en pointe, mais fe renfle un peu à l'extrémité, où la queue, courte, n'ayant que onze lignes de longueur, un peu charnue à fa naiffance, s'implante obliquement, dans une petite cavité bordée de quelques plis; elle fe détache aifément de la branche.

La peau eft liffe, femée de quelques petits points roux; d'a-bord verte, devient jaune prefque citron, & en mûriffant, elle prend ordinairement une légere teinte rougeâtre du côté du foleil; quelquefois elle fe colore affez, fur-tout en efpalier.

La chair eft tendre, beurrée, fondante. Elle contraête facile-ment l'odeur des chofes fur lefquelles elle a mûri.

L'eau eft abondante, douce, fucrée, relevée; quelques-uns lui reprochent un petit goût de cire.

Les pepins font longs, arrondis, bruns.

La maturité de ce fruit arrive en Novembre, Décembre, Jan-vier. C'eft une des plus excellentes Poires.

XCVI. *PYRUS fruêtu magno, pyramidato, viridi, fufcis punêtis diftinêto, brumali.*

Saint-Germain. Inconnue la Fare. (*Pl. LII.*)

Ce Poirier eft vigoureux & très-fertile; il fe greffe fur franc & fur Coignaffier.

Ses bourgeons font de moyenne groffeur, longs, peu coudés aux nœuds, tiquetés de très-petits points gris; d'un vert-gris, ayant une très-légere teinte rougeâtre du côté du foleil.

Ses boutons font affez gros, courts, pointus, écartés de la branche; les fupports font renflés au-deffus & au-deffous de l'œil.

Ses feuilles font longues, étroites, pliées en gouttiere, den-telées finement, longues de trois pouces trois lignes, larges de

Tome II. F f

vingt lignes; l'arrête fe plie en arc en deffous, le pédicule eft long de dix lignes.

Sa fleur a treize lignes de diametre. Les pétales font plats, plus longs que larges, un peu pointus par les deux extrémités. Les fommets des étamines font d'un pourpre-clair mêlé de blanc.

Son fruit eft gros, long, ayant deux pouces fix lignes de diametre, & trois pouces fix lignes de hauteur. Sa partie la plus renflée eft à un tiers de la hauteur. Le côté de la tête diminue un peu de groffeur; l'œil, ordinairement petit, eft placé au fommet d'une petite cavité ronde, étroite, & peu profonde, très-fouvent hors de l'axe du fruit, & plus relevée par les bords d'un côté que de l'autre. Le côté de la queue diminue de groffeur affez uniformément, & fe termine ordinairement en pointe obtufe. La queue, qui eft brune, groffe à fon extrémité, longue de fix à neuf lignes, y eft plantée très-fouvent obliquement, fous une efpece de boffe. Tout le fruit eft prefque toujours relevé de boffes & de côtes qui font quelquefois fenfibles fur toute la longueur.

Sa peau eft verte, affez rude, tiquetée de brun, fouvent marquée de grandes taches rouffâtres, fur-tout vers l'œil; elle jaunit lorfque le fruit mûrit.

Sa chair eft blanche, très-beurrée & fondante, quoiqu'elle ne foit pas très-fine. Elle eft fujette à avoir beaucoup de petites pierres fous la peau & auprès des pepins, lorfque l'arbre eft planté dans un terrein fec qui ne convient pas à ce Poirier. Jamais elle ne devient molle.

Son eau eft très-abondante & excellente, lorfqu'elle n'a d'aigre, que ce qu'il en faut pour relever agréablement fon goût.

Ses pepins font gros, longs, pointus, un peu courbés par la pointe, bruns.

Cette Poire commence à mûrir en Novembre; il s'en conferve jufqu'en Mars, & quelquefois en Avril.

Merlet affûre, & je crois pouvoir au moins foupçonner, qu'il y a une autre forte, ou une variété de Saint-Germain qui ne dif-fere point du tout de l'autre par le bois, la feuille & la fleur; mais feulement par le fruit qui eft d'une forme moins conftante; ordinairement plus gros, moins long, moins bien fait, plus an-guleux, toujours vert, même dans fa maturité; tiqueté de gros points d'un vert plus foncé; fans taches rouffâtres; plus hâtif & moins de garde, commençant à mûrir dès la fin d'Octobre dans quelques années, & difparoiffant avant le mois de Janvier; plus fondant, d'un goût moins relevé, n'ayant prefque jamais d'aigre. Je n'ai jamais trouvé ces deux efpeces fur un même arbre, mais fur différents arbres dans le même terrein; ce qui femble fonder mon foupçon.

XCVII. *P Y R U S fructu magno, pyramidato, glabro, è viridi albido, autumnali.*

LOUISE-BONNE. (*Pl. LIII.*)

L'ARBRE eft beau, vigoureux & très-fertile; il veut un terrein fec & le plein-vent plutôt que l'efpalier; il fe greffe fur franc & fur Coignaffier.

Les bourgeons font forts, tiquetés, affez droits, d'un gris-vert, très-légérement teints de rouffâtre à la pointe.

Les boutons font très-longs, arrondis, pointus, écartés de la branche; les fupports font très-peu relevés.

Les feuilles font longues de deux pouces neuf lignes, lar-ges de deux pouces quatre lignes, repliées en batteau, dentelées réguliérement, finement & très-peu profondément. La queue eft longue d'un pouce.

La fleur a quatorze lignes de diametre. Les pétales font lon-guets, peu creufés en cuilleron.

Le fruit eft gros, long, ayant deux pouces fept lignes de

F f ij

diametre, & trois pouces fix lignes de hauteur. (Il eſt ordinairement meilleur, lorſqu'il n'eſt que moyen, d'environ deux pouces
deux lignes de diametre, ſur deux pouces dix lignes de hauteur;
& rarement il vient plus gros dans les terreins ſecs.) Il reſſemble
aſſez au Saint-Germain; mais il eſt plus uni, plus arrondi par la
tête où l'œil, qui eſt petit, eſt à fleur du fruit. Si l'autre extrémité étoit plus pointue, il feroit de la forme d'une perle en poire.
La queue eſt courte, n'ayant quelquefois que trois lignes de
longueur; elle eſt plantée à fleur du fruit, charnue à ſa naiſſance,
ſouvent buttée d'un gros bourrelet charnu.

La peau eſt douce, très-liſſe, tiquetée de points & de petites
taches, verte, devient blanchâtre lorſque le fruit eſt mûr.

La chair eſt demi-beurrée & très-bonne dans les terres ſeches;
elle n'eſt ſujette ni aux pierres ni à mollir.

L'eau eſt abondante, douce, relevée d'un fumet agréable.

Les pepins ſont gros, bien nourris, pointus.

Cette Poire mûrit en Novembre & Décembre. C'eſt un fruit
très-médiocre dans les terreins qui ne lui ſont pas propres, les
terreins froids & humides.

XCVIII. *PYRUS fructu medio, pyramidato-obtuſo, glabro, viridi,
ſerotino.*

IMPÉRIALE à feuilles de Chêne. (*Pl. LIV.*)

CE Poirier eſt très-vigoureux; il ſe greffe ſur franc & ſur Coignaſſier.

Le bourgeon eſt gros & fort, coudé à chaque nœud, très-
tiqueté, vert, légérement teint de rouſſâtre du côté du ſoleil.

Le bouton eſt de moyenne groſſeur, applati, très-pointu,
large par la baſe, peu écarté de la branche. Les ſupports ſont
gros.

La feuille eſt très-grande, longue de quatre pouces, large

de deux pouces quatre lignes, dentelée peu réguliérement, tellement froncée & ondée par les bords, qu'elle paroît comme
découpée, & reffemble à une petite feuille de Chou frifé, plutôt
qu'à une feuille de Chêne. Son pédicule eft long d'un pouce.

La fleur a quinze lignes de diametre. Les pétales font longs,
aigus par les deux extrémités. Les fommets des étamines font d'un
pourpre foncé.

Le fruit eft de groffeur moyenne, long; fon diametre eft de
deux pouces trois lignes, & fa hauteur de deux pouces neuf
lignes. Il eft de la forme d'une moyenne Virgouleufe. Le côté de
la tête eft arrondi, & l'œil, qui eft petit, y eft placé dans une
cavité très-peu profonde, ou un applatiffement. L'autre côté diminue de groffeur prefqu'uniformément, & fon extrémité eft
obtufe; la queue, longue de dix lignes, affez groffe, fur-tout à
fa naiffance, eft plantée au milieu d'un applatiffement.

La peau eft très-unie & liffe, verte; lorfqu'elle approche de
la maturité, elle fe ride; enfuite elle devient jaune.

La chair eft demi-fondante, fans pierres.

L'eau eft fucrée & bonne, mais inférieure en bonté à celle
de la Virgouleufe.

Les pepins font gros, bien nourris, bruns, terminés par une
longue pointe. On ne trouve ordinairement que quatre loges
féminales dans ce fruit.

Cette Poire mûrit en Avril & Mai. Quoiqu'elle ne foit pas
excellente, elle a beaucoup de mérite dans cette faifon.

XCIX. *PYRUS fruƈtu parvo, longo, utrinque acuto, luteo, non nihil rubente, brumali.*

SAINT-AUGUSTIN. (*Pl. LVIII. Fig. 3.*)

L'ARBRE fe greffe fur franc & fur Coignaffier.

Ses bourgeons font petits, très-peu coudés aux nœuds, d'un vert-jaune du côté de l'ombre, très-légérement teints de rouffâtre du côté du foleil ; tiquetés.

Ses boutons font gros, un peu applatis, pointus, peu écartés de la branche ; les fupports font gros.

Sa fleur a quinze lignes de diametre. Les pétales font creufés en cuilleron, de la forme d'une truelle.

Sa feuille eft longue de trois pouces trois lignes, large de deux pouces, pliée en arc en deffous, d'un vert affez foncé & luifant par deffus, blanchâtre en dehors ; dentelée très-finement & très-peu profondément, attachée par de très-longues queues qui ont de deux pouces & demi à trois pouces.

Son fruit eft petit, long, renflé au milieu ; diminue de groffeur vers la tête, où l'œil eft placé à fleur ; diminue davantage vers l'autre extrémité, fans fe terminer en pointe. La queue, longue d'un pouce, groffe, eft plantée entre quelques boffes, fans enfoncement. Sa hauteur eft de deux pouces & demi, & fon diametre eft de vingt-deux lignes.

La peau eft légérement teinte de rouge du côté du foleil. L'autre côté devient d'un beau jaune-clair au temps de la maturité du fruit. Elle eft tiquetée, & quelquefois tavelée de brun.

La chair eft ordinairement dure.

L'eau eft mufquée & peu abondante.

Les pepins font noirs, bien nourris, longuets.

Cette Poire mûrit en Décembre & Janvier. Telle qu'elle vient d'être décrite, & qu'on la trouve dans les terres légeres & feches, c'eft un fruit médiocrement bon ; mais dans une bonne terre un

peu forte, elle eſt très-bonne, beaucoup plus groſſe; ſon eau
eſt abondante & parfumée. La Quintinye l'ayant apparemment
vue dans des terreins différents, a cru que ce n'étoit pas la même
Poire.

C. *PYRUS fructu magno, longiori, cinereo, maculis rufis diſtincto, autumnali.*

Pastorale. Musette d'automne. (*Pl. LV.*)

Ce Poirier ſe greffe mieux ſur franc que ſur Coignaſſier.

Ses bourgeons ſont longs, de moyenne groſſeur, un peu coudés à chaque œil, d'un brun-clair, un peu farineux, tiquetés de
très-petits points.

Ses boutons ſont triangulaires, un peu applatis, couchés ſur
la branche: les ſupports ſont larges & ſaillants.

Ses feuilles ſont longues de deux pouces neuf lignes, larges
de vingt-deux lignes, dentelées finement, & très-peu profondément. Le pédicule eſt long de quinze lignes. Les feuilles moyennes ſont longues; leur arrête ſe replie en arc en deſſous; leurs
bords ſont dentelés finement & aſſez profondément; leur pédicule eſt long de vingt-deux lignes.

Sa fleur a quinze lignes de diametre. Les pétales ſont ovales,
un peu creuſés en cuilleron. Les ſommets des étamines ſont d'un
rouge mêlé de beaucoup de blanc.

Son fruit eſt gros & long, ſon diametre étant de deux pouces
ſix lignes, & ſa hauteur de trois pouces neuf lignes. Il eſt renflé
vers le milieu; le côté de la tête diminue de groſſeur, & l'œil
y eſt placé preſqu'à fleur du fruit. Le côté de la queue s'alonge
& diminue de groſſeur aſſez uniformément; ſon extrémité n'eſt
pas pointue, mais arrondie; & la queue s'y implante à fleur du
fruit; elle eſt longue de treize à quatorze lignes, groſſe, charnue à ſa naiſſance, & quelquefois garnie d'un gros bourrelet en
ſpirale.

Sa peau eſt griſâtre; jaunit au temps de la maturité du fruit; eſt femée de taches rouſſes.

Sa chair eſt demi‑fondante, ordinairement fans pierres & fans marc.

Son eau eſt un peu muſquée, & très‑bonne.

Ses pepins font larges & courts, très‑fouvent avortés.

Cette Poire mûrit en Octobre, Novembre & Décembre.

CI. *PYRUS fruĉtu magno, longiori, dilutè virente, brumali.*

CHAMP‑RICHE d'Italie.

L'ARBRE eſt vigoureux; il fe greffe fur franc & fur Coignaf‑fier.

Ses bourgeons font gros, longs & forts, coudés à chaque nœud, tiquetés de très‑petits points peu apparents, rougeâtres.

Ses boutons font triangulaires, larges, plats, écartés de la branche; les fupports font gros, renflés au‑deſſus & au‑deſſous de l'œil.

Ses feuilles font grandes, larges, rondes, plates, dentelées finement, longues de trois pouces quatre lignes, larges de deux pouces huit lignes; leurs pédicules font longs de fept lignes.

Sa fleur a feize lignes de diametre. Les pétales font preſque ronds, un peu creufés en cuilleron.

Son fruit eſt gros, long, ayant deux pouces fept lignes de diametre, fur trois pouces fix lignes de hauteur. La partie la plus renflée eſt à peu‑près à la moitié de la longueur; le côté de la tête diminue peu de groffeur; l'œil eſt aſſez grand, & placé dans une cavité large & peu profonde. Le côté de la queue diminue confidérablement de groffeur, fans que le fruit ait la forme d'une Calebaſſe; il fe termine en pointe preſqu'aiguë où eſt plantée à fleur la queue, groffe à fon extrémité, droite, longue de qua‑torze lignes.

La

La peau eſt d'un vert-clair, ſemée de points & petites taches griſes.

La chair eſt blanche, demi-caſſante, ſans pierres. On ne trouve ordinairement dans ce fruit, que quatre loges ſéminales, dont chacune contient deux pepins d'un brun-clair, longs, menus, courbés vers la pointe.

Cette Poire eſt très-bonne cuite & en compotes, dans les mois de Décembre & de Janvier.

CII. *PYRUS fruĉtu maximo, plerumque pyriformi obtuſo, partim buxeo, partim obſcurè rubente, ſerotino.*

Catillac. (*Pl. LVIII. Fig. 4.*)

Ce Poirier eſt très-vigoureux; il ſe greffe ſur franc mieux que ſur Coignaſſier.

Le bourgeon eſt gros, peu long, coudé à chaque œil, gris-de-lin, rougeâtre au-deſſous des ſupports, peu tiqueté.

Le bouton eſt gros, plat, comme collé ſur la branche; le ſupport eſt gros.

La feuille eſt grande, ovalaire, aiguë par les deux extrémités, dentelée irréguliérement & très-légérement; vers la pointe plus réguliérement & plus profondément; longue de quatre pouces, large de deux pouces ſix lignes; ſon pédicule eſt long de quatorze lignes.

La fleur eſt belle & très-grande, de vingt lignes de diametre. Les pétales ſont longs de neuf lignes, larges de huit lignes, creuſés en cuilleron. Les ſommets des étamines ſont d'un pourpre-clair preſque couleur de roſe. Le pédicule, le calyce, ſes échancrures, le deſſous des jeunes feuilles ſont couverts d'un duvet blanc épais.

Le fruit eſt très-gros, ordinairement d'une forme approchant de la Calebaſſe, quelquefois pyriforme; ſon diametre eſt de trois

Tome II. G g

pouces huit lignes, & fa hauteur de trois pouces cinq lignes. Le côté de la tête eft très-gros, applati; l'œil, qui eft petit, eft placé dans une cavité affez profonde, & peu large par rapport à la groffeur du fruit, quelquefois unie, fouvent bordée de côtes peu élevées qui s'étendent fur cette partie du fruit. Le côté de la queue diminue tout-à-coup de groffeur, & fe termine en pointe arrondie où la queue, groffe & un peu charnue à fa naiffance, longue de treize lignes, eft plantée dans une petite cavité.

Sa peau eft grife, devient d'un jaune-pâle, lorfque le fruit mûrit, légérement teinte de rouge-brun du côté du foleil, toute tiquetée de petits points roux.

Sa chair eft blanche, très-bonne cuite; elle prend une belle couleur au feu.

Ses pepins font d'un brun-clair, petits, longs.

Cette Poire eft d'ufage depuis le mois de Novembre jufqu'en Mai.

CIII. *PYRUS fructu quàm-maximo, fubrotundo, glabro, partim flavo, partim pulchrè-rubro, ferotino.*

BELLISSIME d'hiver.

La Belliffime d'hiver eft plus groffe que le Catillac, ayant jufqu'à quatre pouces de diametre, fur trois pouces neuf lignes de hauteur. Sa forme eft prefque ronde, diminuant un peu de groffeur du côté de la queue, qui eft groffe, longue de huit à dix lignes, plantée à fleur du fruit, ou entre quelques boffes peu élevées. Le côté de la tête eft arrondi; & l'œil eft placé dans une cavité peu profonde.

Sa peau eft liffe; le côté du foleil eft d'un beau rouge tiqueté de gris-clair; le côté de l'ombre eft jaune, tiqueté de fauve.

Sa chair eft tendre, fans pierres, très-moëlleufe étant cuite.

Son eau eft douce, abondante, fans âcreté, relevée d'un petit goût de fauvageon.

Cette Poire, dont le nom convient bien à sa grosseur extraordinaire & à la beauté de ses couleurs, se conserve jusqu'en Mai. Elle est beaucoup meilleure cuite sous la cloche que le Catillac. On peut même en faire d'assez bonnes compotes.

CIV. *PYRUS fructu maximo, pyriformi - obtuso, viridi, maculis rufescente, brumali.*

L i v r e.

Cet arbre est très-vigoureux étant greffé sur franc ; mais il ne réussit point sur Coignassier.

Les bourgeons sont gros, très-coudés à chaque nœud, d'un gris-vert, un peu farineux, légérement teints de roussâtre du côté du soleil & à la pointe, peu tiquetés.

Les boutons sont applatis, courts, larges par la base, peu pointus, écartés de la branche : leurs supports sont gros.

Les feuilles sont grandes, longues de trois pouces six lignes, larges de deux pouces dix lignes, repliées en divers sens, & souvent froncées auprès de l'arrête, dentelées finement & peu profondément. Leur queue est longue d'un pouce.

La fleur est très-ouverte, de seize lignes de diametre. Les pétales sont plats, ovales, étroits & alongés.

Le fruit est très-gros, ayant trois pouces huit lignes de hauteur ; & sur un côté trois pouces sept lignes de diametre, & sur l'autre trois pouces trois lignes. Ainsi il est applati suivant sa longueur. Lorsque ce fruit est bien conditionné, il est pyriforme, obtus du côté de la queue, bien arrondi par la tête & sur son diametre. Le côté de la tête est arrondi. L'œil est petit & placé au sommet d'une cavité profonde, large d'environ quinze lignes. Le côté de la queue diminue beaucoup de grosseur presqu'uniformément, & se termine en pointe très-obtuse, au milieu de laquelle est un enfoncement étroit & profond, dont le bord est

G g ij

beaucoup plus élevé d'un côté que de l'autre ; il reçoit la queue, qui eſt un peu charnue à ſa naiſſance, groſſe, longue de ſeize lignes.

La peau eſt verte, jaunit un peu lorſque le fruit mûrit ; mais elle eſt tellement tavelée de points & de taches rouſſes, qu'on apperçoit à peine la couleur.

La chair eſt très-bonne cuite, lorſque la maturité en a adouci l'eau.

Cette groſſe Poire mûrit en Décembre, Janvier & Février.

CV. *PYRUS fruĉtu omnium maximo, utrinquè acuto, citrino, ſuper-ſparſis maculis fulvis, brumali.*

T ʀ é s o ʀ. A m o u ʀ.

Cᴇᴛᴛᴇ Poire eſt la plus groſſe de toutes. Sur les plein-vents elle a communément quatre pouces de diametre, ſur quatre pouces neuf lignes de hauteur ; & ſouvent il s'en trouve de beaucoup plus groſſes (celles d'eſpalier & des buiſſons ſont encore d'un volume plus conſidérable.) Sa forme eſt ordinairement alongée, renflée par le milieu, diminuant de groſſeur vers l'œil, qui eſt petit, & placé dans un applatiſſement, ou un enfoncement très-peu creuſé. Le côté de la queue s'alonge & diminue davantage de groſſeur, ſe terminant preſque réguliérement en pointe obtuſe ou tronquée, au ſommet de laquelle la queue, fort groſſe, & longue d'environ un pouce, eſt plantée dans une cavité aſſez ſerrée & profonde. Quelquefois la hauteur du fruit n'excede ſon diametre que de trois ou quatre lignes ; ſon plus grand renflement eſt vers la tête ; & ſa forme imite un cône fort tronqué. Les plus gros fruits ſont ſouvent applatis ſur leur diametre qui eſt de quatre ou cinq lignes plus étroit d'un côté que de l'autre.

La peau eſt un peu rude au toucher, d'un jaune-citron, tellement tavelée de jaune-brun ou de fauve, qu'on n'apperçoit prefque point la couleur jaune.

La chair eft blanche, fans aucune pierre, tendre & prefque fondante, lorfqu'elle eft bien mûre.

L'eau eft abondante, douce, fans aucun goût d'âcreté ni de fauvageon.

Les loges féminales font fort petites, & contiennent des pepins très-menus & très-alongés, (cinq lignes de longueur, fur deux lignes de largeur,) dont la plupart font ordinairement avortés.

Cette Poire, affez douce pour être mangée crue par ceux dont le goût n'eft pas très-difficile, eft excellente cuite, & beaucoup préférable aux Poires de Catillac & de Livre. Elle commence à mûrir en Décembre; & il s'en conferve jufqu'en Mars. L'arbre eft trop vigoureux pour fubfifter fur Coignaffier.

CVI. *P Y R U S fruĉtu maximo, dolioli formâ, partim citrino, partim pulchrè rubente, brumali.*

TONNEAU. (*Pl. LVIII. Fig. 5.*)

CE Poirier eft vigoureux, & fe greffe fur franc & fur Coignaffier.

Ses bourgeons font très-gros, longs & forts, un peu coudés à chaque nœud, femés de très-petits points, un peu farineux, gris-de-lin d'un côté, lilac-pâle de l'autre.

Ses boutons font gros, plats, couchés fur la branche; les fupports font gros & larges.

Ses feuilles font grandes, longues de quatre pouces trois lignes, larges de deux pouces cinq lignes; leur plus grande largeur eft plus vers la queue que vers l'autre extrémité qui fe termine en pointe longue & aiguë. Les bords font unis. La queue eft longue de vingt lignes; elle eft légérement teinte de rouge du côté du foleil. Le côté de l'ombre & la groffe arrête font blancs.

Sa fleur s'ouvre bien, a dix-fept lignes de diametre. Les pétales font longs, étroits, prefque plats.

Son fruit eft très-gros, d'une forme un peu approchant de celle d'un tonneau, fon diametre étant par le milieu de trois pouces deux lignes; par l'extrémité du côté de l'œil, de vingt-trois, & par l'extrémité du côté de la queue, de dix-huit lignes. L'œil eft placé dans une cavité très-profonde, bordée de petits plis ou fillons. La queue, longue d'un pouce, eft plantée auffi dans une cavité très-profonde, & bordée de petits plis. Ce fruit eft beau, & fon diametre bien rond dans toute fa longueur.

La peau eft verte du côté de l'ombre, jaunit lorfque le fruit mûrit. Le côté du foleil eft d'un beau rouge-vif.

La chair eft très-blanche, un peu pierreufe autour des pepins.

Les pepins font noirs, longs & plats, logés à l'étroit.

Ce beau fruit mûrit en Février & Mars. Après avoir orné les defferts, il eft excellent cuit & en compotes.

CVII. *P Y R U S fructu medio, non nihil cucurbitato, glabro, hinc fla-vefcente, indè leviter rufefcente, brumali.*

NAPLES. (*Pl. LVI.*)

CE Poirier vigoureux & fertile, fe greffe fur franc & fur Coignaffier.

Le bourgeon eft gros, affez court, très-garni d'yeux qui ne font pas entiérement oppofés, coudé à chaque œil, gris mêlé de brun, très-tiqueté.

Le bouton eft gros, de la forme d'un cône très-aigu, peu écarté de la branche: le fupport eft gros.

Les feuilles font longues, étroites, fans dentelures, les unes ondées par les bords, les autres roulées en deffous, longues de trois pouces, larges de quinze lignes; le pédicule est long de quinze à vingt lignes.

La fleur a treize lignes de diametre, s'ouvre bien. Les pétales sont plats, presque ronds.

Le fruit est de moyenne grosseur, un peu figuré en Calebasse; diminuant considérablement de grosseur vers la queue, qui est longue de huit à dix lignes, & plantée dans une cavité unie & profonde. La tête diminue un peu de grosseur, & l'œil, bien ouvert, est placé dans un enfoncement uni & peu creusé. Son diametre est de vingt-cinq lignes, & sa hauteur de vingt-six lignes.

Sa peau est lisse, verdâtre; devient jaune lorsque le fruit est en maturité. Elle se teint légérement de rouge-brun du côté du soleil.

Sa chair est demi-cassante; quelquefois un peu beurrée; sans pierres.

Son eau est douce & assez agréable pour la saison où ce fruit mûrit.

Ses pepins sont gros & très-nourris. L'axe du fruit est creux.

Sa maturité est en Février & Mars.

CVIII. *P. Y R U S fructu medio, longulo, scabro, luteo, paululùm rubescente, brumali.*

Angélique de Rome.

Le Poirier est vigoureux; il se greffe sur franc & sur Coignassier.

Les bourgeons sont longs, de moyenne grosseur, très-tiquetés, presque sans coudes, verts dans le bas, d'un rouge-brun clair vers l'extrémité.

Les boutons sont médiocrement gros, arrondis, peu écartés de la branche; les supports sont assez gros.

La fleur eſt très-ouverte, de ſeize lignes de diametre. Les pétales ſont en raquette, un peu pointus par l'extrémité, plats. Les ſommets des étamines ſont de couleur de roſe.

Les feuilles ſont de médiocre grandeur, longues de trois pouces, larges de vingt lignes, ovales du côté de la queue qui eſt blanche, menue, longue de deux pouces & demi. L'autre extrémité s'alonge en pointe. Elles ne ſe plient point en gouttiere; l'arrête ſe courbe en arc en dehors, & les feuilles ſe roulent ou ſe plient par deſſous en divers ſens. La dentelure eſt à peine ſenſible.

Le fruit eſt de moyenne groſſeur, de forme oblongue; ſon diametre eſt de vingt-ſept lignes, & ſa hauteur de vingt-huit lignes. Il eſt plus gros dans les terreins où ſe plaît ce Poirier qui eſt peu fertile. Sa tête eſt bien arrondie; & l'œil, fort petit, eſt placé dans une cavité unie, étroite, très-peu profonde. L'autre extrémité diminue de groſſeur; la queue, fort groſſe, longue de ſept à neuf lignes, y eſt plantée à fleur du fruit, ou dans une rainure étroite.

La peau eſt rude au toucher, ſemblable à celle de la Poire d'Echaſſerie; d'un jaune-citron-pâle, ou jaune-ſouci; quelquefois le côté du ſoleil ſe teint très-légérement de rouge.

La chair eſt tendre, demi-fondante, un peu jaune; elle a quelques petits grains de ſable autour des pepins. Dans les terreins ſecs, elle eſt ordinairement caſſante & pierreuſe.

L'eau eſt abondante, ſucrée, & aſſez relevée.

Elle mûrit en Décembre, Janvier & Février. La différence des terreins, met une grande différence dans ce fruit; en faiſant une groſſe & très-bonne Poire, ou une Poire médiocre en volume & en bonté.

CIX.

CIX. *PYRUS fructu vix medio, rotundo, glabro, flavo, autumnali.*

Lansac. Dauphine. Satin. (*Pl. LVII.*)

Ce Poirier se greffe sur franc & sur Coignassier.

Ses bourgeons sont de médiocre grosseur, tiquetés de gros points, verts-gris du côté de l'ombre, légérement teints de rougeâtre du côté du soleil.

Ses boutons sont gros, arrondis, longs, très-pointus, écartés de la branche: les supports sont gros.

Ses feuilles sont longues de trois pouces six lignes, larges de deux pouces trois lignes, dentelées très-finement, mais à peine sensiblement, pliées en gouttiere; l'arrête se replie en arc en dessous. Le pédicule est long de treize lignes.

Sa fleur est très-ouverte, de dix-sept lignes de diametre. Les pétales sont plats, très-longs & étroits.

Le fruit est de moyenne grosseur, ayant vingt-trois lignes de diametre, & vingt-quatre de hauteur; quelquefois rond; plus souvent il diminue un peu vers les extrémités; l'œil est placé dans une cavité peu profonde; souvent il est presqu'à fleur du fruit. La queue est grosse, longue de sept à dix lignes, charnue à sa naissance, tantôt plantée à fleur du fruit, tantôt dans un petit enfoncement.

La peau est lisse & jaune.

La chair est fondante.

L'eau est sucrée, d'un goût agréable, & relevée d'un peu de fumet.

Les pepins sont ordinairement avortés.

Cette Poire mûrit à la fin d'Octobre, & se conserve quelquefois jusqu'en Janvier.

CX. *PYRUS fructu parvo, spissiùs cinereo, pediculo longissimo, autumnali.*

VIGNE. DEMOISELLE. (*Pl. LVIII. Fig. 2.*)

CET arbre est assez vigoureux; il se greffe sur franc & sur Coignassier.

Le bourgeon est menu, court, coudé à chaque nœud, gris-verdâtre du côté de l'ombre, légérement teint du côté du soleil.

Le bouton est de grosseur moyenne, arrondi, pointu, très-écarté de la branche. Les supports sont gros.

Les feuilles sont assez grandes, ovales, longues de trois pouces quatre lignes, larges de deux pouces trois lignes, dentelées imperceptiblement, excepté à la pointe. La grosse nervure se plie en arc en dessous. La queue est longue de dix-neuf lignes.

La fleur a dix-sept lignes de diametre. Les pétales sont très-longs & très-étroits, ayant huit lignes de longueur, sur trois lignes & demie.

Le fruit est petit, son diametre est de dix-neuf lignes, & sa hauteur de vingt & une lignes. Sa tête est bien arrondie; & l'œil, grand & très-ouvert, y est placé à fleur. L'autre extrémité diminue beaucoup de grosseur; de sorte que si elle se terminoit plus en pointe, le fruit seroit pyriforme. Sa queue est longue de près de deux pouces, grosse vers l'extrémité.

La peau est rude, d'un gris-brun; le côté du soleil prend en quelques endroits une légere teinte rougeâtre tiquetée de petits points gris.

La chair est beurrée, un peu fondante, devient molle, si le fruit n'a été cueilli avant sa maturité; ou pâteuse, si on le laisse trop mûrir dans la Fruiterie.

L'eau est fort bonne, d'un goût très-relevé.

Les pepins sont noirs, gros & bien nourris.

Le temps de sa maturité est le mois d'Octobre.

CXI. *PYRUS fructu medio, pyriformi, glabro, carne rubente, æstivo.* Sanguinole.

L'arbre eſt vigoureux; il ſe greffe ſur franc & ſur Coignaſ-fier.

Ses bourgeons ſont bruns, farineux.

Ses feuilles ſont grandes, preſque rondes, ayant plus de lar-geur que de longueur, un peu farineuſes; plates, ſeulement un peu froncées par les bords, où l'on n'apperçoit que quelques dentelures très-peu marquées; quelques traits, & quelques-unes des petites nervures ſont rouges. Elles ſont longues de trois pouces, & larges de trois pouces quatre lignes. Le pédicule eſt gros, long de deux pouces trois lignes.

Sa fleur a ſeize lignes de diametre. Les pétales ſont ovales, creuſés en cuilleron; quelques-uns teints de rouge par les bords. Le calyce eſt rougeâtre.

Son fruit eſt de groſſeur moyenne, ayant vingt-trois lignes de diametre, ſur vingt-quatre de hauteur, pyriforme, un peu applati du côté de la tête où l'œil, qui eſt très-gros, eſt placé au fond d'une grande cavité. La queue eſt longue de dix-huit lignes; à ſon inſertion il y a une rainure qui ſemble la ſéparer du fruit.

Sa peau eſt verte, liſſe, tiquetée de très-petits points, gris du côté de l'ombre, rouges du côté du ſoleil.

Sa chair eſt rouge, groſſiere & aſſez inſipide.

Cette Poire mûrit en Août; & ne mérite d'être cultivée que pour la curioſité.

CXII. *PYRUS fructu parvo , pyriformi , subflavescente , æstivo.*

Sapin.

La Poire de Sapin est petite, pyriforme, applatie par la tête où l'œil, assez petit, est placé dans un enfoncement bien évasé, uni & médiocrement profond. L'autre extrémité va en diminuant réguliérement, & se termine en pointe obtuse, ou un peu tronquée ; la queue, grosse, longue de onze ou douze lignes, est plantée presqu'à fleur du fruit. La peau est verte, jaunit un peu en mûrissant. La chair est blanche & assez grossiere. L'eau est peu abondante, peu relevée, quoiqu'un peu parfumée. Les pepins sont bien nourris, d'un brun-foncé. Elle mûrit vers la fin de Juillet, & n'est pas méprisable pour une Poire hâtive.

CXIII. *PYRUS fructu medio , umbilico compresso , & quasi gemino , æstivo.*

Poire à deux têtes.

Cette Poire est de moyenne grosseur, d'une forme peu réguliere & peu décidée, cependant plus approchant de la turbinée que de toute autre. La queue est grosse, longue de dix à vingt lignes, souvent un peu charnue à sa naissance, implantée obliquement dans le fruit, & recouverte d'un côté par une avance de chair qui se termine assez en pointe; de sorte que si elle embrassoit toute la naissance de la queue, le fruit seroit presque pyriforme. L'œil est placé sur une éminence formée d'un assemblage de petites bosses ; il est gros, ovale, & comme divisé en deux, d'où cette Poire a pris le nom de *Deux Têtes*. Sa peau est assez unie, d'un vert tirant sur le jaune du côté de l'ombre, lavée de rouge-brun du côté du soleil; souvent vers la queue il y a une tache assez étendue, fauve, rude au toucher. La chair est

blanche, peu délicate. L'eau est assez abondante & un peu parfumée, mais souvent un peu âcre. Les pepins sont noirs. Elle
mûrit à la fin de Juillet, & peut être comparée, pour la bonté,
aux autres Poires de cette saison. Son diametre est de vingt-cinq
lignes, & sa hauteur de vingt-six lignes; quelquefois sa hauteur
excede davantage son diametre.

CXIV. *PYRUS fructu medio, longo-cucurbitato, è viridi cinereo,
punctis subalbidis distincto, æstivo.*

G R I S E - B O N N E.

L A Grise-bonne est de médiocre grosseur, longue, d'une
forme un peu cucurbitacée. Son diametre est de vingt-deux lignes, & sa hauteur de deux pouces six lignes. Sa tête est bien
arrondie, & l'œil y est placé à fleur du fruit. L'autre extrémité
diminue considérablement de grosseur, & se termine en pointe
obtuse. La queue est grosse, longue de neuf à douze lignes, plantée obliquement dans une petite cavité.

Sa peau est d'un vert-gris, très-tiquetée de points blanchâtres;
quelques endroits sont teints de roux.

Sa chair est fondante, un peu beurrée; se cotonne promptement.

Son eau est sucrée & relevée.

Elle mûrit à la fin d'Août.

CXV. *PYRUS fructu medio, utrinque acuto, glabro, hinc citrino, inde
rubro, brumali.*

D O N V I L L E.

L A grosseur de cette Poire est médiocre; sa forme est alongée,
ayant vingt-deux lignes de diametre, sur trente lignes de hauteur. Elle diminue de grosseur vers la tête où l'œil est placé dans

un petit enfoncement, ou plutôt un applatiſſement uni, étroit, & peu creuſé. Elle diminue beaucoup plus de groſſeur vers la queue où elle ſe termine en pointe un peu obtuſe ou tronquée. La queue, longue d'environ huit lignes, y eſt plantée dans un très-petit enfoncement ſerré & bordé de quelques plis.

La peau eſt unie & luiſante; le côté de l'ombre eſt d'un jaune-citron parſemé de taches fauves; le côté oppoſé eſt d'un rouge aſſez vif, tiqueté de petits points d'un gris-clair.

La chair eſt caſſante, ſans pierres, d'un blanc tirant un peu ſur le jaune.

L'eau, quoiqu'elle ait un peu d'âcreté, eſt relevée, & n'eſt pas déſagréable; de ſorte que ce fruit, qui ſe conſerve juſqu'en Avril, pourroit ſe manger crud dans cette ſaiſon.

Les pepins ſont longuets, très-nourris, d'un brun-clair.

Quelques-uns donnent le même nom à une Poire de forme différente, qui a trois pouces de hauteur, ſur deux pouces de diametre; elle eſt preſque conique. Le côté de la tête eſt bien arrondi; & l'œil, fort petit, eſt placé à fleur. L'autre extrémité va en diminuant & ſe termine en pointe très-obtuſe, ou tronquée obliquement; la queue, longue de huit lignes, eſt plantée dans une cavité profonde, irréguliere, bordée de boſſes. La peau eſt aſſez unie, d'un jaune-clair, tiquetée de points gris très-peu apparents; le côté du ſoleil eſt d'un jaune-rouſſâtre: le jaune des deux côtés tire un peu ſur la couleur de bois. L'eau eſt abondante, un peu âcre. La chair eſt jaunâtre, groſſiere, ferme, quelquefois pierreuſe. Cette Poire ſe conſerve juſqu'en Avril, & n'eſt bonne que cuite.

CXVI. *PYRUS fructu medio, pyriformi, glabro, splendido, partim citrino, partim pulchrè & dilutè rubente, brumali.*

CHAT-BRUSLÉ.

CETTE Poire est de grosseur moyenne, pyriforme un peu alongée. La tête est bien arrondie; & l'œil y est placé dans un enfoncement peu creusé. La queue, longue de dix à douze lignes, grosse à son extrémité, des mêmes couleurs que le fruit, s'implante un peu obliquement à la pointe du fruit, qui est quelquefois obtuse ou comme divisée en deux petites bosses. Le diametre est de vingt-deux lignes, & la hauteur de deux pouces sept lignes.

La peau est très-lisse & luisante; d'un beau rouge-clair mais vif, qui s'affoiblit en approchant des endroits qui n'ont point été frappés du soleil, & qui sont d'un jaune-citron.

La chair est fine, sans pierres, prend au feu une très-belle couleur rouge.

Les pepins sont noirs, bien nourris.

Cette jolie Poire est propre à faire d'excellentes compotes en Février & Mars.

La feuille de l'arbre est d'un vert-gai, dentelée très-finement, petite, longuette, terminée en pointe très-aiguë.

La Poire vulgairement connue sous le nom de *Chat-brûlé*, tient le milieu entre le *Messire-Jean* & le *Martin-sec* pour la forme, la couleur & la grosseur. Sa chair est tendre, seche, souvent pâteuse & pierreuse; elle mûrit en Octobre & Novembre.

CXVII. *PYRUS fructu medio, ferè pyriformi, flavo, serotino.*

SAINT-PERE ou SAINT-PAIR.

CETTE Poire est de moyenne grosseur, presque pyriforme; son diametre est de vingt-six lignes, & sa hauteur de vingt-huit lignes. Elle eft renflée du côté de la tête, & l'œil eft placé dans un enfoncement uni, évafé, très-peu creufé. L'autre côté diminue prefque réguliérement de groffeur, & fe termine en pointe un peu obtufe où la queue, affez groffe, longue de fix à huit lignes, s'implante à fleur du fruit.

La peau, un peu rude au toucher, eft par-tout d'un jaune tirant fur la couleur de bois, ou couleur de cannelle.

La chair eft blanche, tendre, & ordinairement fans pierres.

L'eau eft abondante; & dans la parfaite maturité du fruit, elle s'adoucit affez pour qu'on puiffe le manger crud; il eft excellent cuit & en compotes.

Les pepins font gros, pointus, d'un brun très-foncé.

Cette Poire commence à mûrir en Mars; il s'en conferve jufqu'en Juin.

CXVIII. *PYRUS fruċtu medio, pyriformi, partim citrino, partim pulchrè & intensè rubro, brumali,*

TROUVÉ,

CETTE Poire que Merlet nomme *Poire de Prince, Trouvé de Montagne,* &c. eft de moyenne groffeur, ayant vingt-fept lignes de diametre fur vingt-neuf lignes de hauteur. Sa forme eft pyriforme réguliere; l'œil eft grand & bien ouvert, placé prefqu'à fleur du fruit. La queue, longue de quinze à dix-huit lignes, groffe à fon extrémité, un peu charnue à fa naiffance, eft plantée à fleur, un peu obliquement à la pointe du fruit.

Sa peau eft fine, d'un rouge-vif & affez foncé du côté du foleil. Le côté de l'ombre eft d'un jaune-citron, quelquefois lavé ou fouetté de rouge-clair. Par-tout elle eft tiquetée de très-petits points qui font rouges fur le jaune, & d'un gris-clair fur le rouge.

Sa chair eft d'un blanc un peu jaune, caffante, fans pierres.

Son

Son eau eſt abondante, ſucrée, & agréable, lorſque le fruit eſt bien mûr.

Ses pepins ſont bruns, bien nourris, courts, peu pointus.

Cette Poire, très-agréable à la vue, ſe mange cuite & en compotes en Janvier, Février & Mars. Dans ſa parfaite maturité elle eſt meilleure crue, que la précédente. Il s'en conſerve quelques-unes juſqu'en Avril.

CXIX. *PYRUS fruEtu medio, utrinque acuto, hinc luteo, indè obſcurè rubeſcente, maximè ſerotino.*

S a r a s i n.

La Poire de Saraſin eſt de moyenne groſſeur, ſon diametre étant de vingt-deux lignes, & ſa hauteur de trente lignes. Elle eſt plus groſſe dans un bon terrein. Sa forme peu réguliere eſt alongée; le côté de l'œil diminue de groſſeur & ſe termine irréguliérement; de ſorte que le fruit ſe ſoutient difficilement ſur cette extrémité; l'œil eſt placé à fleur. L'autre côté s'alonge en pointe obtuſe, & eſt terminé par une queue aſſez groſſe, longue de ſix à dix lignes. Elle a quelque reſſemblance avec la Poire de Donville.

La peau, du côté du ſoleil, eſt lavée d'un rouge-brun tiqueté de points gris; le côté de l'ombre eſt vert, s'éclaircit à meſure que le fruit approche de ſa maturité, & devient d'un jaune-pâle.

La chair eſt blanche, ſans pierres, preſque beurrée dans ſa parfaite maturité.

L'eau eſt ſucrée, relevée, & un peu parfumée.

Les pepins ſont noirs, longs, pointus, peu nourris.

Cette Poire eſt excellente cuite & en compotes; elle ſe garde plus long-temps qu'aucune autre Poire. Le quatre Novembre, lorſque je la décrivois, il y en avoit encore de l'année précé-

dente très-faines, très-bien conditionnées, qui pouvoient fe conferver encore long-temps ; elles étoient fort bonnes crues. Il y
a peu de Poiriers qui méritent autant que celui-ci d'être cultivé.

A cette collection de Poiriers déja trop nombreufe, nous
pourrions en ajouter quarante ou cinquante qui fe trouvent dans
les vergers de plant peu choifi, & dont les fruits mauvais ou médiocrement bons, ne peuvent mériter confidération qu'auprès des
Cultivateurs paffionnés pour la variété ; telles font beaucoup de
Poires d'été & d'automne, qui font méprifables dans ces faifons
abondantes en bons fruits ; & un grand nombre de Poires d'hiver, dont les unes font inférieures en bonté à celles dont nous
avons fait mention, & les autres difparoiffent trop tôt. Peut-
être même trouvera-t-on que nous avons décrit trop de Poires
tardives qui ne font bonnes que cuites. Mais ces fruits deviennent précieux dans les mois de difette, dont ils font prefque la
feule reffource. Tous les ans, dans l'arriere-faifon, on éprouve
que ces efpeces tardives ne font ni affez connues ni affez com-
munes.

CULTURE.

De tous les Poiriers que l'on cultive, je n'en connois aucun
dont l'efpece foit conftamment reproduite par les femences. La
greffe eft le feul moyen de les perpétuer.

Le Poirier fe greffe en écuffon, en fente & en couronne,
fuivant la forme & la qualité des fujets. Il fe greffe fur franc &
fur Coignaffier. Les fauvageons de Poirier élevés de pepins ou
de rejets des vieux pieds font propres à recevoir la greffe des
Poiriers qu'on deftine pour les vergers. Ceux qu'on forme en
efpalier, contrefpalier, buiffon, demi-plein-vent dans les pota-
gers, fe greffent fur Coignaffier, qui donne des arbres de moyenne grandeur, prompts à fe mettre à fruit. Le Coignaffier aime

les terreins cultivés ; & comme ſes racines s'enfoncent peu, il
n'exige pas autant de profondeur de bonne terre que le ſauva-
geon de Poirier. Le Coignaſſier commun ne convient qu'aux
eſpeces de Poiriers dont la ſeve eſt modérée, & la grandeur médiocre. Ceux qui deviennent grands & vigoureux, veulent le
Coignaſſier de Portugal. Quelques-uns réuſſiſſent ſur l'Aubépine,
le Neſſlier, l'Azérolier, le Cormier, pourvu qu'ils ſoient plantés dans un terrein léger & frais. D'autres ne peuvent ſubſiſter
que ſur franc. Cet aſſortiment des ſujets aux eſpeces- eſt moins
une choſe de regle que d'obſervation ; & ſouvent la qualité du
terrein y entre pour autant que l'eſpece de l'arbre.

En général tous les Poiriers, ſur quelques ſujets qu'ils ſoient
greffés, ſe plaiſent dans les ſables gras qui ont beaucoup de profondeur ; ils ne peuvent réuſſir dans les meilleurs terreins lorſqu'ils
n'ont que huit ou dix pouces de profondeur ; ils ont bien de la peine
à ſubſiſter dans les terres compactes & glaiſeuſes. On obſerve
de greffer les eſpeces beurrées ſur Coignaſſier, & de les planter
dans une bonne terre graſſe, non trop humide, & de greffer
les eſpeces caſſantes ſur franc, & de les planter dans des terres
fortes, qui n'ayent ni défaut, ni excès d'humidité. Dans la deſcription de chaque Poirier, nous avons marqué le terrein & le
ſujet qui lui conviennent, ſuivant la pratique ordinaire, que nous
ne prétendons ni autoriſer ni conſeiller, étant aſſurés par l'expérience que tous les Poiriers ſe greffent beaucoup mieux ſur franc
que ſur tout autre ſujet ; & que, ſi les Jardiniers préferent pour
l'eſpalier, le buiſſon & l'éventail, les Poiriers greffés ſur Coignaſſier, c'eſt qu'étant en peu d'années affoiblis ou ruinés par la
taille, ils ſe mettent bientôt à fruit : au lieu que les Poiriers
greffés ſur franc étant vigoureux, réſiſtent long-temps à ces
retranchements exceſſifs, & ne travaillent qu'à les réparer par
des pouſſes fortes, ſans donner de fruits. Ceux qui taillent bien
le Poirier, éprouvent qu'il fructifie auſſi promptement ſur franc

que fur Coignaffier ; & que le Coignaffier eft un auffi médiocre fujet pour le Poirier, que le Prunier pour le Pêcher.

Le Poirier s'accommode de toutes les expofitions. Celle du nord même peut être occupée par les efpeces dont le fruit mûrit facilement, & prend peu de couleur. Nous avons pareillement indiqué l'expofition propre aux Poiriers qui n'y font pas indifférents.

Le Poirier fe taille fuivant les regles générales. Nous y ajouterons feulement une obfervation particuliere. Etant deftiné par la nature à devenir un grand arbre, il pouffe ordinairement des bourgeons longs & vigoureux, ne paroît s'occuper qu'à s'élever, & differe long-temps de donner des preuves ou même des efpérances de fécondité. Il faut donc pendant fes premieres années ne pas tenir la taille courte, de peur d'altérer fes racines, ou de ne lui faire produire que des branches fortes, & de faux bois ; & le charger de toutes les petites branches qui pourront y fubfifter fans confufion. Lorfque l'emportement de fa jeuneffe fera modéré, & qu'il fe fera mis à fruit, fi l'on trouve qu'il ait pris trop d'étendue, on pourra le réduire & le rapprocher fans danger, parce qu'il reperce facilement ; de forte que fi cet arbre a été bien conduit les trois ou quatre premieres années, les fautes qu'on fait enfuite contre les regles de la taille par néceffité ou par méprife font réparables, pourvu qu'on ne le laiffe pas vieillir dans fes défauts. On voit fouvent des Poiriers de dix ou douze ans qui n'ont encore porté aucun fruit, parce qu'ils n'ont jamais été affez chargés & alongés ; au lieu qu'ils auroient fructifié dès la quatrieme ou cinquieme année, s'ils avoient été chargés de petites branches, feules propres à donner du fruit ; & fi une taille trop courte n'avoit toujours multiplié les groffes. Pour les opérations fubféquentes à la taille, l'ébourgeonnement, le paliffage, &c. voyez leur article dans la Culture générale.

USAGES.

On peut manger pendant toute l'année des Poires crues , cuites ſans ſucre , & en compotes. Quelques-unes ſont fort bonnes ſé- chées au four. Aucune n'eſt propre à faire des confitures ſeches ni liquides, excepté la Poire de Rouſſelet de Reims , dont on fait de très-bonnes confitures ſeches, & d'excellente marmelade ; on la confit auſſi à l'eau-de-vie , comme pluſieurs autres fruits.

Pour conſerver les Poires d'hiver ſix ſemaines ou deux mois au-delà de leur terme ordinaire , il faut , après les avoir cueillies , les entaſſer ſur une table de fruiterie , & les y laiſſer juſqu'à ce qu'elles ſe ſoient bien chargées d'humidité , ou, comme on dit vulgairement, juſqu'à ce qu'elles ayent reſſué ; ce qui arrive en plus ou moins de temps (quelquefois en vingt-quatre heures,) ſuivant la température de l'air. Alors on les eſſuie bien avec un linge (quelques-uns préferent la ſerge ;) & on les arrange l'une à côté de l'autre au ſoleil, ou à un air ſec. Lorſqu'elles ſont très- ſeches , on les enveloppe ſéparément de papier , & on les ren- ferme dans des Armoires ou Commodes en lieu qui ſoit bien à couvert de la gelée & de l'humidité. Avec ces attentions , on prolonge la durée des Poires de S. Germain juſques vers la fin d'Avril, & celle des autres Poires tardives à proportion. Il en ſera de même des Pommes.

On peut encore très-bien conſerver ces fruits dans la cendre ; & c'eſt un uſage commun. Dans des caiſſes , des tonneaux, ou même dans l'angle formé par deux murs de la Fruiterie, ou de quelqu'autre lieu bien fermé & inacceſſible à la gelée & à l'hu- midité, on fait un lit de cendre épais de trois ou quatre pouces , on y arrange des fruits qu'on recouvre d'un pareil lit de cendre ; on garnit celui-ci de fruits , & on les recouvre de même : on continue autant que la capacité de la caiſſe le permet , & que le

nombre des fruits l'exige. Mais quelques Poires & la plupart des
Pommes contractent dans la cendre un goût défagréable : c'eft
un inconvénient qu'on peut éviter, du moins en partie, en les
enveloppant de papier.

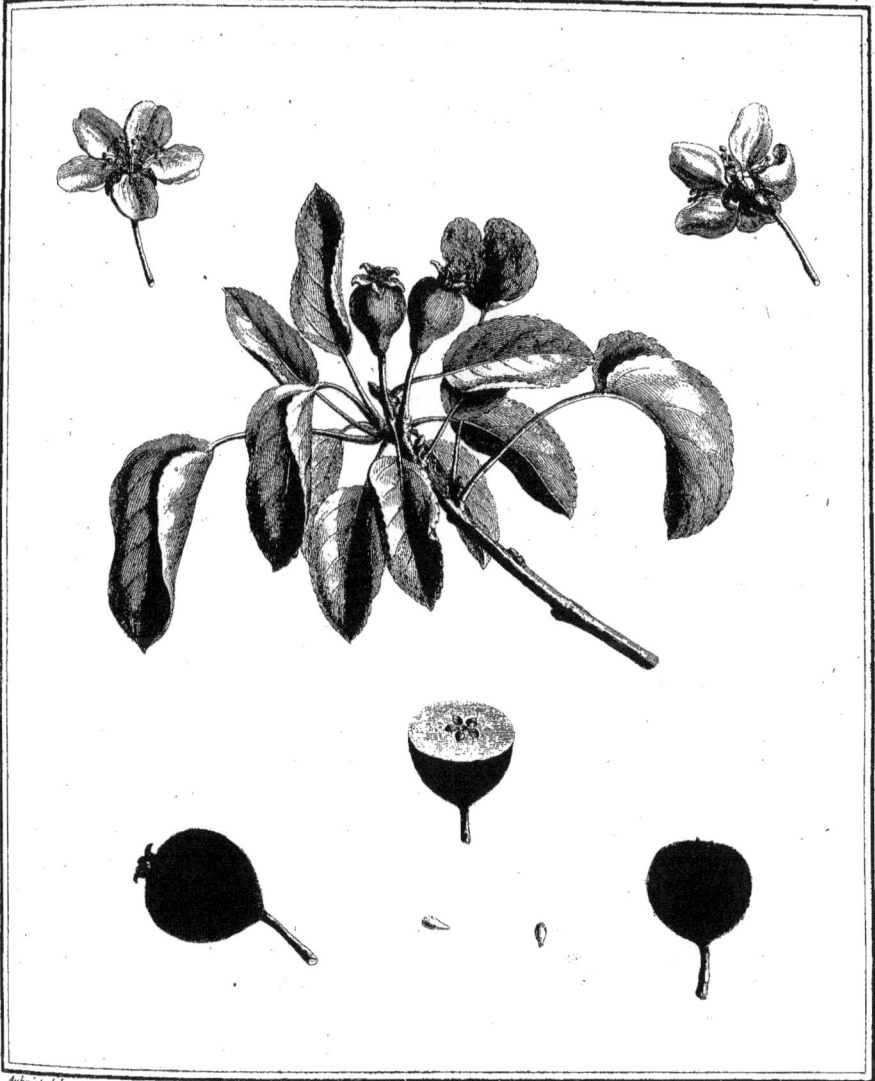

Aubriet del.   C.ne Haussard Sculp.

Petit Muscat.

Aubriet del.   Elis. Haussard Sculp.

Muscat - Robert.

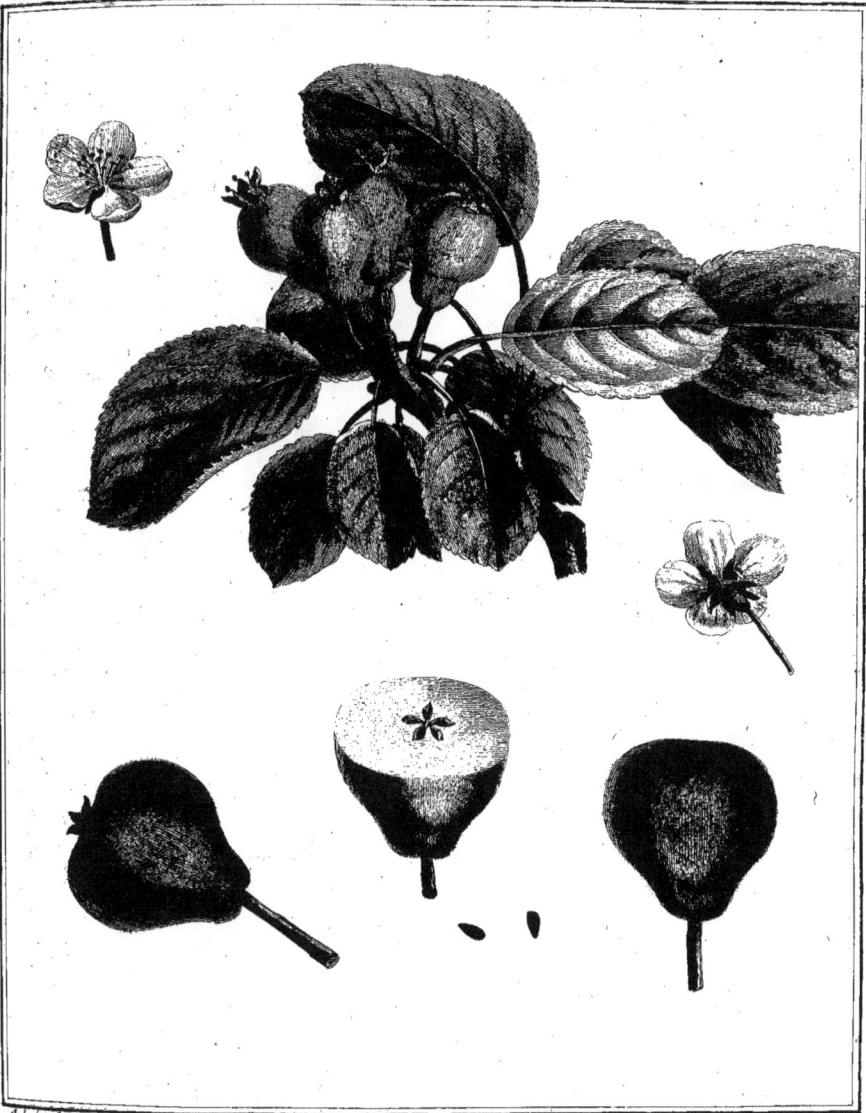

Aubriet del.   P. L. Cor Sculp.

Aurate.

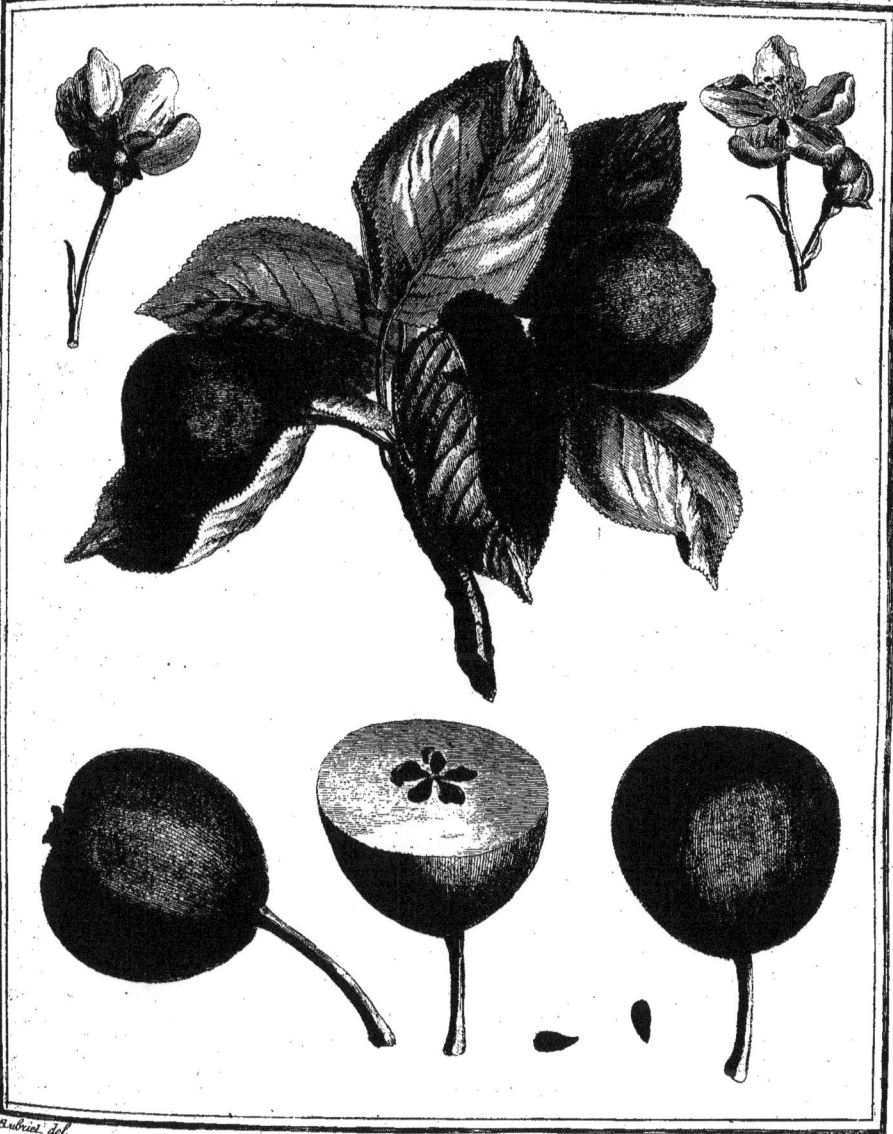

Aubriet del.

Madeleine .

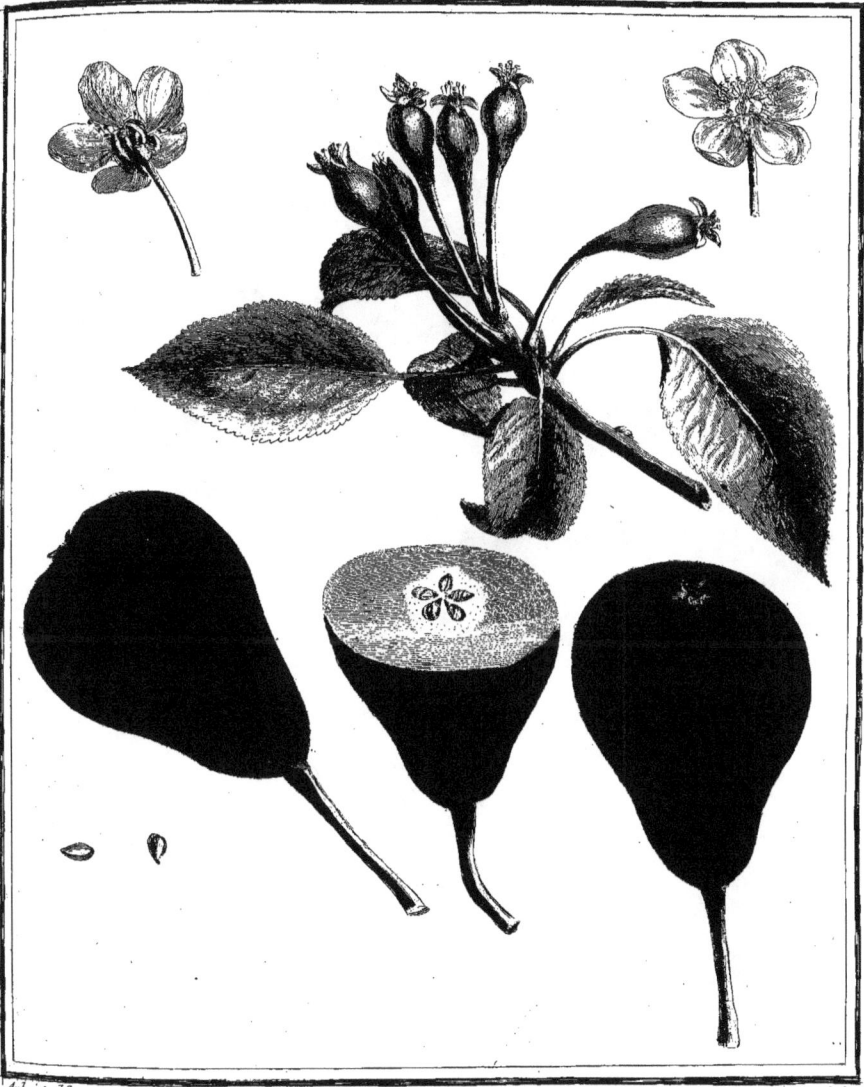

Cuisse - Madame.

Aubriet del.   Bréant Sculp.

Petit Blanquet. B. Blanquet à longue queue.

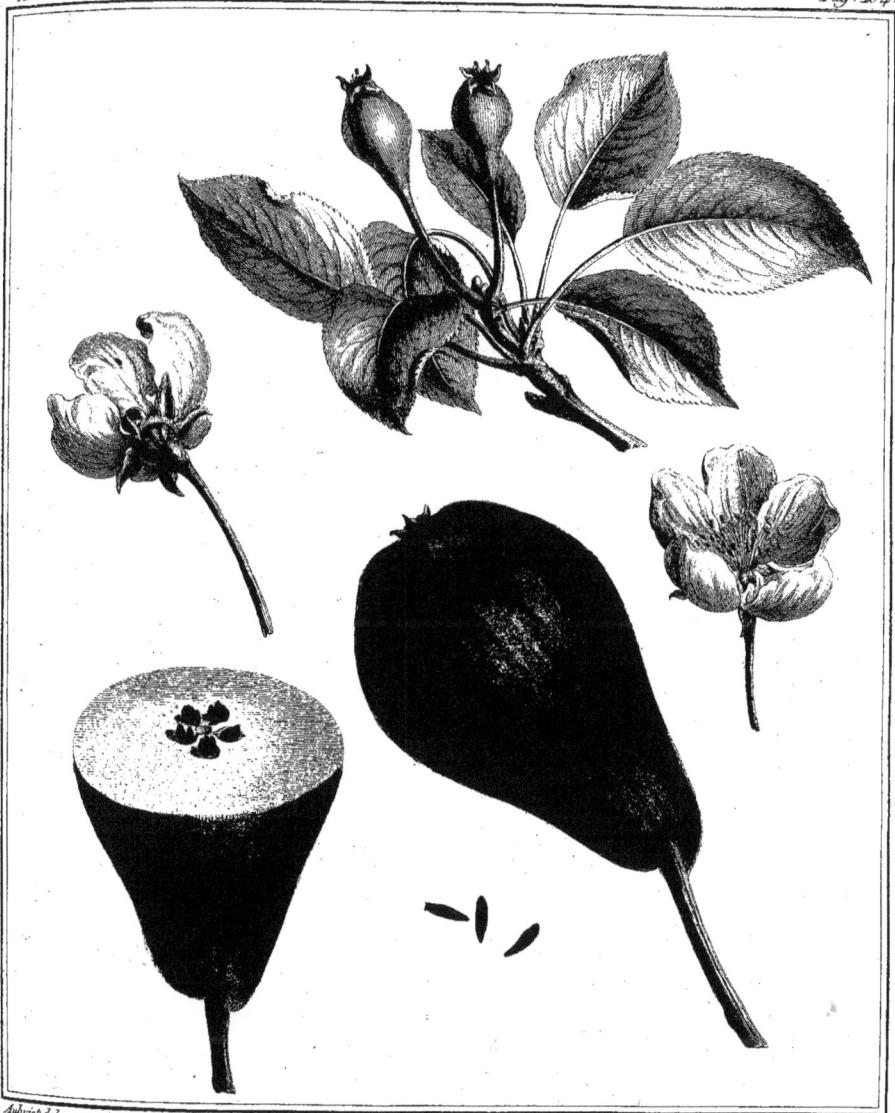

Aubriet del. *E.^{lle} Haussard Sculp.*

Epargne.

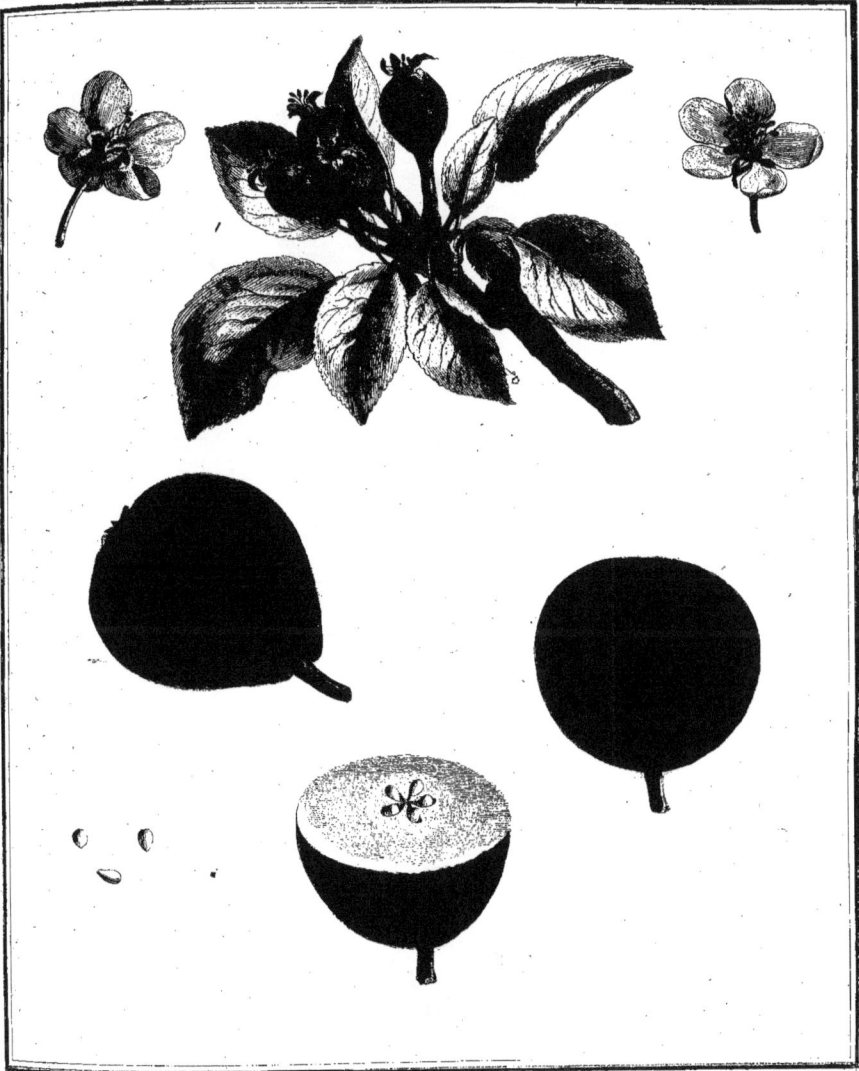

Aubriet del. *Loyer Sculp.*

Archiduc d'Eté.

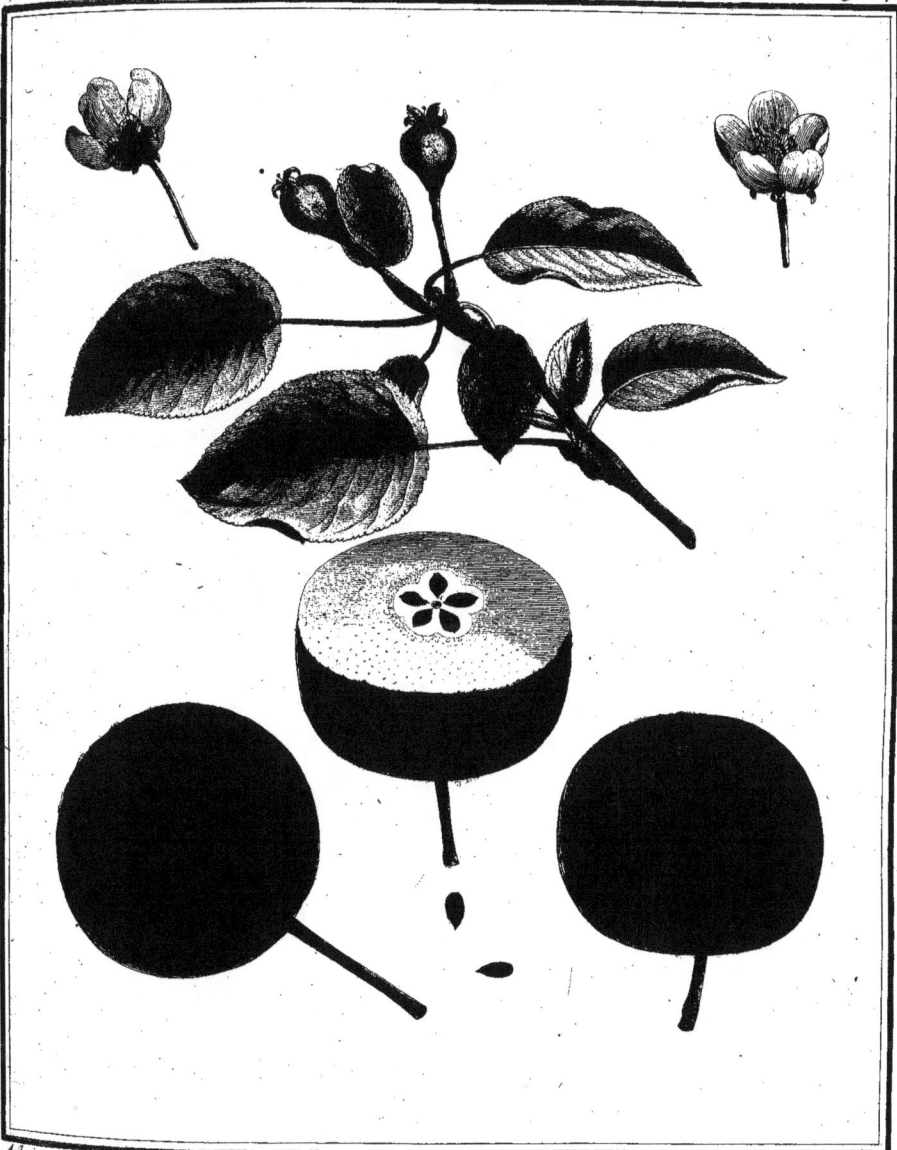

Aubriet del.   Herisset fils Sculp.

Salviati.

Aubriet del.   Ch. Milsan Sculp

Orange Musquée.

Aubriet del.

Rousselet de Reims.

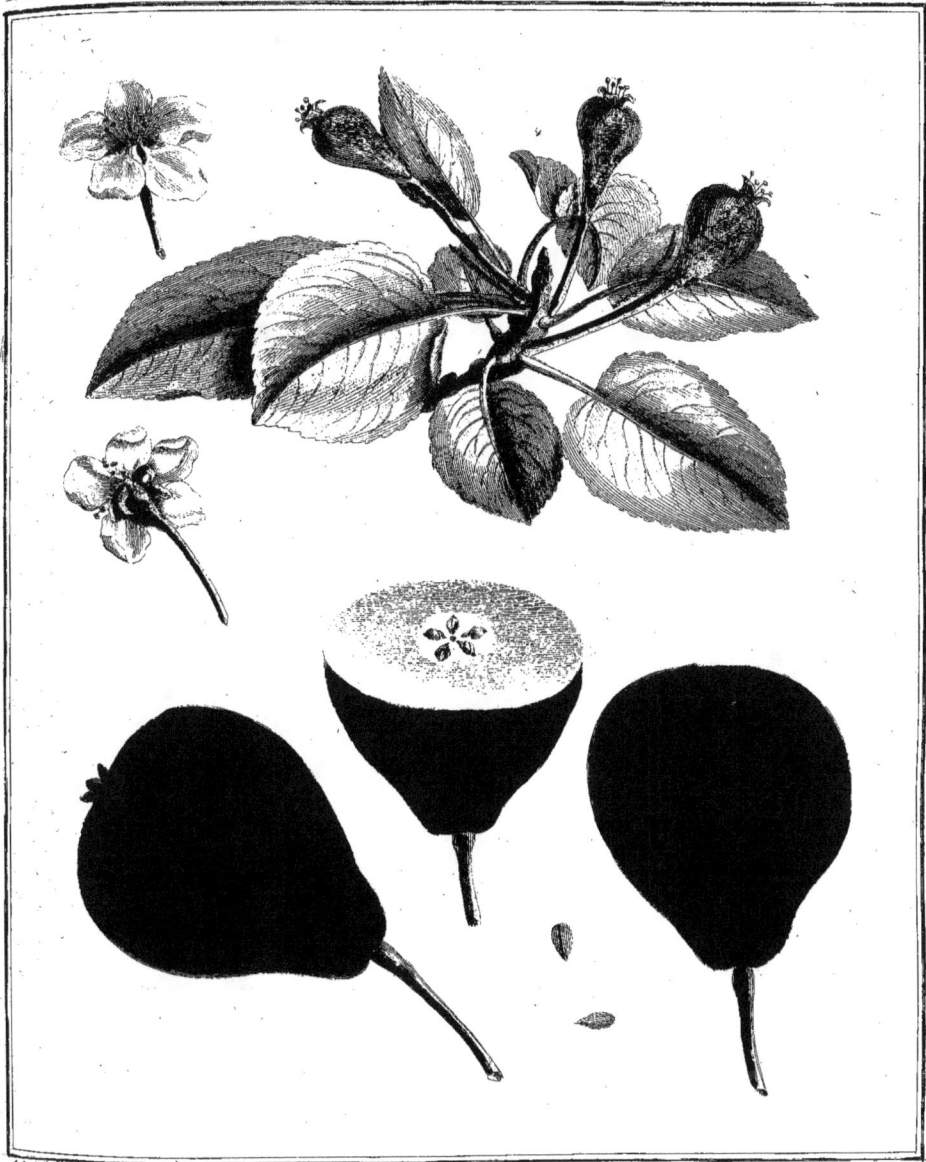

Aubriet del.   Loyer Sculp.

Roy d'Eté.

Aubriet del.   *Breant Sculp.*

Sans - Peau.

Aubriet. del.   *Maison-Neuve Sculp.*

Martin-Sec.

Aubriet del. *P. L. Cor Sculp.*

Rousseline.

Aubriet del.   C.^{me} Haussard Sculp.

Chair-a-Dame.

Aubriet del.   Herissel fils Sculp

Fondante de Brest.

Aubriet del.   *P. L. Cor Sculp*

Cassolette.

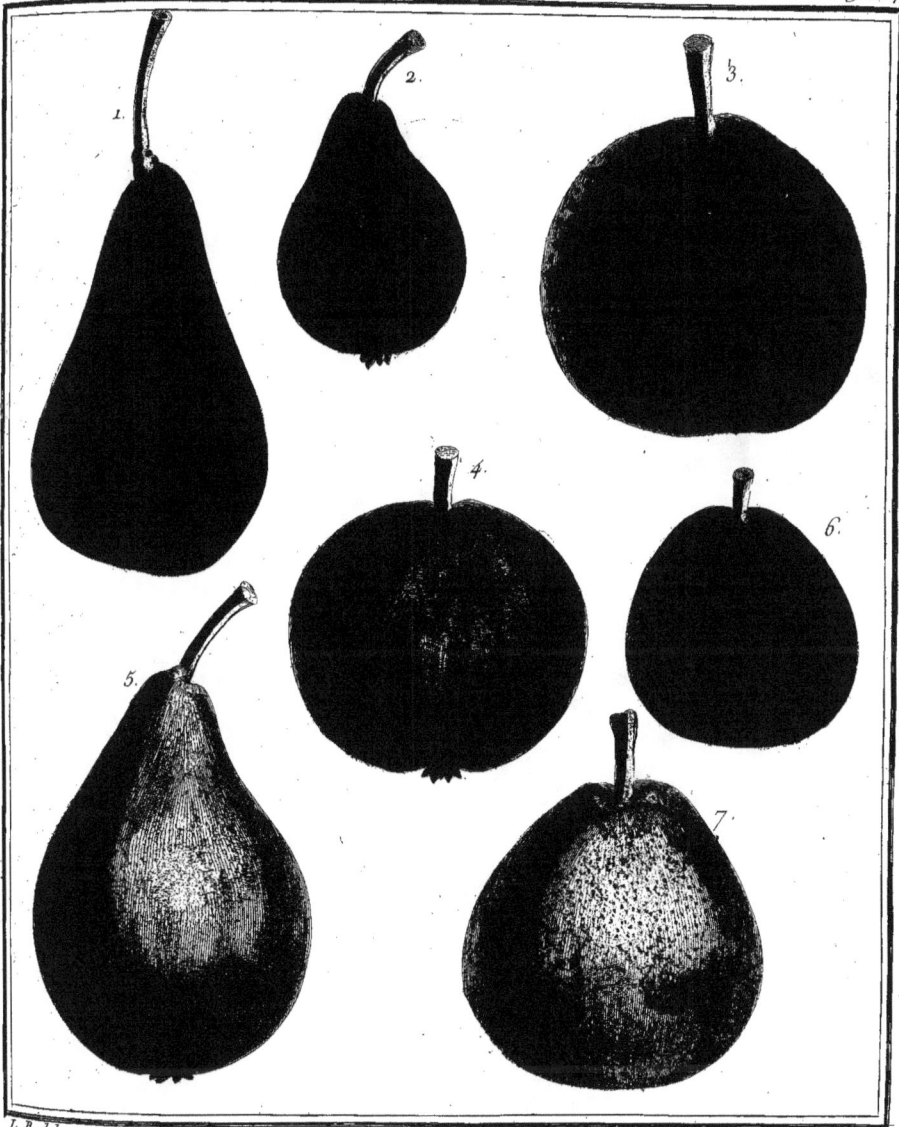

1.*Bellissime d'Automne.* 2.*Rousselet d'Hyver.* 3.*Poire de Jardin.* 4.*Orange d'Hyver.*
5.*Martin Sire.* 6.*Bergamotte Rouge.* 7.*Bergamotte d'Automne).*

Aubriet *del.*   Benoist *Sculp.*

Bergamotte Suisse.

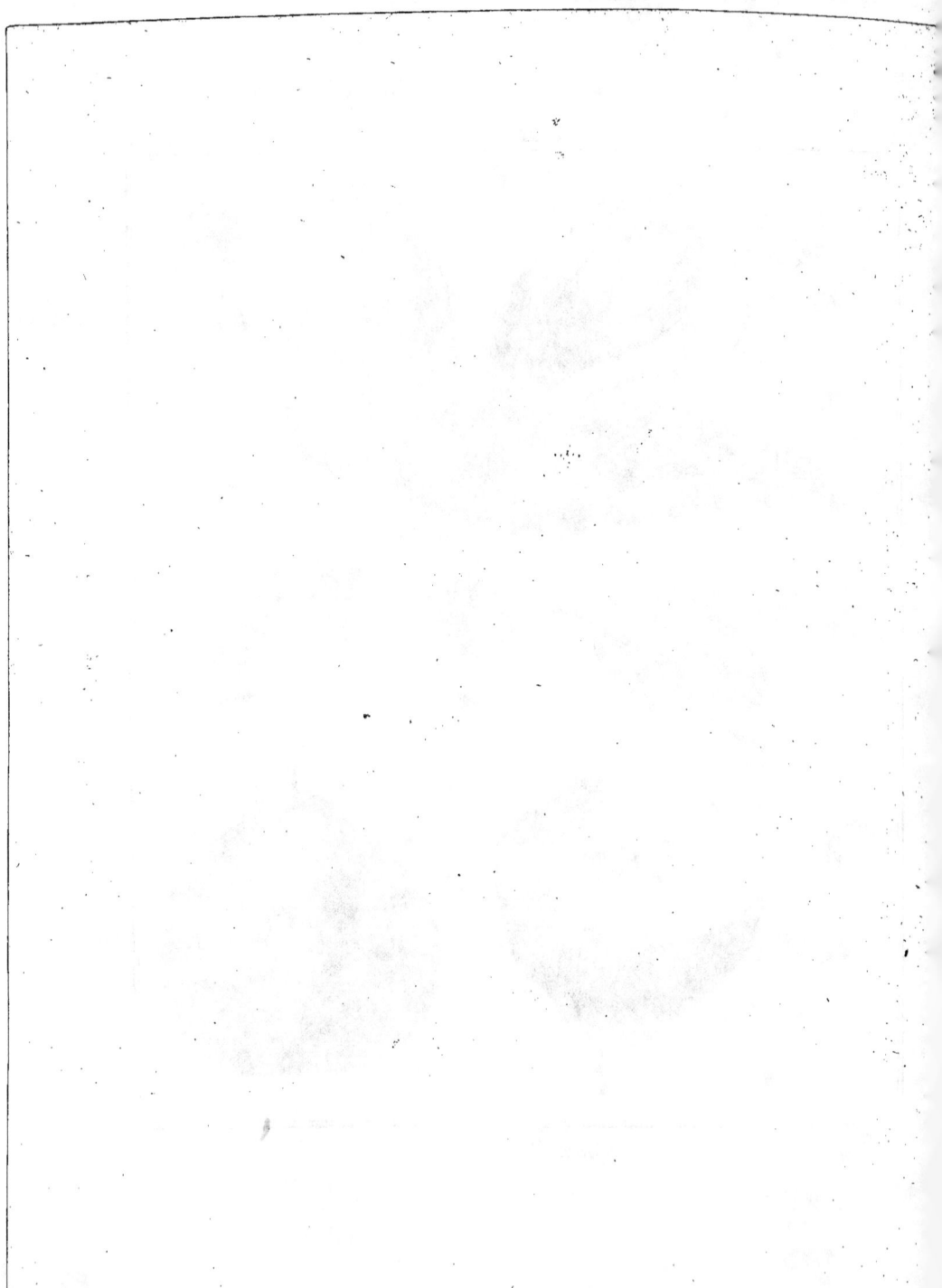

Aubriet del.   *P.tt Tardieu Sculp.*

Bergamotte d'Automne.

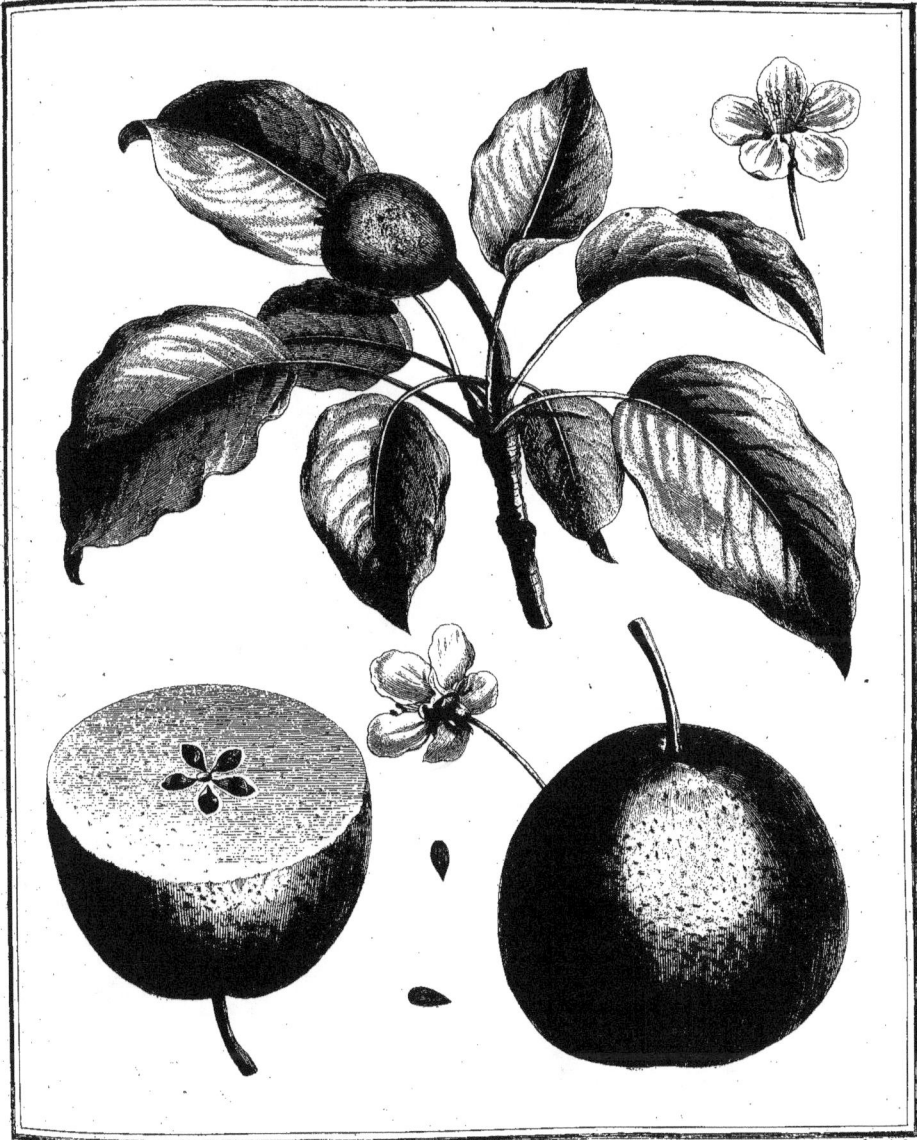

Crasanne.

Crasanne à feüilles Panachées.

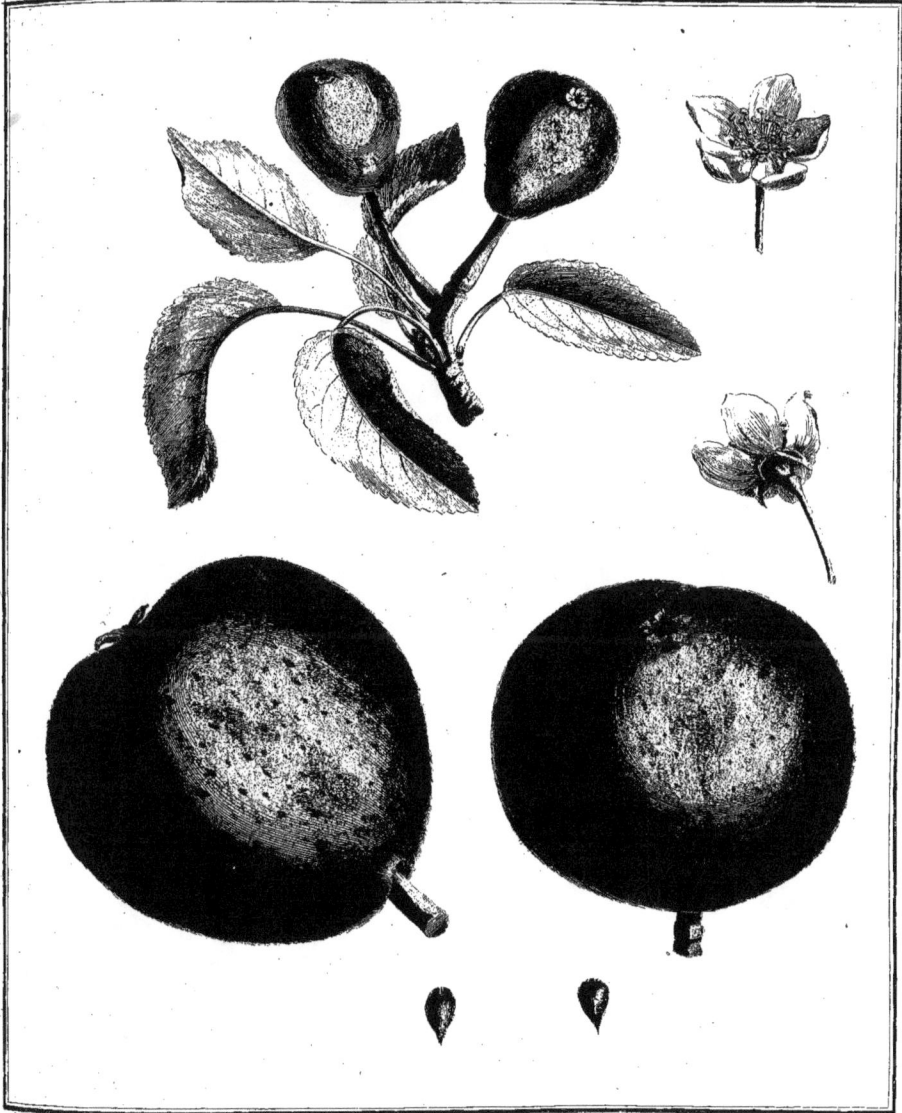

Aubriet del.   B. L. Henriquet Sculp.

Bergamotte de Paques.

Pl. XXV.

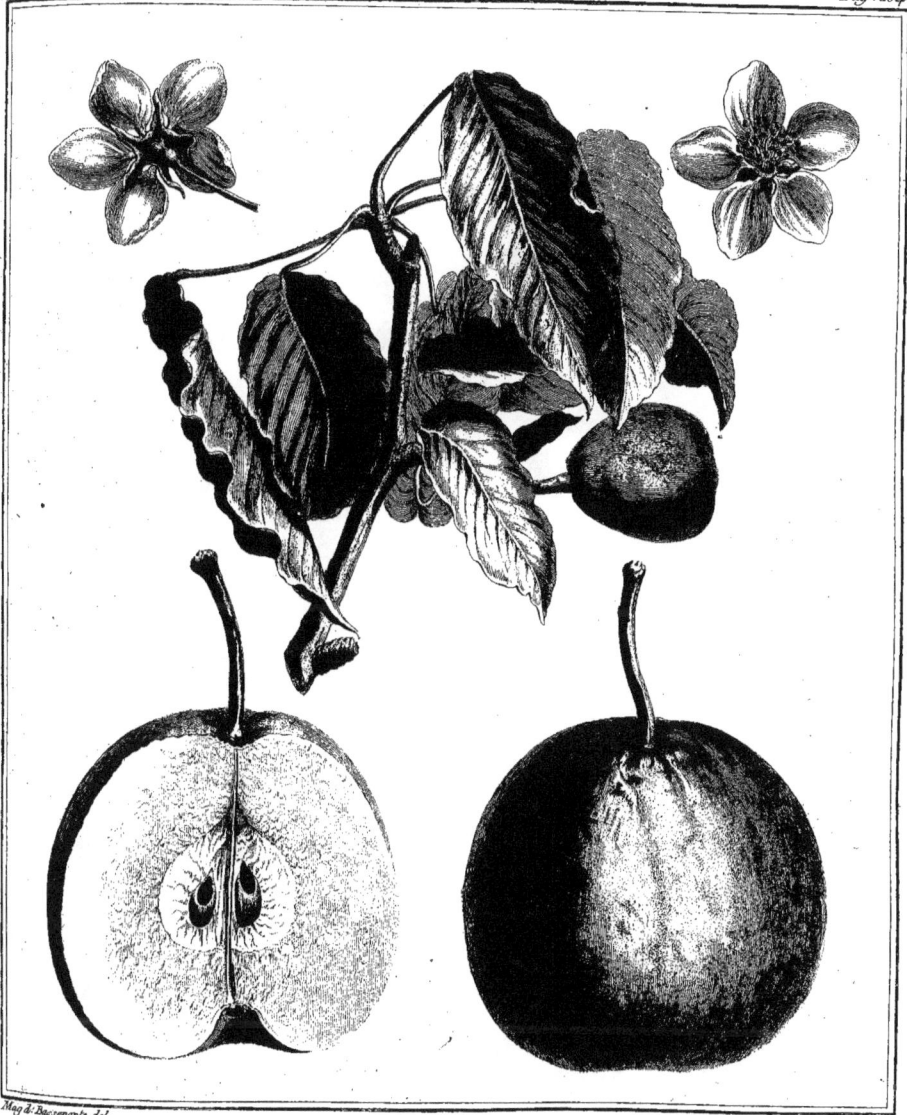

Mag.d. Basseporte del.

C.e Haussard Sculp.

Bergamotte de Hollande.

L. B. del.   *El.ᵗ Haussard Sculp*

Messire-Jean.

Aubriet del.

E.th Houssard Sculp.

Robine.

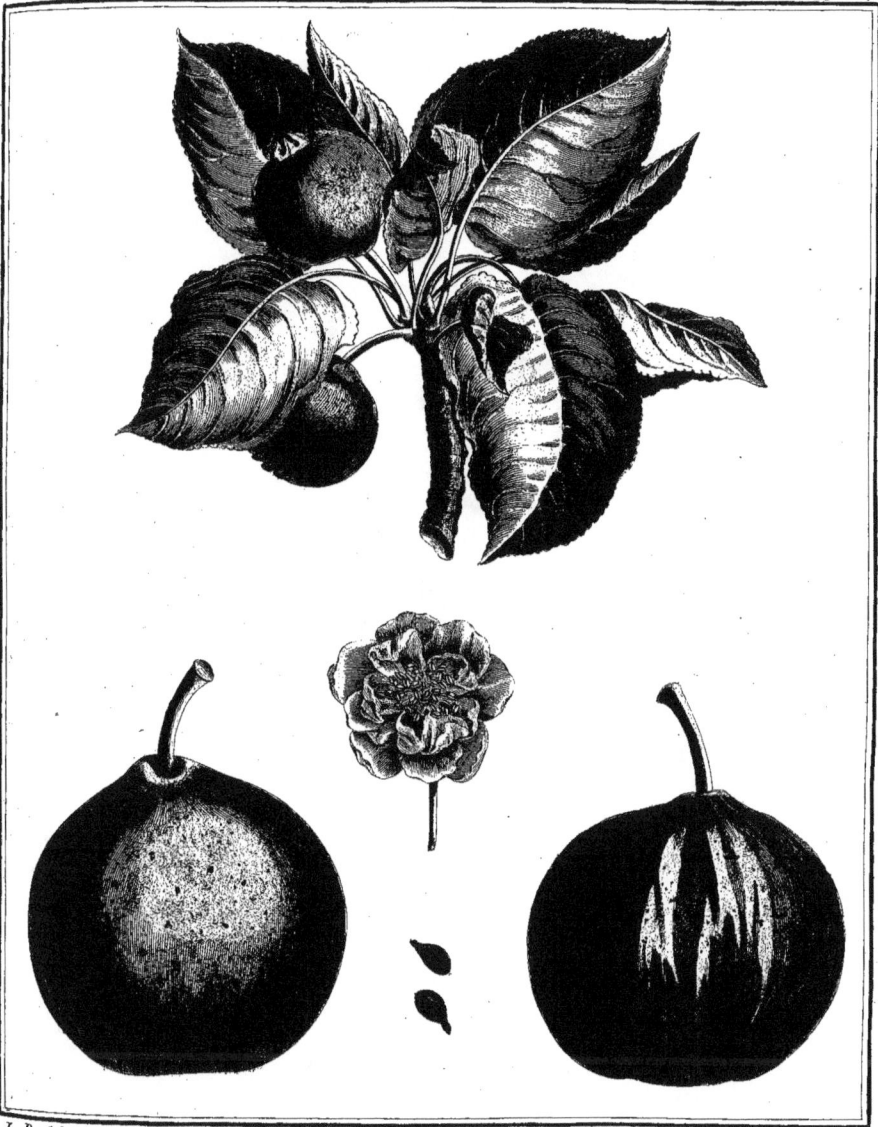

L.B. del. *Fme Dupuis Sculp.*

Double-fleur.

Fig. 2.

L.B. del.   Ch. Milsan Sculp

Bezy de Quessoy.

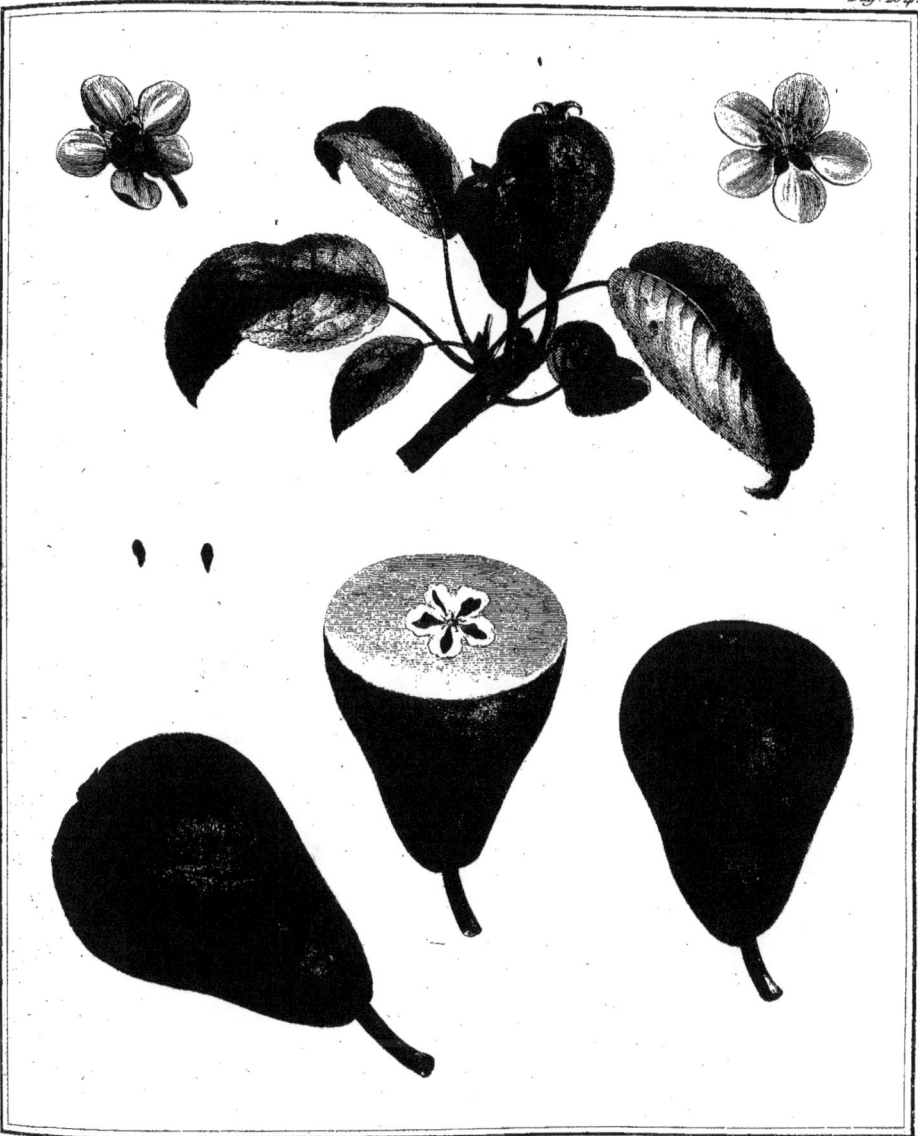

Aubriet del.   C.ne Haussard Sculp.

Epine d'Eté.

Aubriet del.   *Breant Sculp.*

Ambrette.

Aubriet del.   Ch. Milsan Sculp

Echassery.

Aubriet del.   Hérel Sculp.

Merveille d'Hyver.

Aubriet del.   *C.ne Haussard Sculp.*

Sucré-Verd.

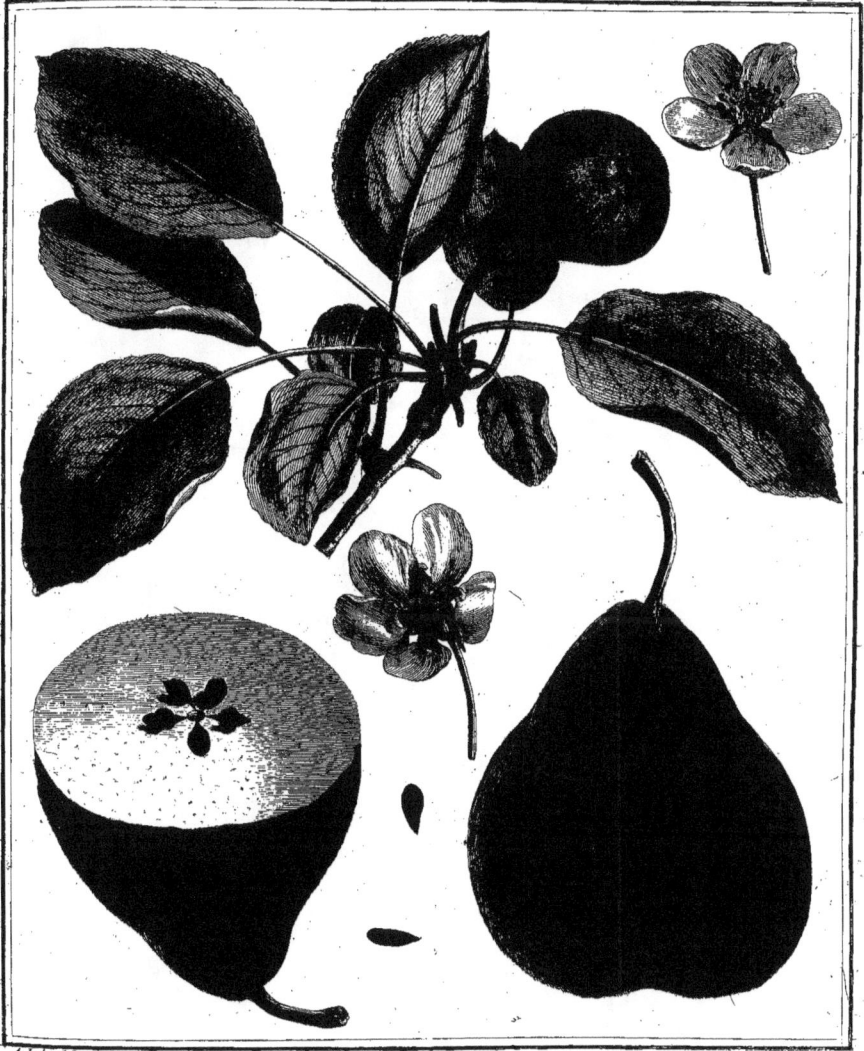

Aubriet del.

Roïale d'Hyver.

Aubriet del.   Ch. Milsan Sculp

Muscat l'Alleman.

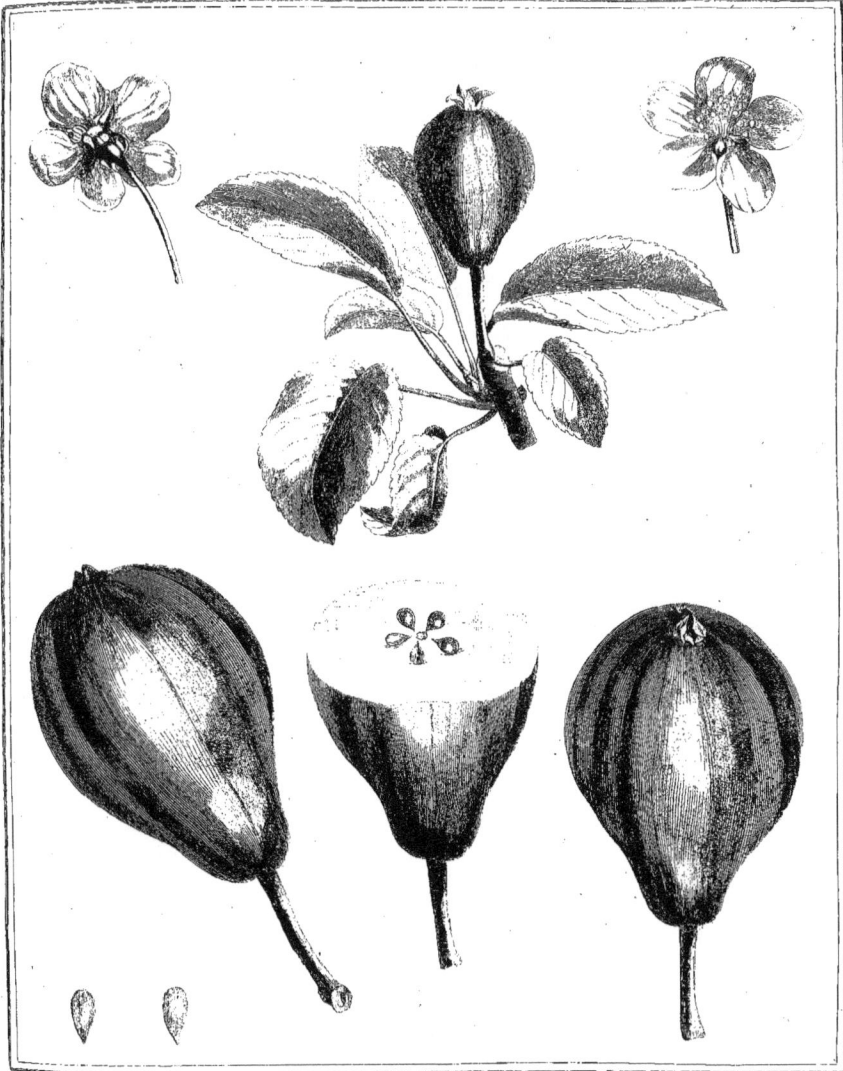

Aubriet del.   *Ch. Milsan Sculp*

Verte - longue Panachée?.

Aubriet del.   *Ch. Milsan Sculp.*

Beuré Gris.

Aubriet del.

Angleterre.

Herisset Fils Sculp

L. B. del.   *P. L. Cor. Sculp.*

Bezy de Chaumontel.

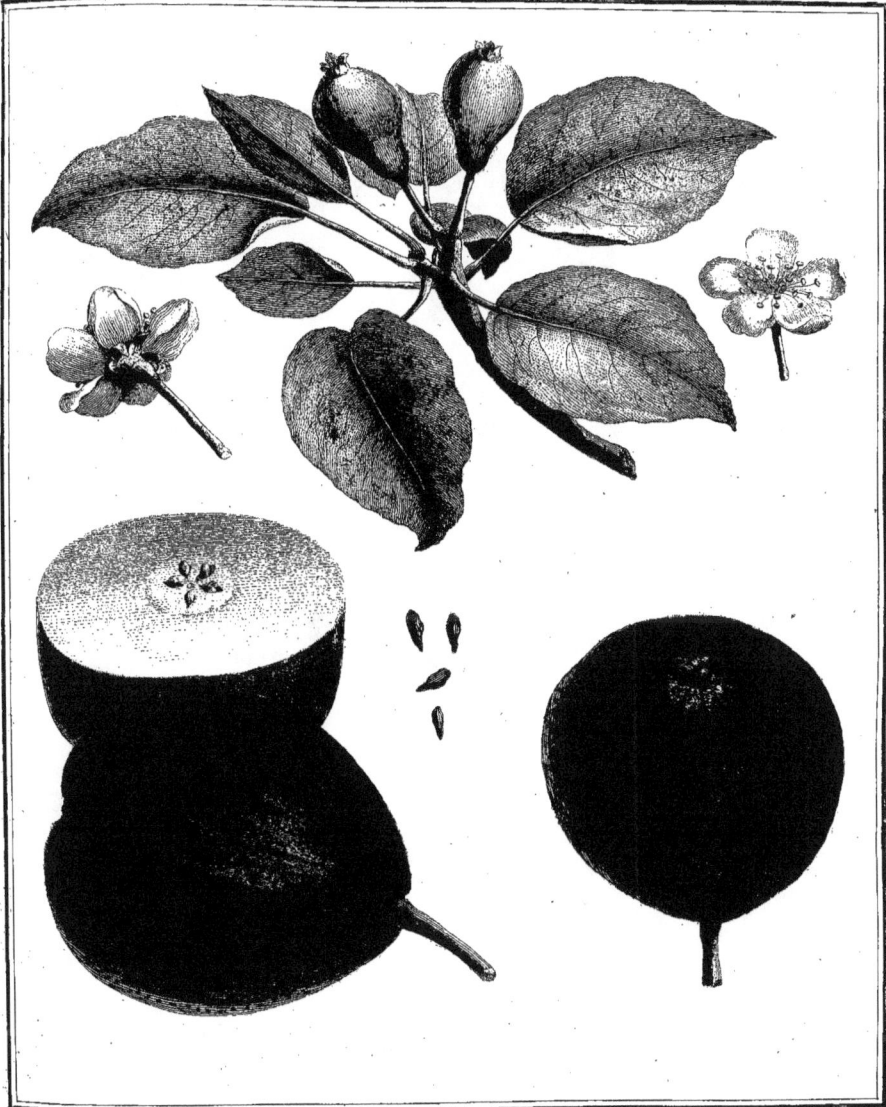

Orange Tulipée.

Aubriet del.   *Bellissime.*   *Herissel Fils Sculp.*

Aubriet del.

Doyenné.

L.B. del. Baron Sculp.

1. Bergamotte de Soulers.   3. Epine d'Hyver.   5. Bezy de la Motte ?

2. Bergamotte Cadette.   4. Poire de Vitrier.   6. Bezy de Montigny.

Aubriet del.   *Heriset Fils Sculp.*

Bon Chrétien d'Hyver.

L.B. del.   *Bréant Sculp.*

Bon Chrétien d'Espagne.

1. Doyenné Gris. 2. Franchipanne. 3. Jalousie).
4. Gracioli. 5. Angelique de Bordeaux.

Aubriet del.   *Herisset Fils Sculp.*

Bon Chrétien d'Eté Musqué.

L.B. del.   F.^{me} Tardieu Sculp

Marquise.

Aubriet del. Vme Tardieu Sculp.

Colmar.

Aubriet del.   *Ch. Milsan Sculp*

Virgouleuse.

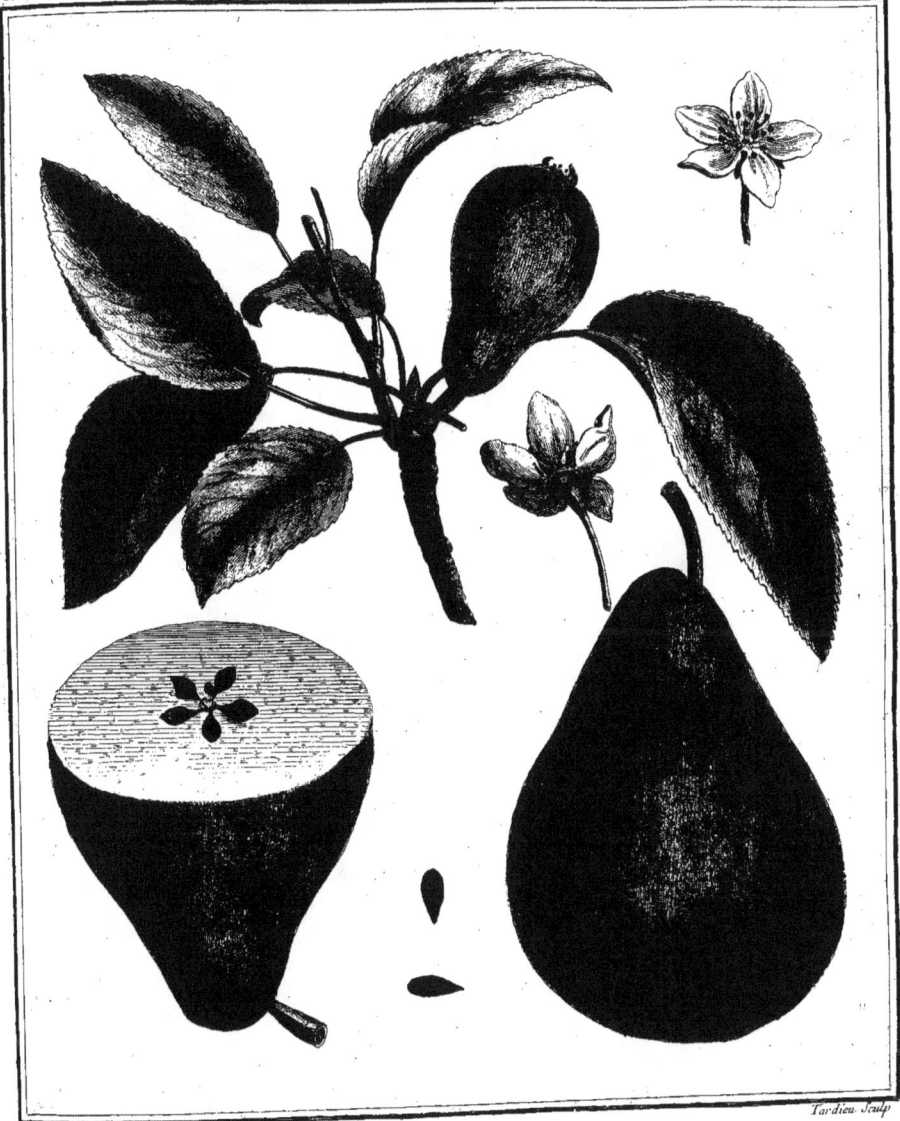

St Germain.

Aubriet del.   Tardieu Sculp.

Louise - Bonne.

L.B. del.   Breant Sculp.

Imperiale à feüille de Chêne.

Aubriet del.   Fme Tardieu Sculp.

Pastorale.

Aubriet del.   *Breant Sculp.*

Naples.

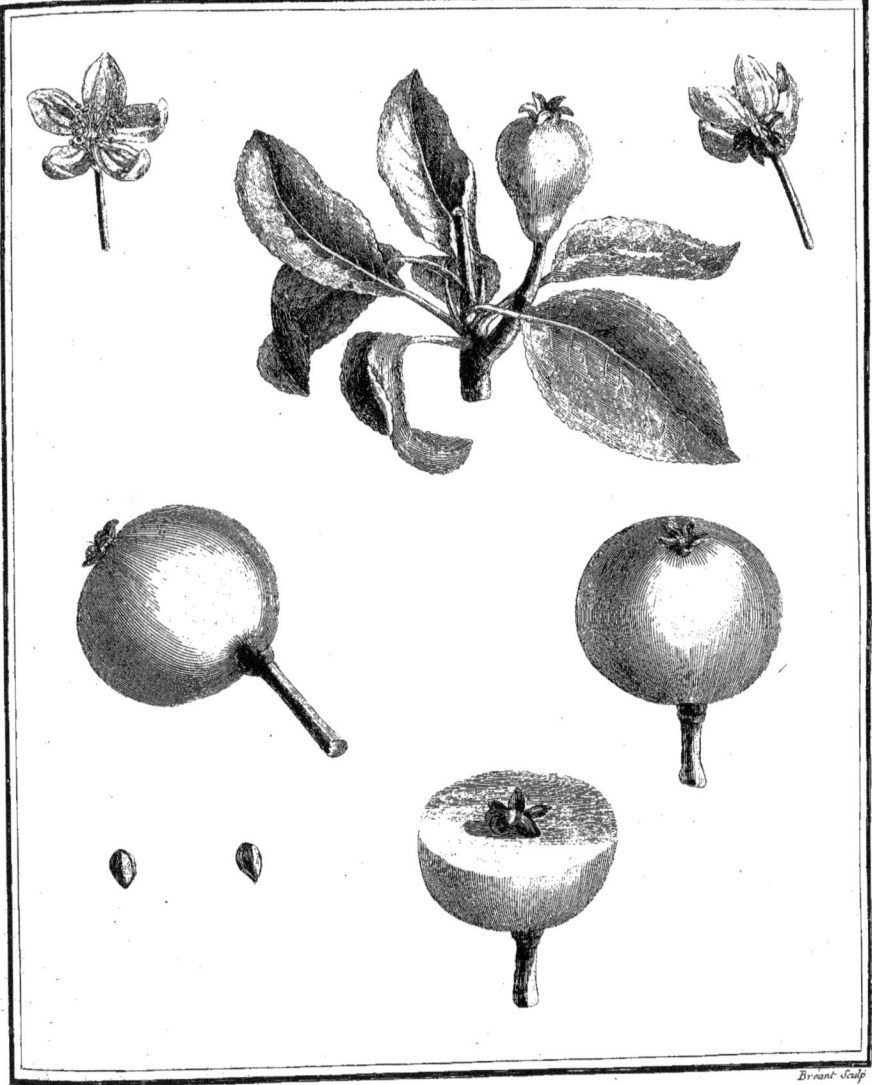

Aubriet del.　　　　　　　　　　　　　　Briant Sculp.

Lansac.

L.B. del.   Breant Sculp

1. Mansuette   2. Vigne.   3. Saint - Augustin!.
4. Catillac.   5. Tonneau).

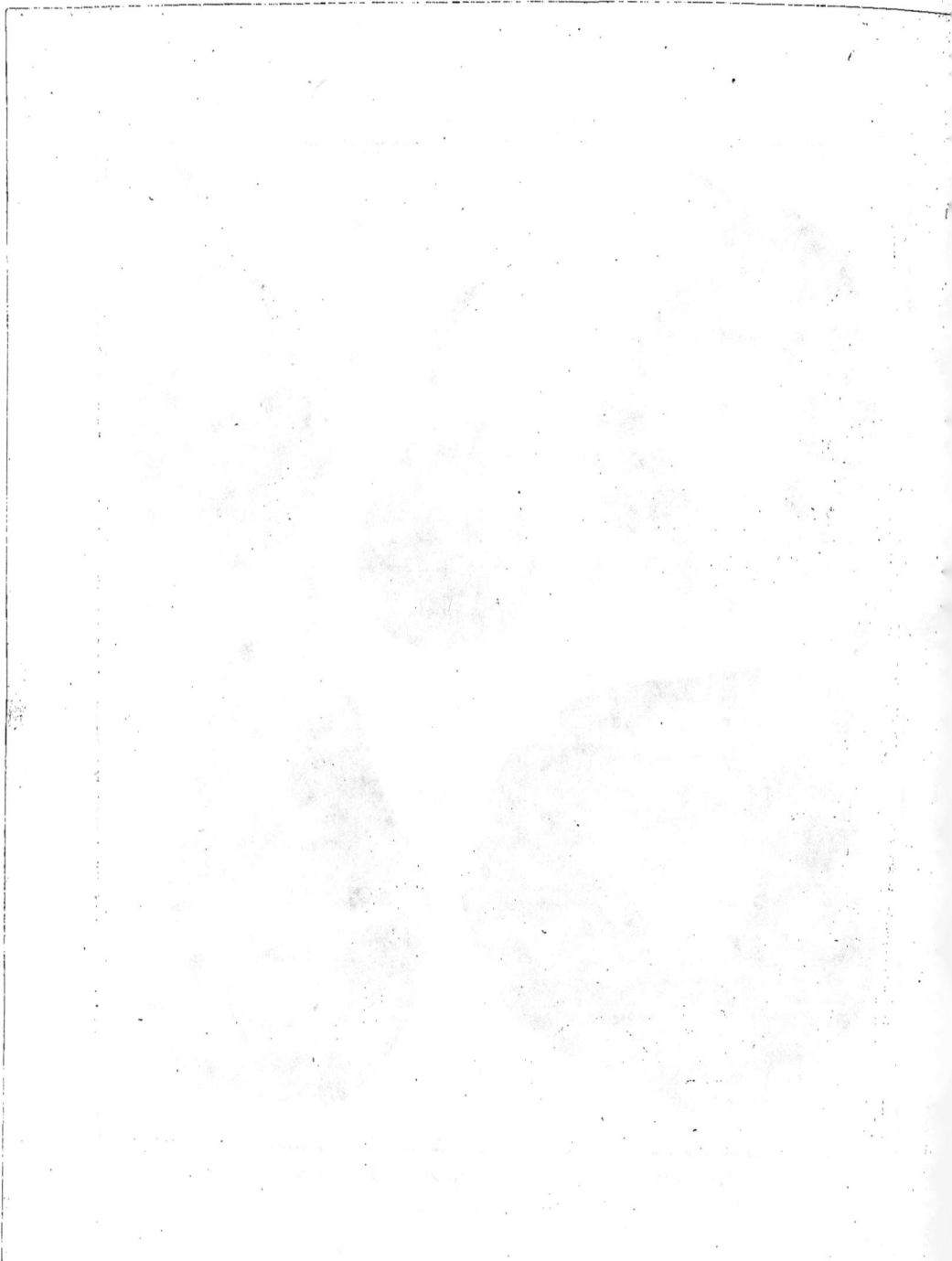

RUBUS IDÆUS,

FRAMBOISIER.

I. *RUBUS IDÆUS* *fpinofus fructu rubro.* J. B.

FRAMBOISIER à fruit rouge.

LE FRAMBOISIER eft un Arbriffeau qui ne forme point de buiffon, ni de tige branchue, mais une touffe de plufieurs bourgeons qui fortent du collet de la racine. Ces bourgeons font droits, cylindriques, garnis & hériffés d'un très-grand nombre de petites épines rouges, dont la bafe eft fort large, & la pointe très-fine eft courbée vers la terre. Ils parviennent dans une année à la hauteur de trois à cinq pieds, plus ou moins fuivant la bonté du terrein, & la vigueur des racines.

Les feuilles, difpofées dans un ordre alterne fur le bourgeon, font portées par des queues cylindriques, affez groffes & longues, fur lefquelles on trouve quelques épines femblables à celles du bourgeon, mais beaucoup moindres. Sous l'aiffelle de chaque feuille font deux boutons; l'un gros & long eft un bouton à bois qui contient les rudiments d'une branche; l'autre placé derriere ce bouton à bois immédiatement contre le pédicule de la feuille, eft fort petit, & ne contient qu'une feuille.

Chaque feuille eft compofée de trois ou cinq folioles. La foliole directe qui termine toute la feuille, eft la plus grande, & fon arrête eft une extenfion ou continuation de la queue. Les folioles latérales font oppofées, & leurs arrêtes font des divifions ou ramifications de la queue, avec laquelle elles font un angle prefque droit. Les deux premieres folioles, peu inférieures en grandeur à la foliole directe, sont placées à la moitié de la longueur de la queue. La seconde paire de folioles, moins grandes que les premieres, est placée à peu-près aux deux tiers de l'espace compris entre la premiere paire de folioles, & la foliole directe : de sorte que sur une queue longue de trente-six lignes, la premiere paire est placée à dix-huit lignes, la seconde à douze lignes au-dessus, ou à six lignes de la foliole directe. Lorsque les feuilles ne sont composées que de trois folioles, les deux latérales sont à peu-près aux deux tiers de la longueur de la queue. Mais ces intervalles ne sont pas toujours si réglés, sur-tout dans les feuilles des branches à fruit. Les folioles sont alongées, presqu'ovales du côté de leur épanouissement, termi-nées réguliérement en pointe aiguë par l'autre extrémité. Les bords sont garnis de dents aiguës, profondes, régulieres, & surdentelées. Le dehors est blanc, relevé de nervures très-sail-lantes. Le dedans est d'un vert-gai, creusé de sillons profonds. Ces nervures & ces sillons sont d'autant plus marqués, que les folioles ayant été pliées en éventail dans le bouton sur chaque nervure, elles en conservent une impression très-sensible. Com-munément toutes les folioles latérales sont divisées suivant leur longueur par leur arrête en deux parties, dont l'inférieure est un peu plus large que l'autre.

Vers la mi-Février, on rabat les bourgeons de l'année pré-cédente de dix-huit pouces à trois pieds suivant leur force. Les deux boutons des derniers nœuds s'ouvrent au printemps ; de l'un il se développe une feuille, & de l'autre une branche à fruit. A mesure que cette branche s'alonge, elle produit à chaque nœud (qui est placé dans un ordre alterne) une feuille & une rafle ou queue commune qui donne naissance dans un ordre pareillement alterne à plusieurs pédicules déliés, couverts d'une gaîne à leur naissance, & portant chacun un bouton à fleur de forme conique terminé en pointe très-aiguë.

La

La fleur eſt compoſée 1°. d'un calyce d'une ſeule piece dont le fond eſt plat ; il ſe diviſe en cinq grandes échancrures triangulaires d'environ deux lignes de baſe, ſur quatre ou cinq lignes de hauteur, terminées en pointe très-aiguë ; lorſque le fruit eſt noué, elles ſe renverſent ſur ſon pédicule : 2°. de cinq petits pétales blancs, ovales, longs d'environ deux lignes & demie, & larges d'une ligne & demie, attachés ſur les bords intérieurs du calyce entre les échancrures ; ils demeurent preſque fermés ſur les étamines, & ne ſe renverſent point en dehors : 3°. d'un fort grand nombre d'étamines blanches, terminées par des ſommets de même couleur, diſpoſés en deux rangs autour du fond du calyce ; celles du rang extérieur ſont longues d'environ deux lignes ; celles de l'autre rang ſont fort courtes ; toutes ſe couchent ou s'inclinent ſur les piſtils : 4°. d'un ſupport un peu conique, garni d'un grand nombre d'embryons oblongs, portant chacun un ſtyle délié ſurmonté d'un très-petit ſtygmate. Tous ces ſtyles ſont raſſemblés comme en un faiſceau, qui s'éleve au-deſſus des étamines.

Ces embryons deviennent autant de petites baies ſucculentes, qui étant jointes enſemble, & toutes réunies ſur le ſupport, forment un corps preſque hémiſphérique de ſept à huit lignes de diametre, ſur cinq ou ſix lignes de hauteur, qu'on nomme *Framboiſe*. Le nombre des grains ou baies qui le compoſent, varie ſuivant le nombre des embryons qui ont noué ou avorté. Preſque tous portent juſqu'à leur maturité le ſtyle deſſéché de leur piſtil. La plupart des filets des étamines ſubſiſtent auſſi juſqu'au même terme.

La peau, très-mince & unie, eſt d'un rouge-clair, mais terne & comme couvert d'une pouſſiere ou fleur.

Tout le monde connoît le parfum délicat & agréable de la Framboiſe, trop ſouvent altéré par la mauvaiſe odeur de la punaiſe de bois,

Chaque grain contient un petit pepin, applati qu'on fent à peine en mangeant le fruit.

Le fupport, qui prend des accroiffements proportionnés à ceux du fruit, en occupe le milieu. Au temps de la maturité, il s'en détache facilement, & demeure très-adhérent au calyce; il eft comme hériffé de petites pointes, qui font les fibres des ovaires.

II. *RUBUS IDÆUS fpinofus, fructu albo.* C. B. P.
FRAMBOISIER à fruit blanc.

C'EST une variété du précédent qui n'en differe que par la couleur du fruit, & un peu moins de parfum. Les autres Framboifiers fervent à la décoration des Jardins.

CULTURE.

ON pourroit multiplier le Framboifier par les femences, mais il fe propage plus facilement & plus promptement par les drageons qui ne fortent que trop abondamment de fes racines. De la mi-Novembre au commencement de Mars, on les arrache avec leurs racines; on les rabat à douze ou dix-huit pouces, & on les plante à deux ou trois pieds les uns des autres en rayons éloignés de quatre ou cinq pieds, ou en quinconce à une plus grande diftance, ou dans un autre ordre à volonté.

Cet Arbriffeau ne fe rebute d'aucun terrein; mais il réuffit mieux dans une terre meuble & un peu feche, que dans une terre compacte & humide. En Février, on rabat tous les bourgeons de l'année précédente à peu-près à moitié de leur longueur (de dix-huit à trente-fix pouces, comme il eft dit ci-devant.) On retranche tous les anciens qui ont donné du fruit, & dont prefqu'aucun n'a furvécu à fa fécondité; on donne un labour & on arrache en même temps tous les drageons portés par les racines loin du pied, qui formeroient bientôt un maffif confus. Tout ce travail fe peut faire dès l'automne. Telle eft la culture du Framboifier, qu'on a coutume de planter dans le coin le moins utile.

USAGES.

Rarement on mange les Framboifes crues feules ou fans préparation. Elles fe mêlent avec les Fraifes, les Grofeilles, &c. on les emploie en compotes, feules ou avec des Grofeilles. Elles fe confifent feules; & cette confiture eft fort bonne & fe conferve bien; mais elle eft difficile à faire. On les emploie dans la gelée de Grofeilles; on en fait des pâtes, d'excellent ratafia, des robs; une liqueur adouciffante & très-propre à calmer les maux de gorge; on la nomme *Vinaigre de Framboife*, parce qu'elle fe fait avec du vinaigre blanc & des Framboifes. Elles entrent dans plufieurs autres préparations d'Office & de Pharmacie.

L . B . del.   E.th Haussard Sculp

Framboisier .

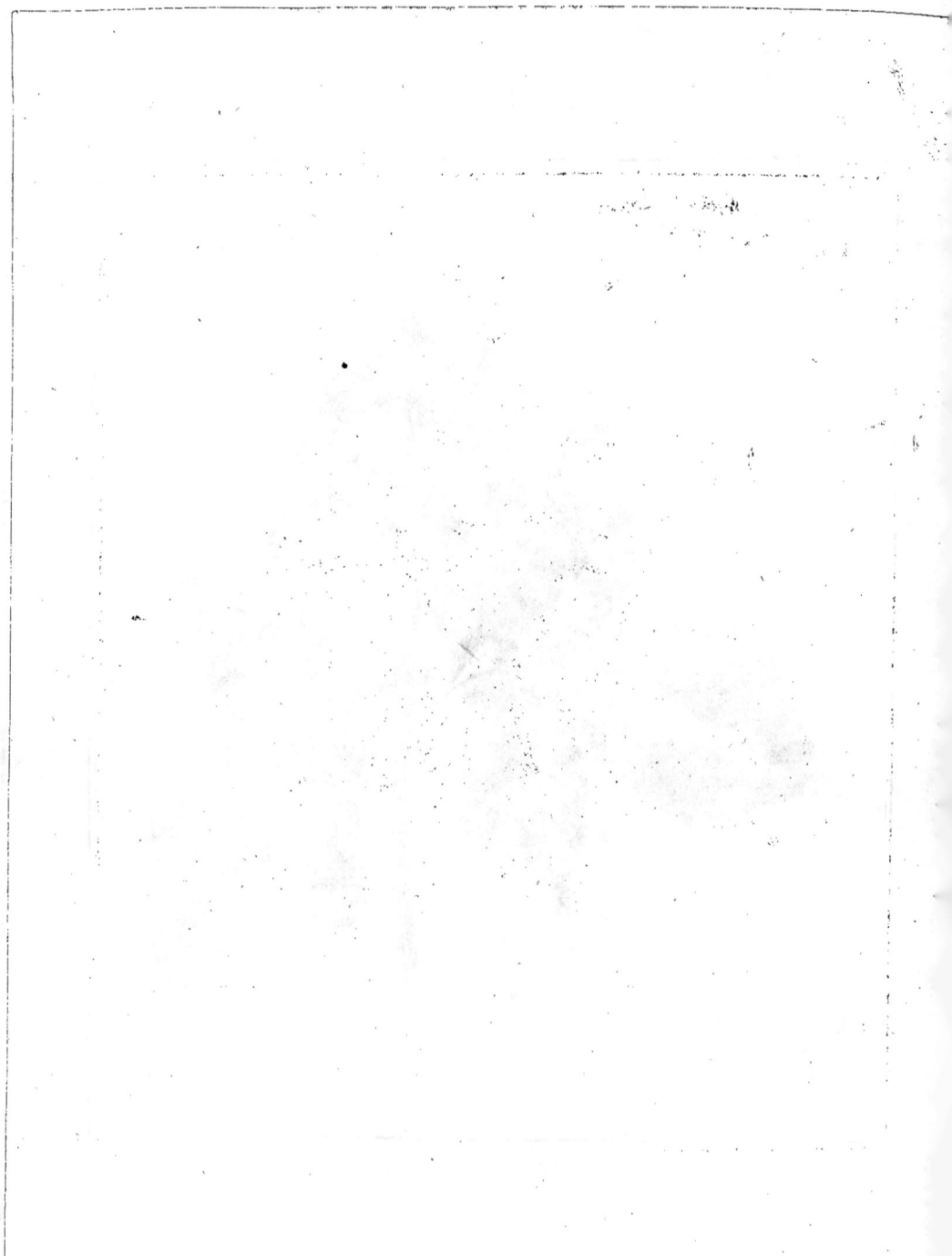

VITIS,
VIGNE.

DESCRIPTION GÉNÉRIQUE.

LA VIGNE eft un arbriffeau farmenteux qui s'éleve autant qu'on le lui permet, jufqu'à furpaffer les plus grands arbres.

Ses bourgeons font plus ou moins gros & longs, fuivant la vigueur du fep; ils font couverts de deux écorces, dont l'extérieure eft d'une confiftance folide, compofée de fibres longitudinales qui fe féparent facilement & forment comme de petites raies dont les unes font de couleur plus claire, les autres de couleur plus foncée. Cette écorce s'enleve aifément, fe détache d'elle-même & tombe l'année fuivante. Sa couleur eft jaune couleur de bois plus ou moins foncée fuivant l'efpece de Vigne. Elle eft claire fur les Vignes dont le raifin eft blanc; moins claire fur celles dont le raifin eft rouge; foncée fur celles dont le raifin eft noir ou violet. Mais ces nuances de couleur ne font pas affez marquées pour qu'elles puiffent faire un caractere diftinctif des efpeces & variétés. L'autre écorce eft verte & fort adhérente au bois.

Le bourgeon eft garni de nœuds faillants ou renflés, placés à des intervalles plus ou moins grands. Chaque nœud porte une feuille; & fous l'aiffelle de la feuille, il naît deux boutons, dont l'un fe développe & forme un petit bourgeon qui fait ordinairement peu de progrès ne s'alongeant que d'un pied au plus. Quelquefois il ne montre que des rudiments de bourgeon. L'autre œil

dort jufqu'au printemps fuivant. Il eft gros & obtus, envelop-
pé d'une bourre oud'un poil très-fin, très-ferré, & il eft recouvert
d'écailles. Sur le nœud, du côté oppofé à la feuille & aux boutons, il naît quelquefois une main, quelquefois une grappe,
quelquefois rien.

Les mains ou vrilles font des filets ligneux, très-forts, couverts d'écorces comme le bourgeon, qui fe ramifient en deux
ou trois filets, & s'attachent aux corps qu'ils rencontrent, for-
mant autour plufieurs révolutions en fpirale. Quelquefois le
premier grapillon ou bouquet d'une grappe file & dégénere en
vrilles

Les feuilles font fouvent difpofées fur les bourgeons dans un
ordre alterne, quelquefois oppofées à une vrille ou à une autre
feuille; elles font fimples, divifées par les bords en cinq découpures
plus ou moins profondes fuivant l'efpece, & de grandeur inégale;
celle qui répond directement à la queue eft la plus grande; les
deux plus baffes font les moindres; & les deux autres tiennent
le milieu entre celles-ci & la découpure directe, pour la grandeur comme pour la pofition. Leurs bords font garnis de dents
inégales, plus ou moins profondes & aiguës fuivant l'efpece, &
ordinairement teintes à leur pointe de la même couleur que le
fruit. Le milieu de chaque découpure eft relevé d'une groffe
arrête qui fort de l'extrémité de la queue, & s'étend jufqu'à celle
de la découpure. Ces groffes arrêres fe ramifient en plufieurs
moyennes qui s'étendent jufqu'à la pointe de chaque dént; les
unes & les autres donnent naiffance à un grand nombre de petites nervures dont la direction eft irréguliere, qui relevent la
furface extérieure de la feuille; & l'intérieure eft creufée d'autant
de fillons correfpondants. La queue de la feuille eft groffe, forte,
cylindrique ou un peu applatie du côté qui regarde le bourgeon.
Les feuilles de Vigne font d'un beau vert, dont la nuance eft peu
différente dans les différentes efpeces. Les queues & les nervures

font d'un vert plus clair, presque blanches. Les feuilles de Vigne à fruit noir, violet & rouge, se teignent de rouge plus ou moins foncé dès les premiers froids : celles des autres Vignes jauniffent, ou rougiffent en quelques endroits feulement.

D'un bourgeon taillé, il naît ordinairement autant de nouveaux bourgeons qu'on y a laiffé d'yeux ; & chacun de ces nouveaux bourgeons, fi le fep eft vigoureux & en rapport, donne une, deux, & quelquefois trois grappes, qui fortent des cinquieme, fixieme, feptieme nœuds, & paroiffent à mefure que les bourgeons fe développent ; de forte que les bourgeons en montrant leur feptieme feuille montrent tout ce que l'on doit efpérer d'eux. La grappe eft compofée de plufieurs grapillons ou bouquets qui font attachés dans un ordre alterne fur la queue ou rafle commune, & portent plus ou moins de boutons à fleur dont chacun a fon petit pédicule.

La fleur eft compofée, 1°. d'un petit calyce qui n'eft que comme un évafement d'un pédicule, bordé de quatre ou cinq petites pointes ou onglets : 2°. de quatre à fix petits pétales verts qui, tantôt demeurant fermés & comme collés les uns aux autres, forment une petite pyramide pentagonale, & cachent les étamines & le piftil de la fleur ; tantôt font arrachés par l'effort que font les etamines pour s'alonger & fortir ; tantôt n'étant collés que par la pointe, laiffent paffer les étamines ; tantôt enfin s'ouvrent bien & font difpofés en rofe : 3°. de quatre à fix étamines affez longues, terminées par des fommets : 4°. d'un piftil fans ftyle, dont l'embryon eft immédiatement couronné d'un ftygmate obtus.

Cet embryon devient une baie ou un grain charnu, fondant, très-fucculent. Il eft de forme, groffeur, couleur, faveur différentes fuivant les efpeces & variétés ; couvert d'une peau mince, caffante ou croquante, ou dure & coriace. Dans l'intérieur on trouve d'un à cinq pepins (le plus fouvent un ou deux, les autres étant avortés) longs, obtus par les deux bouts, & plus gros par l'un que par l'autre, affez durs & prefque ligneux, contenant une petite amande enveloppée d'une pellicule.

Tels font en général les caractéres de la Vigne. On en cultive dans les Vignobles un grand nombre d'efpeces & de variétés dont plufieurs donnent des Raifins agréables à manger. La connoiffance & la culture des Vignes dont le fruit eft deftiné à faire du Vin ne font pas de l'objet de ce Traité, qui ne comprendra que celles qu'on cultive avec fuccès dans les jardins de notre climat, & dont les fruits fe mangent cruds, confits ou féchés.

I. *VITIS acino parvo, fubrotundo, nigricante, præcoci.*

MORILLON hâtif. RAISIN précoce.

RAISIN de la Madeleine.

CETTE Vigne devient moins grande que la plupart des autres.

Ses bourgeons font de force médiocre, d'un vert-clair. Les nœuds font peu éloignés les uns des autres.

Sa feuille eft petite, d'un vert-clair en dedans & en dehors. La dentelure eft large & peu aiguë. La grande découpure directe eft longue d'environ quatre pouces & demi; les deux petites, de trois pouces; & les deux moyènnes, de trois pouces & demi.

Ses grappes font petites, bien garnies de grains, fans qu'ils foient preffés. Le grain eft petit, un peu alongé, ayant cinq lignes & demie de diametre, fur un peu plus de hauteur. Sa peau eft dure, d'un violet-noir, un peu fleurie. Sa chair eft verdâtre. Son eau eft un peu fucrée, prefqu'infipide. On y trouve deux petits pepins d'un vert-clair.

La précocité fait tout le mérite de ce Raifin, qui ne paroît ordinairement fur la table que pour le plaifir des yeux. On diftingue plufieurs variétés de Morillon, à fruit blanc, à fruit noir

commun,

commun, à feuilles blanches & farineuses, &c. Quoique le fruit en soit meilleur, comme il est moins hâtif, on les laisse dans les Vignobles, & on ne les cultive point dans les Jardins.

II. *VITIS acino medio, rotundo, ex albido flavescente.*

C H A S S E L A S. CHASSELAS doré. BAR-SUR-AUBE blanc. (*Pl. I.*)

CETTE Vigne est plus grande que la précédente.

La feuille est de grandeur moyenne, découpée assez profondément. La grande découpure est longue de cinq pouces & demi ; les deux moyennes de quatre pouces & demi, & les deux latérales de trois pouces. La dentelure est large & peu aiguë. La queue est longue de trois pouces & demi à cinq pouces & demi.

La grappe est grosse. Les grains sont ronds, de grosseur différente ; ceux de grosseur moyenne ont environ huit lignes de diametre, & un peu moins de hauteur. La peau est dure, d'un vert-clair ; dans la parfaite maturité, elle tire un peu sur le jaune, & le côté du soleil prend une couleur d'ambre. La chair est très-fondante, d'un blanc un peu verdâtre. L'eau est très-douce & sucrée. Les pepins (de deux à quatre) sont verts marbrés de gris.

Cette Vigne est la plus commune dans nos jardins ; parce que son fruit, qui est excellent, mûrit plus parfaitement qu'aucun autre Raisin dans notre climat, & peut se conserver jusqu'en Mai.

III. *VITIS acino medio, rotundo, rubello.*

C H A S S E L A S rouge.

CETTE Vigne est une variété de la précédente. La grappe est ordinairement moindre que celle du Chasselas doré, & les grains, un peu moins gros, sont légérement teints de rouge sur un côté ; souvent le côté de l'ombre demeure vert-clair.

Tome II. L l

IV. *VITIS acino medio, rotundo, albido, Moschato.*

CHASSELAS musqué.

LA feuille de cette Vigne est moindre, & d'un vert plus foncé que celle du Chasselas doré; ses découpures sont moins profondes; la dentelure est plus aiguë. La grande découpure est longue de quatre pouces, & les deux moyennes de trois pouces & demi. La queue est longue de trois pouces & demi à quatre pouces.

Le grain est rond, à peu-près de même grosseur que celui du Chasselas doré; la peau est dure comme celle du Chasselas, & non croquante comme celle du Muscat; elle est d'un vert-blanc, & ne s'ambre point comme celle du Chasselas. La chair est d'un blanc tirant sur le vert. L'eau est abondante, sucrée & musquée. Les pepins (ordinairement deux) sont petits, gris, figurés en Calebasse.

Ce Raisin mûrit à la fin de Septembre, environ quinze jours plus tard que le Chasselas doré. S'il est inférieur en qualité au Muscat blanc, il a l'avantage de mûrir parfaitement dans notre climat.

V. *VITIS folio laciniato, acino medio, rotundo, albido.*

CIOUTAT. CIOTAT. RAISIN d'Autriche. (*Pl. II.*)

CETTE Vigne est un peu moins grande que celle de Chasselas. Ses bourgeons sont d'un jaune couleur de bois claire; & les nœuds sont peu distants les uns des autres.

Ses feuilles sont palmées, laciniées en cinq pieces. La queue, longue de trois à quatre pouces, se partage à son extrémité en cinq pédicules quelquefois séparés les uns des autres dès leur naissance, quelquefois tous ou seulement quelques-uns joints enfemble dans une partie de leur longueur , & enfuite féparés. Ces pédicules font une partie découverte des arrêtes qui s'étendent dans toute la longueur des cinq découpures de la feuille. La découpure directe eft elle-même découpée réguliérement & affez profondément en cinq pieces inégales bordées de quelques dents peu régulieres. Les deux découpures voifines font moins étendues, & divifées par l'arrête en deux parties inégales (la plus grande vers le bas de la feuille) bordées de plufieurs moindres découpures ou grandes dents. Les deux découpures inférieures font encore moindres , & divifées par leurs arrêtes en deux parties beaucoup plus inégales ; le côté inférieur a une découpure profonde garnie de trois ou quatre dents ; le refte de ces deux découpures inférieures eft bordé de petites découpures ou grandes dents longues & aiguës. La grande découpure directe eft longue d'environ trois pouces & demi ; les deux découpures inférieures, de deux pouces & demi ; & les deux moyennes, de trois pouces.

La grappe eft moins groffe & moins garnie de grains que celle du Chaffelas doré ; le grain eft un peu moins rond. Sa couleur, fa chair , fon goût, &c. n'en different point, & le temps de fa maturité eft le même. Très-peu de grains ont deux pepins.

VI. *VITIS* apiana acino medio , fubrotundo , albido , Mofchato.

Muscat blanc. (*Pl. III.*)

Cette Vigne eft à peu-près de même grandeur que le Chaffelas. Sa feuille n'eft pas profondément découpée ; mais elle eft d'un vert plus foncé, & fes dents font beaucoup plus aiguës que celles du Chaffelas. Sa grande découpure eft longue d'environ cinq pouces & demi ; fes deux moyennes, de quatre pouces trois lignes ; & les deux plus baffes, de trois pouces. La queue, médiocrement groffe , eft longue de trois pouces & demi à cinq pouces.

La grappe eft longue, étroite, prefque conique, fe terminant en pointe. Les grains font ordinairement trop ferrés, un
peu alongés, plus renflés par la tête que vers la queue; leur
diametre eft de fept lignes & demie, & leur hauteur de huit lignes. La peau eft croquante, d'un vert-clair, un peu fleurie,
ambrée du côté du foleil. La chair eft moins fondante que celle
du Chaffelas, d'un blanc un peu bleuâtre. Les pepins (trois
ou quatre) font petits, blancs marbrés de gris mêlé de violet.

Ce Raifin, le plus excellent de tous, acquiert rarement une
parfaite maturité dans notre climat.

VII. *VITIS apiana, acino medio, rotundo, rubro, Mofchato.*

Muscat. rouge. (*Pl. IV.*)

La feuille de cette Vigne eft de même forme que celle de
la précédente, un peu moins grande; les découpures ne font pas
plus profondes; la dentelure eft femblable, longue, étroite,
très-aiguë. La découpure directe eft longue de quatre pouces
neuf lignes; les deux moyennes, de quatre pouces; & les deux
petites, de trois pouces. La queue, groffe, ronde, eft longue
de trois pouces & demi à quatre pouces & demi. La feuille &
la queue fe teignent de bonne heure de rouge foncé tirant fur
le violet.

La grappe eft alongée comme celle du Mufcat blanc, moins
garnie de grains, parce que la fleur eft plus fujette à couler. Le
grain eft bien rond, de hauteur & diametre égaux (fept à huit
lignes). Son pédicule eft affez gros. La peau eft plus ferme que
celle du Mufcat blanc; les grains qui ont été frappés du foleil
font d'un beau rouge-vif, prefque pourpre; les autres font d'une
teinte pâle, & comme marbrés de jaune & de rouge-clair. La
chair eft ferme, d'un blanc-bleuâtre. L'eau eft mufquée, relevée
& agréable. Dans la plupart des grains il ne fe trouve qu'un
pepin.

Si ce Raiſin eſt moins excellent que le Muſcat blanc, il a le
mérite d'acquérir plus de maturité dans notre climat.

VIII. *VITIS apiana , acino magno , oblongo , violaceo Moſchato.*

Muscat violet.

La feuille de cette Vigne diffère très-peu de celle du Muſcat
blanc, pour la grandeur, la forme, la dentelure, &c.

Le fruit eſt gros, un peu alongé, ayant huit lignes de diametre, ſur neuf lignes de hauteur. La peau eſt très-dure, d'un violet aſſez foncé & fleuri. La chair eſt un peu verdâtre. L'eau eſt
muſquée & fort agréable; moins cependant que celle des deux
précédents. On trouve dans chaque grain deux ou trois pepins
aſſez nourris.

IX. *VITIS apiana , acino medio , ſubrotundo , nigricante , Moſchato.*

Muscat noir.

La feuille de cette Vigne eſt découpée encore moins profondément que celle des autres Muſcats ; les découpures étant ſi
peu ſenſibles, qu'elle paroît preſqu'entiere. Sa grande découpure
n'a que quatre pouces trois lignes de longueur ; & les deux
moyennes, trois pouces neuf lignes. La queue eſt longue d'environ trois pouces & demi.

Le fruit eſt moindre en groſſeur, & moins alongé que le
Muſcat violet ; ſon diametre eſt de ſept lignes trois quarts,
& ſa hauteur de huit lignes. Sa peau eſt noire, ou d'un violet
très-foncé & fleuri. La chair eſt très-légérement teinte de
rouge ſous la peau. L'eau eſt muſquée. Ordinairement chaque
grain contient quatre petits pepins, pointus, rougeâtres d'un
côté.

Ce Raiſin eſt bien inférieur en qualité au Muſcat blanc ; cependant il eſt eſtimable, étant ſucré & agréable, & mûriſſant beaucoup mieux, quoique le grain ſoit auſſi ſerré: d'ailleurs cette Vigne eſt de bon rapport.

X. *VITIS apiana, acino maximo, ovato, è viridi flaveſcente, Moſchato, Alexandrina.*

MUSCAT d'Alexandrie. PASSE-LONGUE muſquée. (*Pl. V.*)

LES feuilles de cette Vigne, un peu moindres que celles des autres Muſcats, ſont découpées plus profondément, garnies de dents plus fines & un peu plus aiguës.

La grappe eſt groſſe & alongée comme celle des autres Muſ-cats. Le grain eſt fort gros, ovale, régulier, un peu plus renflé par la tête que vers la queue. Les gros grains ont un pouce de hau-teur, ſur huit lignes & demie de diametre. La peau eſt dure, d'un vert-clair, & devient un peu ambrée dans la parfaite ma-turité. La chair eſt blanche & ferme. L'eau eſt relevée de plus ou moins de muſc, ſuivant le degré de maturité. Les pepins (un ou deux) ſont fort petits.

Ce Raiſin, qui ne mûrit bien qu'en eſpalier au midi dans les terres & les années chaudes, ne laiſſe pas d'être très-eſtimable lors même qu'il n'acquiert qu'une maturité imparfaite, ſoit qu'on le mange glacé de ſucre, ſoit qu'on l'emploie en confitures, qui ſont excellentes & très-relevées. Il ſe conſerve long-temps.

XI. *VITIS acino maximo, ovato, faturè violaceo.*

RAISIN de Maroc.

CETTE Vigne eſt très-grande. Ses bourgeons ſont gros & vi-goureux. Sa feuille, portée par une groſſe queue longue d'envi-ron dix pouces, eſt grande, découpée profondément, & garnie de dents grandes & aiguës. La grande découpure eſt longue de cinq pouces & demi; & les deux moyennes de quatre pouces un quart.

La grappe eſt très-groſſe. Le grain eſt ovale, tant ſoit peu plus gros par la tête que vers la queue ; ſa hauteur eſt d'un pouce, ſon diametre de dix lignes; ſouvent il eſt plus gros. La peau eſt dure & épaiſſe, d'un violet foncé très-fleuri. La chair eſt d'un blanc-bleuâtre, fondante. L'eau eſt peu relevée ſi le fruit eſt bien mûr; aigre, s'il ne l'eſt pas. On y trouve un ou deux gros pepins.

Ce Raiſin, beaucoup plus agréable à la vue qu'au goût, & plus propre à l'ornement des deſſerts qu'à l'utilité, mûrit difficilement dans notre climat. Merlet le nomme *Raiſin d'Afrique*, & en diſtingue une variété à fruit blanc. Celui qu'il appelle *Maroquin* ou *Barbaron* eſt un gros Raiſin rond & violet, qui ne vaut pas mieux.

XII. *VITIS acino longiſſimo, cucumeriformi, albido.*

Cornichon blanc (*Pl. VI.*)

La feuille de cette Vigne eſt grande, ſi peu profondément découpée qu'elle paroît preſqu'entiere : ſa dentelure eſt grande & aiguë. La grande découpure eſt longue de ſix pouces; les deux moyennes, de quatre à cinq pouces. La queue eſt groſſe, longue de cinq à ſix pouces.

La grappe ne contient pas un grand nombre de grains. Le grain eſt long de quatorze à dix-neuf lignes, ſur ſix lignes de diametre dans ſon plus grand renflement, qui eſt un peu plus près de la tête que de l'autre extrémité. Il eſt courbé comme un Cornichon, & diminue de groſſeur vers la queue, & beaucoup plus par la tête, ſans ſe terminer en pointe aiguë. La peau eſt dure, bien fleurie, d'un vert très-clair ou blanchâtre, qui jaunit un peu lors de la maturité fruit. La chair eſt blanche, fondante, tranſparente. L'eau eſt douce & ſucrée, lorſque le fruit eſt bien mûr. Les pepins (deux, plus fouvent un feul) font longs de quatre lignes, terminés en pointe, placés fous le grand renflement.

Ce Raifin, dont la forme eft finguliere & le goût agréable, feroit plus eftimé s'il mûriffoit mieux. Il a une variété de couleur violette qui mûrit encore plus difficilement.

XIII. *VITIS acino majore, ovato, è viridi flavefcente ; Burdigalenfis dicta.*

BOURDELAS. BORDELAIS. VERJUS.

DES trois variétés de cette Vigne, à fruit blanc, à fruit rouge, à fruit noir, on ne trouve communément que la premiere dans nos jardins. Sa feuille eft fort grande, & découpée peu profondément. Sa grande découpure eft longue de fix pouces & demi ; les deux petites, de quatre pouces & demi ; & les deux moyennes, de fix pouces. La queue eft groffe, longue de quatre à cinq pouces.

La grappe eft très-groffe, & comme formée de plufieurs moindres grappes. Le grain n'eft point trop ferré ; il eft ovale, un peu plus renflé à la tête qu'à l'autre extrémité. Sa longueur eft de onze lignes, & fon diametre de neuf lignes. La plupart des grains font plutôt oblongs qu'ovales. La peau eft très-dure, peu fleurie, d'un vert-clair qui jaunit un peu lorfque le fruit eft mûr. La chair eft affez ferme, d'un blanc tirant fur le vert. L'eau eft abondante. Chaque grain contient ordinairement quatre pepins de médiocre groffeur.

Ce Raifin, avant que d'avoir acquis fa groffeur, donne par expreffion le verjus qui eft d'un grand ufage dans la Cuifine ; on l'emploie auffi entier dans plufieurs fauffes. Avant fa maturité, on en fait d'excellentes confitures. Enfin lorfqu'il eft parfaitement mûr, il eft agréable à manger crud.

XIV.

XIV. *VITIS acino minimo, rotundo, albido, fine nucleis, Corinthia.*

CORINTHE blanc. (*Pl. VII.*)

LES feuilles de cette Vigne, portées par de groſſes queues longues de quatre ou quatre pouces & demi, ſont grandes, étof-fées, d'un vert peu foncé en dedans; blanches, couvertes d'un duvet épais en dehors; très-peu découpées, bordées de dents longues & très-aiguës. La découpure directe a cinq pouces de longueur; les deux petites, trois pouces; & les deux moyennes, quatre pouces.

La grappe eſt fort alongée, bien fournie de grains qui ne ſe preſſent point les uns les autres; ils ſont ronds, très-petits, les plus gros n'ayant que quatre lignes & demie de diametre ſur une égale hauteur. La peau eſt fleurie, de la même couleur que celle du Chaſſelas blanc, & quelquefois elle devient de même un peu ambrée du côté du ſoleil. La chair eſt très-fondante; & l'eau ſucrée & fort agréable.

La maturité de ce petit Raiſin eſt vers la mi-Septembre. Il a deux variétés; l'une rouge, moins eſtimée; l'autre violette dont la fleur eſt très-ſujette à couler. Il y a un Raiſin ſans pepin qu'on nomme *Gros Corinthe*, parce qu'il eſt beaucoup plus gros que celui-ci, mais moindre que le Chaſſelas, dont il paroît être une variété.

C U L T U R E.

SEMER les pepins de Raiſin, c'eſt le moyen de multiplier les individus, & de gagner des variétés. Mais les premiers fruits des Vignes élevées de ſemences ſe faiſant attendre long-temps (quelquefois douze ou quinze ans,) cette voie eſt trop lente pour être employée avantageuſement. On multiplie ordinaire-ment la Vigne par les marcottes & par les boutures.

Tome II.　　　　　　　　　　　　M m

Les boutures fe font de bourgeons forts & les mieux garnis d'yeux, coupés par longueurs plus ou moins grandes, pourvu que chaque bouture contienne au moins quatre nœuds. Elles fe font mieux de bourgeons coupés à cinq ou fix yeux au-deffus de leur naiffance, & garnis à leur gros bout d'un peu de bois de l'année précédente; alors on les nomme *Croffettes* : elles s'en-racinent beaucoup plus facilement que les autres.

Ces boutures fe plantent ou fe fichent jufqu'au-deffus du fe-cond nœud dans une terre fraîche ou entretenue telle par des arrofements, & abritée du foleil, foit par un mur, foit mieux par des paillaffons. Si l'on ne fait qu'un petit nombre de boutu-res, on peut en avancer la reprife & le progrès, en les plantant dans un pot, ou caiffe, ou panier qu'on place dans une couche ; & les abritant avec un paillaffon ; ou mieux en les mettant fous une cloche ou un chaffis, jufqu'à ce que leur fuccès foit affuré. Le mois de Février eft le temps de faire ces boutures. Quelques-uns taillent leurs boutures, les lient en faifceau, les laiffent tremper par le gros bout dans un baffin ou une piece d'eau (pré-fervant l'autre bout du foleil) jufqu'à ce qu'ils voient les nœuds garnis de racines, ou au moins de mamelons de racines ; & alors ils les plantent comme il vient d'être dit. Les extrémités des boutures ne doivent point être coupées immédiatement fur un nœud, mais au moins un pouce au-deffus; parce que le bour-geon de Vigne étant très-moëlleux, l'œil feroit bien-tôt éventé & defféché.

La Vigne fe peut encore multiplier par la greffe en fente. Au mois de Février on fcie à fleur de terre un fep de Vigne; on le fend, & on y infere fuivant les regles une greffe faite du gros bout d'un bourgeon, qui eft le plus ligneux & le plus garni de nœuds; on forme une poupée à l'endroit de l'infertion; on le butte de terre, & on préferve de l'action immédiate du foleil la partie de la greffe qui eft à découvert. Il arrive auffi fouvent à cette greffe de s'enraciner, que de fe coller au fujet; mais l'avantage eft au moins égal.

Les marcottes & boutures enracinées peuvent fe planter depuis le mois de Novembre jufqu'à la fin de Février, dans un terrein léger, chaud, un peu graveleux, qui convient le mieux à la Vigne. Ce n'eft pas qu'elle ne réuffiffe en toute forte de terre; mais fon fruit mûrit difficilement, & acquiert peu de qualité dans les terres humides, froides, fortes, compactes, &c.

Dans notre climat, le Chaffelas, le Cioutat, le Corinthe, &c. mûriffent bien aux expofitions du midi, du levant, & même du couchant, en efpalier, en contrefpalier, en bordure autour des carrés d'un potager, en planches par rayons comme dans les Vignobles. Les Mufcats & plufieurs autres Raifins ont befoin de l'efpalier, & de l'expofition du midi; encore n'y mûriffent-ils le plus fouvent qu'imparfaitement: de forte que les amateurs de ces Raifins qui veulent s'en procurer tous les ans d'excellents, doivent placer des chaffis vitrés devant les efpaliers.

Si l'on abandonnoit une Vigne à elle-même, aucun mur d'ef-palier ne pourroit fuffire à l'étendue de fes bourgeons, qui fouvent s'alongent de plufieurs toifes dans une année: & ces productions exceffives en bois diminueroient beaucoup de la quantité, de la groffeur & de la qualité de fes fruits. Elle a donc plus befoin d'être taillée qu'aucun Arbre fruitier; ce qui a fait dire à quelques Auteurs qu'il vaut mieux la tailler mal, que de ne la point tailler. Dans quel temps; fur quelles branches; à quelle longueur doit-elle être taillée?

1°. On peut tailler la Vigne depuis le mois de Décembre jufqu'en Mars. On le fait le plus communément vers la fin de Février, avant que la feve ait aucun mouvement.

2°. La Vigne, au contraire de la plupart des Arbres fruitiers, fe taille fur les plus gros & les plus forts bourgeons; les foibles fe retranchent entiérement; & on ne taille fur les moyens que dans le cas de néceffité, comme lorfque les forts font mal placés, lorfqu'ils font tous placés fur un côté du fep, & que l'autre côté n'en a que de moyens, &c. (Ceci ne s'entend que des Vignes en efpalier & en contrefpalier.)

3°. La vigueur du fep & l'efpace que l'on a pour paliffer fes bourgeons décident de la longueur de la taille, ou, pour parler plus exactement, du nombre de bourgeons qu'il faut tailler courts, & de ceux qu'il faut tailler longs; car les uns fe taillent à deux ou trois yeux; (on les appelle *Courfons* ou *Tailles-à-bois*, parce qu'ils font principalement deftinés à donner de bon bois pour l'année fuivante:) les autres fe taillent à quatre ou cinq yeux, & fe nomment *Plaies*, *Tailles*, ou *Tailles-à-fruit*; cette derniere dénomination marque leur deftination. Or on fait plus de courfons que de plaies, lorfque le fep eft foible; plus de plaies que de courfons, lorfqu'il eft très-vigoureux; un nombre égal des uns & des autres, lorfqu'il eft d'une vigueur médiocre. Quoique cette taille foit fort connue, nous en expoferons le méchanifme, après avoir obfervé 1°. qu'il ne faut point, en taillant, approcher la coupe immédiatement contre un nœud, mais la faire un ou deux pouces au-deffus: 2°. que le bas du talus de la coupe doit être oppofé à l'œil, de peur que les pleurs coulant fur cet œil ne l'endommagent.

Soit un fep de Vigne nouvellement planté. Au mois de Juin j'examine fes productions; de tous les bourgeons qu'il a pouffés je ne lui laiffe que les deux plus forts, & les mieux placés; & je fupprime tous les autres. S'il eft deftiné à couvrir le haut d'un efpalier, je ne lui laiffe qu'un bourgeon pour faire une tige, qui fouvent ne fe forme qu'en plufieurs années. Je la fuppofe formée & arrêtée à la hauteur convenable au mois de Février précédent: les bourgeons qui viennent de naître à fon extrémité fe traitent comme ceux d'un fep deftiné à s'étendre fur le bas de l'efpalier. Au mois de Février fuivant je taille ces deux bourgeons en courſons de deux yeux chacun. Au mois de Juin ces quatre yeux doivent avoir produit quatre bourgeons, que je conſerve, & que je paliſſerai lorſqu'il ſera néceſſaire; & s'il eſt ſorti du ſep quelques bourgeons, je les ſupprime. Au mois de Février ſuivant, ſi les quatre bourgeons ſont aſſez vigou-reux pour faire eſpérer quelque fruit, je taille en courſon celui qui eſt placé le plus bas ſur chaque courſon de l'année précé-dente, & le plus haut, en plaie de quatre yeux, ce qui don-nera deux courſons & deux plaies. Si au contraire les bour-geons ſont foibles, je ne conſerve ſur chaque courſon que le plus fort & le mieux placé, préférant toujours le plus bas, pourvu qu'il ne ſoit pas le plus foible, & je le taille en courſon. Au mois de Juin je fais l'ébourgeonnement néceſſaire, & enſuite les paliſſages. Au mois de Février ſuivant, ſi les courſons ont rempli leur deſtination, ils ont chacun deux bons bourgeons, dont je taille le plus bas en courſon, & l'autre en plaie. Les plaies de la derniere taille doivent avoir chacune quatre bour-geons que je traite ſuivant leur force. 1°. S'ils ſont tous foibles, je ravale la plaie ſur le plus bas, dont je fais un courſon, ou je ſupprime entiérement la plaie. 2°. S'ils ſont de force moyen-ne, je ravale la plaie ſur les deux plus bas, ou je choiſis les deux plus forts dont je taille le plus bas en courſon, & l'autre en plaie. 3°. Enfin, s'ils ſont très-forts, je fais un courſon du plus bas, & je taille les autres en plaies; ſuppoſé que j'aie aſſez de place, pour paliſſer tous les bourgeons qui naîtront de ce grand nombre de plaies. Car il vaut mieux décharger la Vigne en retranchant beaucoup de bourgeons (on la charge preſque toujours trop) que de l'expoſer à la confuſion & à l'étiolement, en lui laiſſant trop de bois. Telle eſt à peu près toute l'opération de la taille de la Vigne, dans laquelle les fautes ſont de peu de conſéquence & faciles à réparer. Nous ajouterons feulement la remarque fuivante.

On ne peut tailler autant de bourgeons fur un fep de Vigne attaché à un échalas, que fur un fep en efpalier ou contrefpalier ; la raifon en eft évidente. Ordinairement on ne lui laiffe que deux courfons & deux plaies ; & à la taille fuivante on fupprime les deux plaies, en rabattant les branches d'où elles fortent fur les courfons, en cas que ceux-ci aient produit chacun deux bons bourgeons ; finon on rabat les plaies fur les plus bas de leurs bourgeons : de forte qu'on ne taille jamais que quatre bourgeons. Si cependant le fep eft d'une vigueur extraordinaire, on peut y laiffer deux courfons & trois plaies, ou donner plus de longueur, jufqu'à fix ou fept yeux, aux deux plaies, fauf à ficher plufieurs échalas. Par ce moyen le fep eft entretenu bas, ne s'élevant chaque année que de deux yeux. Et lorfqu'enfin il devient trop haut, on couche une marcotte pour le remplacer, ou bien on profite de quelque bourgeon vigoureux forti du vieux bois ou du tronc, qu'on taille d'abord en courfon, & qu'on forme pour rajeunir le fep qu'on rabat deffus, lorfqu'il eft en rapport & en état de le renouveller. Les branches des feps d'efpalier & de contrefpalier trop vieilles, ufées, endommagées par quelque maladie ou accident fe renouvellent de la même façon.

A la fin de Mai ou au commencement de Juin on ébourgeonne tous les nouveaux jets de faux bois, à moins qu'il ne convienne d'en ménager quelques-uns pour remplir un vuide, ou fuccéder à des branches qu'il faudra bientôt retrancher.

Au mois de Juillet, on fait une nouvelle revue pour ébourgeonner les pouffes de faux bois, s'il s'en eft encore développé quelqu'une. En même temps on retranche une bonne partie de ces petits bourgeons qui fortent de l'aiffelle des feuilles ; & fi les bourgeons qui portent des grappes font foibles ou de force médiocre, il eſt bon de les ravaler ſur la plus haute de leurs grappes. Ces retranchements préſervent la Vigne de la confuſion & de la diſſipation de ſa ſeve, qui ſera mieux employée à nourrir abondamment le fruit & les bons bourgeons, qu'à fortifier des branches inutiles. Mais il faut ménager aſſez de bourgeons & de feuilles pour défendre du ſoleil les grappes, qu'il n'eſt pas encore témps de découvrir. Les bourgeons conſervés doivent être paliſſés pluſieurs fois pendant l'été, à meſure qu'ils s'alongent.

En Août & Septembre il eſt très-utile (s'il ſurvient des ſéchereſſes, il eſt néceſſaire) de jetter de temps-en-temps un arroſoir d'eau au pied de chaque ſep de Vigne ; le fruit profite & ſe nourrit mieux.

Enfin, quand le Raiſin approche de ſa maturité, il faut retrancher les feuilles qui le couvrent ; afin que le ſoleil perfectionne ſes ſucs, & lui procure une belle couleur. De l'eau répandue deſſus en pluie avant que les rayons du ſoleil le frappent, attendrit ſa peau, & la prépare à recevoir cette couleur qui le rend agréable à la vue.

Souvent les Muſcats ont peine à mûrir, & les grains ſont petits, parce qu'ils ſont trop nombreux & trop ſerrés. On peut, ſuivant le conſeil de la Quintinye, faire couler une partie des fleurs, en y faiſant tomber de l'eau en pluie par le moyen d'une pompe ou d'un arroſoir, s'il ne ſurvient point de pluies qui produiſent le même effet.

Les fumiers & autres engrais augmentent la vigueur & la fécondité de la Vigne, mais c'eſt ordinairement au préjudice de la qualité du fruit. Il vaut beaucoup mieux tous les deux ou trois ans enlever une portion de terre au pied de chaque ſep, & y ſubſtituer de bonne terre neuve.

Tout le monde ſait que les réſeaux & les ſacs de papier ou de toile de crin défendent les Raiſins des oiſeaux & des mouches.

USAGES.

Les Raiſins ſe mangent cruds ; quelques-uns glacés de ſucre, lorſqu'ils ne ſont pas parfaitement mûrs ; d'autres confits au ſucre ; d'autres confits au vinaigre ; d'autres à l'eau-de-vie ; d'autres ſecs : ceux-ci nous ſont envoyés des climats plus méridionaux. Ceux qu'on mange cruds, ne doivent être cueillis que dans leur parfaite maturité ; ceux qu'on veut garder pour l'arriere ſaiſon (il s'en conſerve juſqu'en Mai) ſe cueillent un peu plutôt, par un temps beau & ſec. On les ſuſpend à découvert, ou mieux chaque grappe dans un ſac de papier, dans une bonne Fruiterie ou autre lieu bien fermé, & à couvert de la gelée.

Fin du Tome ſecond.

Le Berriays del.

Th. Milsan Sculp.

Chasselas doré.

Magd. Basseporte del.   *B. L. Henriquez Sculp*

Cioutat.

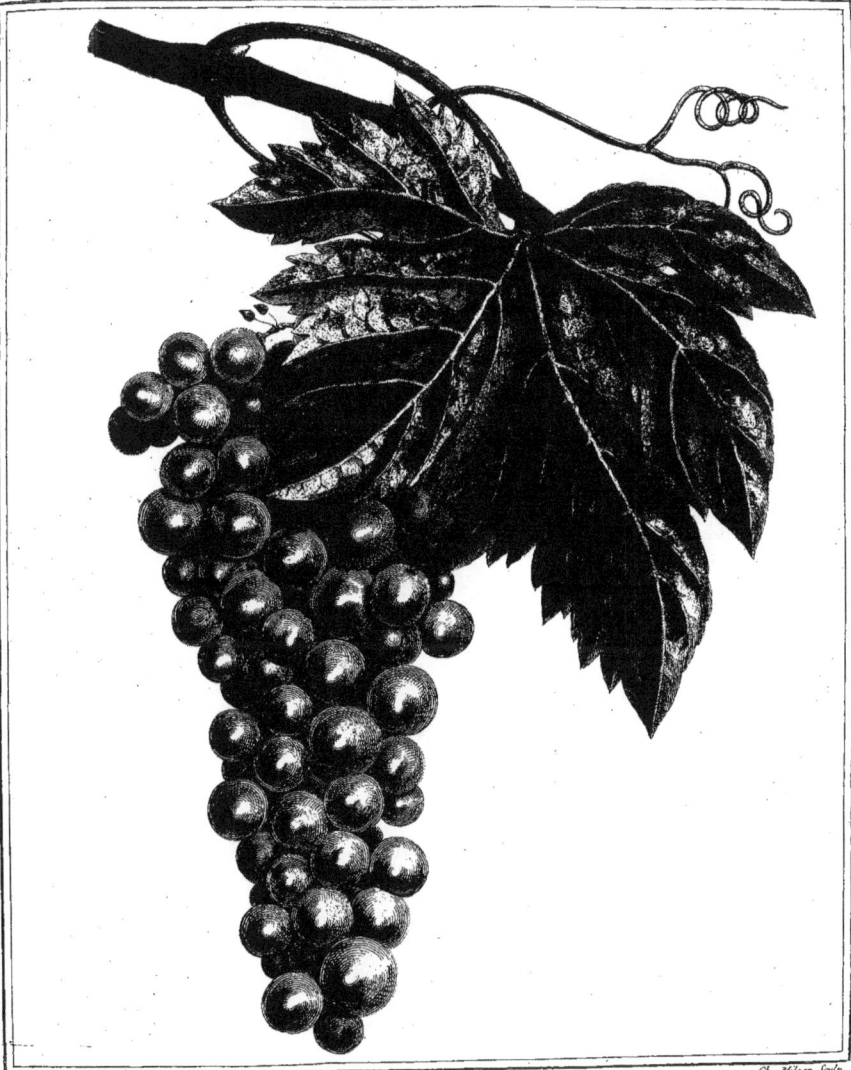

L.B. del.   *Ch. Milsan Sculp.*

Muscat Blanc.

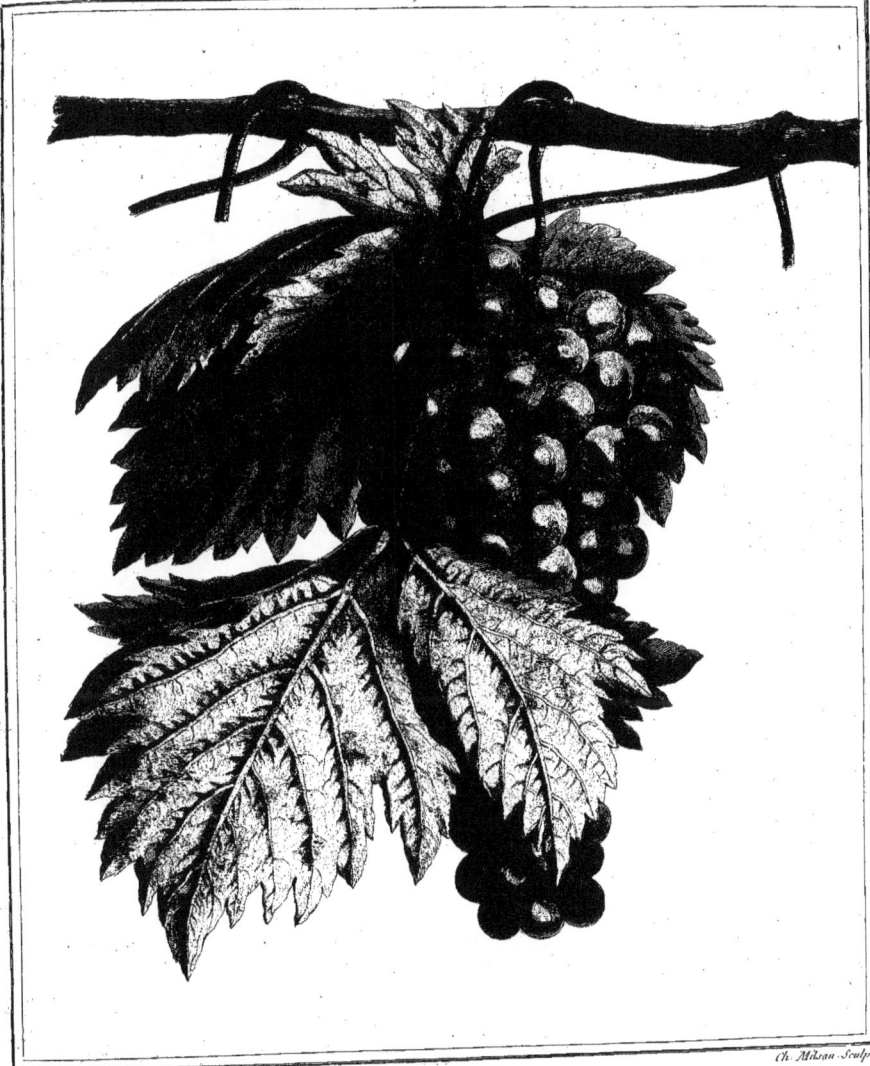

Magd. Basseporte del.   Ch. Milsan Sculp

Muscat Rouge.

Magd. Basseporte del.   *C.tte Haussard Sculp.*

Muscat d'Alexandrie.

Mag.d. Basseporte del.   F.e Haussard Sculp.

Cornichon Blanc.

Magd. Basseporte del.   C.te Haussard sculp.

Corinthe Blanc.

www.ingramcontent.com/pod-product-compliance
Lightning Source LLC
Chambersburg PA
CBHW060911220326
41599CB00020B/2921